岩波講座 現代化学への入門

Introduction to
Modern Chemistry

10

JN147736

10

天然有機化合物の合成戦略

鈴木啓介 著

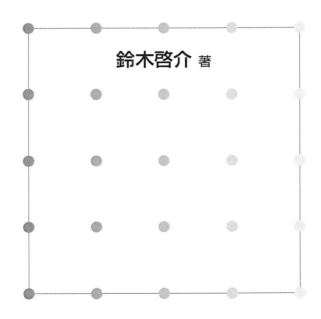

岩波書店

編集委員

岡崎廉治
荻野　博
茅　幸二
櫻井英樹
志田忠正
野依良治

編集にあたって

　化学は科学のうちでもかなめの位置を占めるといえます．原子，分子あるいはそれらの集合体がつくりだす物質群，それはとりもなおさず自然界そのものですが，化学はその物質群の秩序を分子レベルでとらえる学問です．生物の営みを含むすべての物質の消長はすべてこれらの物質群の生成，運動と変換で記述することができます．化学は長い時間をかけて多様な物質群から単純な原子，分子という概念を導きだし，その上に立って壮大な論理体系をつくりあげてきました．現在ではさらに高次の分子集合体を構築し，その機能を検証することで自然そのものの理解を深めようとしています．このように化学は，新世紀において大発展すると考えられる物質科学や生命科学の基礎として，ますます重要になっているのです．

　具体的な例でいえば，生命科学でもゲノムの解読が進みドラッグデザインが遺伝子レベルで行われようとしていて，化学の重要性がますます大きくなると指摘されています．また，エレクトロニクスや情報・通信の分野でハイテクノロジーを達成するには，基盤としての物質系が決定的な役割を果たします．そのためには文字どおり，高度な新素材，新機能物質の追求が欠かせません．

　このように重要な化学ではありますが，一面では「公害」「環境問題」「薬害」などの社会的問題との関連で化学技術と産業に対して暗いイメージをもっている人が多いのも事実です．しかしこのイメージは化学自身のものではなく，化学を利用する'人'の側に根ざしたものです．化学を利用する以上，人は無知・無責任であってはならないのです．化学は，不幸にして発生したこれらの問題を解決する力もそなえていることを強調したいと思います．

　私たちはぜひ多くの人に化学を学んでほしいと願っています．化学を専門としない人でも化学の基本的な考え方を学んでほしいと思っています．しかし，「化学はやたら記述的で，物質名や化学式など記憶しなければな

らないものが多すぎる」，「化学は暗記物で面白くない」といったイメージがつきまといます．たしかに化学は知識蓄積型の学問です．知られている化合物の数が年々増加する一方，もっとも古くから知られている化合物，たとえば，エタノールにしても酢酸にしても，その重要性は少しも変わらないのです．このような化学をどのようにして学んだらよいのでしょうか．化学をたんなる暗記に頼ることなく学ぶことができるのでしょうか．

　化学を学ぶ環境も大きく変わってきています．高等学校での理科の単位や学習時間は減少する傾向にあります．大学に入ってから初めて化学を学ぶという人が多くなる傾向さえあります．そこで，大学における化学の学習の内容や方法も変えていかなければならないと考えています．

　本講座では「化学のエッセンス」を提供するということを目標に各巻を編成しました．化学の知識の飛躍的な増大にともなって，分厚い教科書が次々と出版されています．しかし，一般的な学部教育ではこのような膨大な知識量は不必要であると考えました．増えつづける知識を吸収するだけでは，創造的な研究はできません．新しい物質や現象に出会ったとき，その本質を見抜く力，つまりこれまで知られていることと何が同じで何がどのように違うのかを正しくとらえる思考力が大切です．このような思考力があってはじめて独創的な構想もたてることができるのです．そのような思考力を身につけるためには，最小限の重要事項を論理的に，わかりやすく記述した教科書がぜひとも必要であると考えます．本講座は，化学を初めて学ぶ人には格好の入門書となり，将来研究者になろうとする人にもその基礎を築くものになるはずです．

　化学は美しく魅力的な学問でもあります．化学の基礎を学ぶ途上にある人も，研究の最前線で得られた成果を理解し胸躍らせることができます．さらに化学の最新の成果は現代の社会的さらには地球規模の諸問題とも深く関連しています．そこで，意欲的な読者のために最新の化学の広がりについてもわかりやすく解説するようにしました．

　このような考えから，本講座を大きく3部に分けました．
　化学への第一歩としての第1部では，
　　　　1 化学の考え方　　　　　　　　2 物質のとらえ方
の2巻を用意しました．高等学校で化学を学ばなかった人でも入門できるように，化学的なものの考え方と物質になじみ，広く化学の全体像をとら

えることを目標とします.

つづいて,化学の基礎としての第2部では,

  3 化学結合   4 分子構造の決定
  5 集合体の熱力学・統計熱力学   6 化学反応
  7 有機化合物の構造   8 有機化合物の反応
  9 有機化合物の性質と分子変換   10 天然有機化合物の合成戦略
  11 典型元素の化合物   12 金属錯体の構造と性質
  13 金属錯体の合成と反応

の11巻があります.これらは,これまでの伝統的な分け方では,3～6が物理化学,7～10が有機化学,11～13が無機化学に相当します.各巻は独立して学習することができますが,また相互に関連もしています.

たとえば,結合の本質的な理解をめざす3と,結合距離や角度など分子構造の情報をどのように得るかを学ぶ4は,ともに量子力学にもとづいて解説されています.両方をあわせて読むことが,理解を深めると同時に学習の目標をはっきりさせるうえでも有効です.また現在,金属元素と配位子(有機化合物であることも多い)の組合せである金属錯体の活躍の場が大きく広がっています.この点に関し,金属錯体を扱った12, 13とあわせて有機化学の基礎となる7～9を読めばより幅広い理解が得られます.有機化学の実践的な要素を含む10に進む前に7～9を学んでおくことが効果的であることは明らかでしょう.なお,3～6と11は化学全体の土台となる基本概念と知識を扱っているので,すべての巻と関連があります.

これら11巻の中から,まず関心のある巻を手にとり,各巻にもうけられた「さらに学習するために」の記述を頼りに学習の順序を考えるのも一つの方法です.

第3部は,化学の広がりについて紹介する部分で,

  14 表面科学・触媒科学への展開   15 生命科学への展開
  16 超分子化学への展開   17 分子理論の展開
  18 化学と社会

の5巻からなっています.物質科学の真骨頂ともいえる14と16は物理学や工学との境界領域であり,生物学や医学・薬学とも関連する15では生命科学への化学の貢献を知ることができます.また,最近めざましい発展をとげている理論化学を紹介する17からは,従来の実験室から生み出さ

れる化学とは手法の異なる，新しい化学研究の姿がうかがえるでしょう．最後の 18 は，化学者も一般の市民も避けては通れない化学技術と社会の関わりをとりあげます．

　第 1 部(1, 2)と 18 は大学 1 年生，第 2 部(3〜13)は大学 2, 3 年生，第 3 部(14〜17)は大学 3, 4 年生からの学習を想定していますが，読者の関心と進度によって自由に選択してください．

　本講座は自学自習できるよう，第 1 部と第 2 部の各巻には理解を確実にする問題を随所に入れ，章末問題にはていねいな解答も与えてあります．学生諸君はもちろんのこと，社会人や，かなり以前に化学を学習したがもう一度学び直したいという人にも好適な教科書であると考えています．本講座が，新しい世紀の化学の教科書として，その役割を充分に果たせるものであることを願っています．

　2000 年 10 月

岡　崎　廉　治
荻　野　　　博
茅　　　幸　二
櫻　井　英　樹
志　田　忠　正
野　依　良　治

まえがき

　本書は，講座「現代化学への入門」の中で，天然有機化合物の多段階合成，すなわち作りたい標的構造を目の前にした時に，その合成をどう企画するかを学ぶための1冊である．

　入手しやすい出発物質を選び，複数の化学反応を正しく組み合わせることによって，目的物に至る経路を立案し，これを実行に移す．ただし，正解は1つではない．用いる反応，反応剤，出発物質の選び方によって無数の選択肢があり，あたかもパズルを解くかのようなおもしろさがある．この多段階合成を山登りにたとえれば，確実な経路をたどって正しく頂上に立つやり方もあるし，どこかにとてつもない近道をみつけ，画期的な登頂ルートが開けることもある．要するに，分子変換を行う上で新たに有力な反応が登場すると，従来は不可能とされていた変換や，何段階もの手続きを経なければならなかった変換が，あっけなく一段階でできるようになることがある，ということである．素手，丸ゴシで登山をしていたのが，よい登山靴が導入され，ピッケル，アイゼンひいては酸素ギアの導入によって，登り方も変化し，また，未踏峰への挑戦が可能となる，といったことだろうか．

　学部生向けの本を依頼されたが，執筆開始当初から，ぜひ伝えたいと思ったことは，多段階合成の"楽しさ"だった．そのために，絵を描く，山に登る，パズルを解くなどのさまざまな比喩を用いながら，楽しさを伝える努力をしたつもりである．しかし，もしそうならなかったとしたら，著者の力不足の所為として，お許しいただきたい．"新しい反応の登場によってガラッと合成の論理が変化する"醍醐味を味わってほしいと思い，学部の講義の範囲を逸脱した内容も多い．しかし，どうか細部にこだわらずに，読み進んでいただきたい．また，著者の浅学菲才ゆえの勘ちがい，ミスも多々あるにちがいない．お気付きの点，訂正，改良すべき点等，どうか何なりとお知らせいただきたい．

本書の執筆をお薦め下さり，また1次原稿をご査読いただいた野依良治先生，岡崎廉治先生に深く感謝します．貴重なご助言をいただいたG. Stork先生，香月勗(つとむ)先生，川島隆幸先生，小槻日吉三先生，須貝威先生，高井和彦先生，富岡清先生，奈良坂紘一先生，橋本俊一先生，畑山範先生，宮下正昭先生，山村庄亮先生，山本尚先生に深謝します．また，図の作成，資料収集から，ゼミ形式でのプルーフリーディング等に多大な協力をしてくれた学生諸氏(安井義純博士，瀧川紘君，森啓二君，波多腰友希さん，樋口祐美さん)に感謝します．最終稿をチェックしていただいた岩澤伸治先生，松本隆司博士，大森建博士，千田憲孝博士，鈴木武明君に感謝します．乱筆の手書き原稿を"解読"し，入力してくれた竹本野保子さんに感謝します．多忙を楯にとって動きの遅い著者に，粘りづよく，時にきびしく，時に暖かく本書の完成へと導いて下さった岩波書店編集部に感謝します．

　本書を3人の恩師(向山光昭先生，故土橋源一先生，D. Seebach先生)に捧げます．

　　2007年10月

　　　　　　　　　　　　　　　　　　　　鈴　木　啓　介

目　次

編集にあたって　v

まえがき　ix

1　天然物/非天然物合成のすすめ：
　　なぜ天然物合成なのか？ ………………………………… 1
　1.1　はじめに：有機合成はナノメートルの組み木遊び …… 2
　1.2　歴史をたどる ……………………………………………… 4
　　（a）有機合成の源流　4
　　（b）不斉合成の系譜：平面分子から立体分子へ　7
　　（c）Woodward 期　10
　　（d）ポスト Woodward 期　12
　1.3　天然物/非天然物合成のすすめ：精密有機合成 ………… 14
　1.4　天然物の全合成の実益 …………………………………… 17
　1.5　合成を困難にする要素 …………………………………… 19
　1.6　多段階合成の論理 ………………………………………… 21
　1.7　有機合成反応の進歩：心強い味方 ……………………… 26

2　多段階合成と逆合成解析 …………………………………… 29
　2.1　はじめに …………………………………………………… 30
　　（a）多段階合成　30
　　（b）逆合成解析　30
　2.2　炭素骨格に関する逆合成 ………………………………… 33
　　（a）炭素骨格の構築とシントンの考え方　33
　　（b）Umpolung：へそ曲がりな結合切断　36

（c）さまざまな位置での結合切断　38
　（d）潜在極性　42
　（e）レトロンを探せ：逆変換を示唆する部分構造　43
　（f）官能基を手掛かりとした逆合成　45

2.3　官能基の整備 ………………………………………………… 48
　（a）官能基の導入　48
　（b）官能基の保護と等価体　51
　（c）官能基の除去　53

章末問題 ………………………………………………………………… 54

3　C＝C結合，C≡C結合を含む化合物をつくる…… 57

3.1　C＝C結合，C≡C結合を含む
　　 さまざまな天然有機化合物 ………………………………… 58

3.2　C＝C結合やC≡C結合の周辺は結合形成のチャンス ‥ 62

3.3　アセチリドやビニル金属を用いる合成 ………………… 63

3.4　アリル位の反応性を活かした結合形成 ………………… 68
　（a）アリル型求電子種を使う　68
　（b）アリル型求核種を使う　71

3.5　カルボニル化合物からの合成 1 ………………………… 75
　（a）Wittig反応およびその関連反応　75
　（b）その他のオレフィン化反応　81
　（c）改良メチレン化反応　82

3.6　カルボニル化合物からの合成 2：
　　 還元的カップリング ……………………………………… 83

3.7　転位反応や脱離反応を用いる ………………………… 85
　（a）転位反応の利用　85
　（b）脱離反応の利用　88

3.8　三置換オレフィンの立体選択的構築：
　　 かつての智恵のみせどころ ……………………………… 91
　（a）脱離反応，フラグメント化反応の利用　91

(b) 環状テンプレートの利用　　94
　　　(c) クロスカップリング反応の芽生え　　96
　3.9　遷移金属からの贈りもの 1 ……………………… 97
　　　(a) クロスカップリング　　97
　　　(b) ヒドロメタル化からカルボメタル化へ　　102
　　　(c) アセチレン類のカップリング　　103
　章末問題 ……………………………………………… 104

4　炭素環モチーフ ……………………………… 107

　4.1　さまざまな環状化合物 ……………………… 108
　4.2　環を作ろう：閉環反応と環形成反応 ……………… 111
　　　(a) Baldwin 則　　112
　　　(b) Diels–Alder 反応　　115
　　　(c) 環の大きさと閉環反応　　116
　4.3　2 環式化合物を作ろう ……………………… 125
　4.4　ステロイドの合成 ……………………………… 128
　　　(a) Robinson 環形成反応　　129
　　　(b) Woodward によるコルチゾンの合成　　133
　　　(c) [4＋2] 付加環化反応　　136
　4.5　分子内付加環化反応 ………………………… 139
　4.6　連続結合形成による多環式化合物の合成 ……… 143
　　　(a) 生合成類似経路　　144
　　　(b) ラジカル反応の利用　　148
　4.7　環拡大アプローチ ……………………………… 152
　4.8　架橋化合物 …………………………………… 155
　4.9　遷移金属からの贈りもの 2 ……………………… 161
　　　(a) アセチレンの環状 3 量化反応　　161
　　　(b) Mizorogi–Heck 反応　　163
　　　(c) ピナコール閉環反応とグラヤノトキシン合成　　164

(d) オレフィンメタセシス反応　167
　章末問題 …………………………………………………………… 169

5　立体制御法の進歩による合成戦略の変化 ………… 171

5.1　*exo*-ブレビコミンの合成：立体制御の4つのやり方 …… 172
　　　(a) キラルプール法　175
　　　(b) 不斉誘起法　183
　　　(c) 不斉合成ことはじめ　187
　　　(d) ジアステレオ選択的な不斉合成　188
　　　(e) エナンチオ選択的な不斉合成　190

5.2　スピロアセタールとアノマー効果 ……………………… 194

5.3　分子内の対称性を活かした合成戦略 …………………… 201
　　　(a) C_2 対称性を活かした合成戦略　201
　　　(b) C_s 対称性と *meso*-トリック　205
　章末問題 …………………………………………………………… 210

6　プロスタグランジン ………………………………………… 213

6.1　プロスタグランジン（PG）……………………………… 215

6.2　Corey ラクトン ………………………………………… 218
　　　(a) Corey ラクトンの登場　218
　　　(b) Corey ラクトンから PG 類へ　219
　　　(c) 実際の合成　220

6.3　C_{15} 位問題と遠隔立体制御 ……………………………… 222

6.4　Corey ラクトンの合成：ビシクロ[2.2.1]経路 ………… 227

6.5　Corey ラクトンのさまざまな合成法 …………………… 230

6.6　Corey ラクトンの不斉合成 …………………………… 234
　　　(a) ジアステレオ選択的不斉合成　235
　　　(b) エナンチオ選択的不斉合成　239

6.7　直登ルート：三成分連結法 …………………………… 241
　章末問題 …………………………………………………………… 247

7 　総合的な合成戦略 ……………………………… 249

7.1 　逆合成のこつ ……………………………… 250
（a）なるべく短い合成をめざす　250
（b）直線型合成と収束型合成　252
（c）頼りになる反応　257

7.2 　結合切断のきっかけを探そう ……………………………… 258
（a）隠された対称性に注意する　258
（b）こだわりの逆合成：
　　くずしたいモチーフとくずしたくないモチーフ　260

7.3 　保護基のはなし ……………………………… 263
（a）保護基とは　264
（b）合成の最終段階をイメージしよう　265
（c）さまざまな保護基と直交性　266
（d）ブレフェルジンAの合成　274
（e）保護基の工夫と役割　276
（f）保護基の使い方に関する注意点　279

7.4 　エピローグ ……………………………… 280
（a）マクロライド抗生物質　281
（b）大環状ラクトンの構築　282
（c）多数の連続不斉中心の制御　285
（d）コロンブスの卵　294

章末問題 ……………………………… 296

さらに学習するために ……………………………… 299

章末問題の解答 ……………………………… 303

和文索引 ……………………………… 315

欧文索引 ……………………………… 321

イラスト：飯箸　薫

1 天然物/非天然物合成のすすめ：なぜ天然物合成か？

　かつて有機化合物は"生命活動に由来する物質"と定義されていた．まちがいなく天然物だったのである．しかし，今では"炭素を含む化合物"というようにずっと広く定義されているので，割り切って考え，有機化合物を小さな組み木細工や積み木であると見なすことにしてみよう．そうすると，それを作り上げること，すなわち有機合成がおもしろいゲームのように思えてくる．ここではまず，天然物合成の歴史的な位置づけを概観した後，目標化合物を複数段階を経て構築することについて，そのルールや楽しみ方，作戦の立て方などを学んでいく．それにより，天然物合成という知的ゲームのむずかしさ，おもしろさを感じ取ってほしい．

1.1　はじめに：有機合成はナノメートルの組み木遊び

　有機化合物が，主として炭素から成る構造物であるとすると，C−C結合は大変小さな組み木と見なすことができる．こうした組み木の種類は数多く，C=C結合やC≡C結合など，長さの違うものもあるし，環状構造，さらに酸素や窒素などのヘテロ原子が加わり，可能性は無限である．このように限られた要素をもとに，多様な有機分子を自由に組み立てるのが有機合成の立場である．

1.2　歴史をたどる

　有機合成の源流は，尿素の合成(Wöhler)や酢酸の合成(Kolbe)の行われた19世紀前半にさかのぼる．ここでは，それ以降，20世紀初頭に端を発する不斉合成の系譜，さらには複雑な天然有機化合物の合成の先駆者 R. B. Woodward の活躍した20世紀中頃のこと，そしてその後の有機合成戦略の進歩を概観する．

1.3　天然物/非天然物合成のすすめ：精密有機合成

　天然物合成は大変おもしろいゲームである．しかも，ゲームを楽しむだけでなく，しばしば役に立つので，いわば趣味と実益を兼ねている．

1.4 天然物の全合成の実益

天然物合成の実益としては，生理活性物質やその誘導体を合成的に提供することをはじめ，生命科学関連分野への貢献がある．また，有機化学や有機合成における重要な考え方である Woodward-Hoffmann 則，あるいは逆合成解析等の合成論理などももとはと言えば，天然物の全合成研究の中から産みだされた．さらに，天然有機化合物の合成を通じ，複雑で不安定な化合物にも通用するように，有機合成反応が鍛えられることも意義深い．これらについて，いくつかの実例を紹介する．

1.5 合成を困難にする要素

標的化合物の構造の中にあって，その合成を困難にさせる要素として，以下のようなものが挙げられる．(1)分子量が大きいこと，(2)多くの官能基を含むこと，(3)骨格が複雑な場合，(4)熱力学的に不安定な構造，(5)非反復構造．これらの個々の要素について，簡単に触れる．

1.6 多段階合成の論理

全合成はよく登山にたとえられる．山の高さや急峻さによって登山の難易度が異なるように，標的が複雑なほど，その合成には数々の難問が登場し，出発物質，反応，合成経路の選択など，総合的な計画が必要になる．ここでは合成経路の合理的探索，合成計画の指針を学ぶ．

1.7 有機合成反応の進歩：心強い味方

標的化合物の合成には，炭素骨格の構築，官能基の整備（酸化と還元を含む），立体化学の制御の3つの要素がある．現在，私達が合成に使える手段は，以前よりも格段に増えている．各種の反応，周辺技術等の進歩により，かつての難問があっけなく解決された例も多い．

1.1　はじめに：有機合成はナノメートルの組み木遊び

ここであらためるまでもなく，本書は"天然有機化合物の合成戦略"と題しているが，化学の本のタイトルに**戦略**(strategy)という言葉は不穏当に思えることだろう．また，本文中には**戦術**(tactics)などの物騒な言葉も登場する．一体，誰が何と戦っているのだろうか？　タネをあかせば，多段階を経由した天然有機化合物の合成が，あたかもパズルやゲームのようなものだからである．しかもかなり手の込んだ，高度な知的挑戦を含むので，しっかり作戦を立てて臨まないと勝つことができない．本書では，目標とする有機化合物を複数の段階を踏んで構築することについて，その

ルールや楽しみ方などを，さまざまな観点から眺めてみたい．

かつて**有機化合物**は，"生命活動に由来する物質"と定義されていた．しかし，今では人工分子も含め，"炭素を含む化合物"と，ずっと広い定義となっている．ここでは割り切って，有機化合物を非常に小さな**組み木細工**であると見なすことにしよう．そうすると，ひとつの組み木は 1.54 オングストローム（Å）の長さを持った C−C 結合ということになる．仮に，C−C 結合を 7 つ分，まっすぐに（実際にはジグザグであるが）ならべると，よく耳にするナノメートル（nm＝10^{-9} m）の長さとなる．もちろん，組み木の種類はこれだけではなく，長さの異なる C＝C 結合（1.34 Å）や C≡C 結合（1.20 Å）もある．

組み木細工

組み木のバリエーションは**環構造**の形成によっても増えるし，ここにさらに酸素や窒素などのヘテロ原子が加われば，可能性は無限である．私たちのゲームは，このように限られた要素から，多様な有機分子を自由に組み立てよう（合成しよう），というものなのである．

余談ながら，炭素はこのような多重結合を容易に形成できるが，周期表

で1つ下のケイ素では，なかなかそうはいかない．化学進化の観点からは，宇宙の誕生以来，生命がその基本構成元素として，ケイ素ではなく炭素を選んだのは，そのせいではないかといわれている．

1.2 歴史をたどる

　この組み木ゲームのルールは，どのようなものだろうか．昔から手の込んだものだったのだろうか．まず，歴史的な背景からはじめ，その素材や組み立て方のルールなどの基本的な側面を学ぼう．

　よく"科学研究の両輪は，合成と解析である"といわれるが，岩波国語辞典(第6版)には次のようにある．

　　合成(synthesis)…2つ以上のものを合わせて1つの状態にすること．
　　解析(analysis)…事柄を細かく分けて，組織的・論理的に調べること．

　すなわち，**合成**は"構成要素からある構造物を組み上げ，その総体として機能を発現させる"という内容である．一方，**解析**は"ものを構成要素に分解していき，全体としての機能や性質が何に由来するかを調べる"というものである．

　これを有機化学の研究にあてはめてみよう．現在の有機化学は，synthesis と analysis がほどよくバランスしているが，黎明期には analysis の要素がほとんどであった．私たちの祖先は，古くから"あの木の根を煎じて飲むと腹痛に効く"，"この草からは茜色の染料が採れる"などと言い伝え，自然の恵みを生活に活かしていたことだろう．また，ある時には不老不死の薬を求め，生体成分などを徹底して調べることもあったに違いない．生命に宿る神秘に敬意を払いつつ，その要素を解析するところに有機化学の源流があったのではないだろうか．

(a) 有機合成の源流

　早くも1805年には，ケシからモルヒネが単離されている．しかし，手にした結晶が何かは不明である．なぜなら，まだ，原子や分子の概念自体が論争されていた頃のことであり，わかりようもなかったのである．やがて，それが炭素，水素，酸素，窒素から構成されていることが判明するが，それでも原子どうしのつながり具合は不明であった．それには**炭素四面体説**(van't Hoff と Le Bel；1874年)をはじめ，原子価4の炭素原子どうし

モルヒネ

が結合し，三次元的構造を構成するという理解，さらには，構成原子が同じでも実体の異なる分子があるという，**異性体の概念**が了解される必要があった．逆に，物質の究極的な構成単位である原子，分子の概念の発達過程においては，天然物化学の解析的な側面が大き

Jacobus van't Hoff
（1852-1911）
ⓒThe Nobel Foundation

Friedrich Wöhler
（1800-1882）
The Debner library of the History of science and technology

な役割を果たしたにちがいないといえるだろう．

　それでは合成の側面は皆無だったかというと，無論そのはずはない．**錬金術**さながら，不老不死の薬を調合しようとする試みの数々はまさにそれであった．しかし，決定的に状況が変化したのは1828年のことであった．それまでは，**無機物**（鉱物など）と**有機物**（生体関連物質）との間には互いに越えることのできない境界があるとされていた．これを**生気説**（vital theory）というが，図らずも F. Wöhler は，この年，その境界を踏み越えたのである．すなわち，無機物であるシアン酸アンモニウムを加熱したところ，生命活動にのみ由来するはずの尿素が"できてしまった"のであった（図 1.1）．

$$NH_4^+ \, {}^-OCN \xrightarrow{加熱} H_2N-\underset{O}{\overset{\parallel}{C}}-NH_2$$

尿素

図 1.1

Hermann Kolbe
(1818-1884)

これに少し遅れ，1845年には電気分解で有名なH. Kolbeが酢酸を合成する．これは**炭素**から出発する"文字通りの全合成"である．ちなみに，**合成**という言葉自体も，実はこのKolbeが導入したものだという．

実は，この時こそが私達のゲームの本格的な始まりであった．なぜなら，この酢酸の合成は，尿素の合成とは異なり，出発物質から最終生成物までが1段階ではないからである．これを**多段階合成**（multistep synthesis）とよぶ．いくつかの段階を経由して，初めて完成するため，複数の反応を"正しい順番で，正しく用いる"ことが必要となる．こうして**戦略**や**戦術**という言葉が見え隠れしはじめる（図1.2）．

$$C \xrightarrow{FeS_2} CS_2 \xrightarrow{Cl_2} CCl_4 \xrightarrow{赤熱管} Cl_2C=CCl_2 \xrightarrow{h\nu, H_2O} CCl_3CO_2H \xrightarrow{電気分解} CH_3CO_2H (酢酸)$$

図1.2

しかし，目標化合物を本格的に**ねらって作る**ようになるには，まだまだ時の流れが必要であった．象徴的な例として1850年頃の**キニン**（キニーネ）の合成の試みがある．当時，このマラリアの特効薬の人工合成に期待が集まったが，先述のごとく，炭素四面体説すら登場する前という時代のこと，当時の有機化学の水準は推して知るべしなのである．したがって，目標がキニンであるとはいっても，わかっていたのは組成式（$C_{20}H_{24}N_2O_2$）だけで，その立体構造はおろか，原子どうしの互いの関係すら不明であった．

それでも1856年，若き日のW. H. Perkin（当時18歳）が果敢にも合成を試みる．数年後の論文に見られる，彼の考え方は興味深い．すなわち，"トルイジン（メチルアニリン）をヨウ化アリルと反応させ，アリルトルイジンとした（どういうイメージだったのだろうか）後，酸化すればキニンができても悪くないではないか"．組成式から見れば，一応つじつまがあっている．実におおらかな合成計画である（図1.3）．

この試みは無論，不成功に終わったが，偶然にもこれに関する一連の実験

$$C_7H_9N + C_3H_5I \longrightarrow C_{10}H_{13}N$$
トルイジン　　ヨウ化アリル　－HI　　アリルトルイジン

$$2(C_{10}H_{13}N) + 3O = C_{20}H_{24}N_2O_2 + H_2O$$
アリルトルイジン　　　　キニン

図 1.3

から初の合成染料モーブ(人工藍)が発見されたというのがおもしろい(図1.4)．珠玉の発見は人智の及ばない所にあるという，いわゆるセレンディピティーの典型である．こうして彼は一躍時代の人となり，これをもとに染料工場を建て，巨万の富を得ることとなった．しかし，その一方でめざすキニンは作れずに終ったこともまた事実である．合成を正しく計画し，実行に移すことなど，まだまだ遠い時代であった．

ちなみに，その後に解明されたキニンの構造は図 1.4 の A のようなものであり，その全合成が達成されるまで(1944 年，R. B. Woodward)，約 1 世紀を待たねばならなかった．しかも，最近になり，この合成すら実は未完成だったとの指摘もある．さらにモーブ染料の構造についても後日談があり，1 世紀にわたって信じられていたものとはちがい，1994 年になって図 1.4 に示すものであることが明らかにされた．

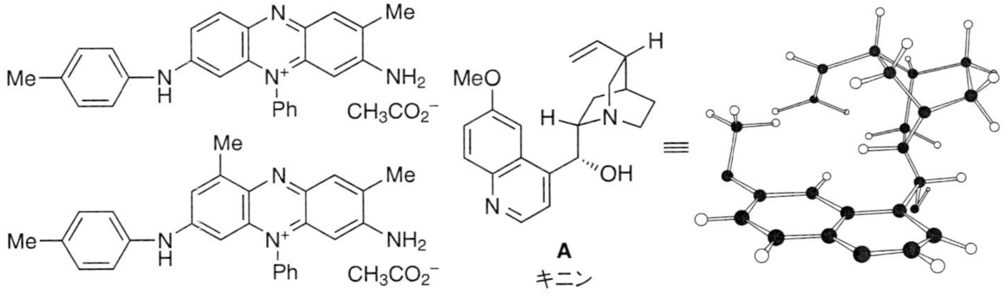

モーブ染料

A
キニン

図 1.4

(b) 不斉合成の系譜：平面分子から立体分子へ

さて，このモーブ染料の発見に沸いた Perkin の時代から約 50 年が過ぎ，時代が 20 世紀へと折り返そうとしていた頃には，インジゴの工業合成(図 1.5)に代表される染料化学が隆盛となった．また，古くから歯痛に

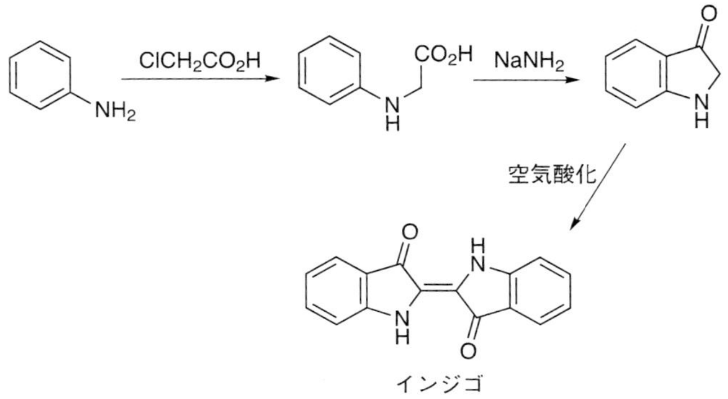

図 1.5

効くとされてきた柳の枝の有効成分としてサリチル酸が単離され,その副作用の軽減を目指す試みから,アセチルサリチル酸(今も用いられる頭痛薬アスピリン)が合成されたのも当時のことであった(図 1.6).こうした染料や合成医薬などが,日常生活に浸透し始めていたのである.

アスピリン

1900 年当時のアスピリンパッケージ
(写真提供:バイエル薬品)

図 1.6

しかし,この世紀の折り返し点にあって,有機合成もまた 1 つの転機を迎えていた.すなわち,上述のような芳香族化合物や複素環化合物などの**平面的な分子**ばかりでなく,次第に**立体的な分子**が合成対象として取り上げられ始めていたのである.ここでおもしろいのは,前述の生気説への信奉がいまだ根強く残っており,その新たな境界として**不斉**(asymmetry)がまつり上げられたことである.すなわち,"不斉こそ生命活動のみの所産であり,生物と非生物の境界である"とする説である.しかも皮肉なことは,この"新生気説"の主唱者は L. Pasteur であったということである.

19世紀に酒石酸の光学分割などの偉大な業績を残し，"生命が湧く"ことを否定してみせた彼が，晩年には"不斉が生命体を特徴づける"という説に固執したのだった．

しかし，図1.7に示したように前述のキニンを触媒として，シアン化水素をベンズアルデヒドに付加させると，選択性は低いものの，光学活性なシアンヒドリンが得られることが見出され(1912年，G. Bredig)，生命活動によらずとも，フラスコ内でも不斉が生じ得ることが証明されることにより，"新生気説"もまた敗れ去ることとなったのである．

Louis Pasteur
(1822-1895)

図 1.7

なお，E. Fischer がシアンヒドリン反応を駆使し，多くの不斉中心を持つ糖質の構造決定を行っていたのも，この頃のことである．当時の分離分析手段や理論的背景からは驚異的である．また，光学活性エステルに Grignard 反応剤(これまた発見直後)を付加させ，光学活性アルコールを合成しようという先駆的な試みも当時になされたことである(図1.8)．

Emil Fischer
(1852-1919)
©The Nobel Foundation

François A. V. Grignard
(1871-1935)
©The Nobel Foundation

図1.8に示すような反応スキーム

要するに，近年急速な進展を見せている**立体選択的反応**や**不斉合成反応**の源流は，この1900年頃にあると見ることができる．ただし，当時はいかに不斉誘起が起きても，上述の"新生気説論者"にかかると，「光学活性物質の遺伝特性」（生命体が，個々の分子の中に不斉誘導が起こるような遺伝情報を植えつけられているという理解？）という神秘的解釈で片づけられてしまうのだったが….

(c) Woodward 期

さらに半世紀ほど過ぎた20世紀中頃には，有機構造論，有機反応論などの体系化が進んできていた．また，構造解析法や実験技術の総合的な進歩もあり，次第に複雑な化合物が構造決定され，同時に合成対象として取り上げられるようになってきていたが，まだ構造解析手段の発達も十分ではなかった．そこで，天然物化学の研究は，(1)天然物を純粋に単離する，(2)その構造を推定する，(3)その推定構造を合成し，天然品と比較し，構造確認に至る，という流れで進められていた．すなわち，**合成**は新規構造を決定する際の最終手段だったのである．

こうした中で一段と光彩を放ったのが，R. B. Woodward という一人の天才の存在である．彼は，複雑精緻な構造の化合物を次々と芸術的なやり方で合成し，1965年には"achievements in the art of organic synthesis"というタイトルでノーベル化学賞を受けている．この art という言葉

Robert B. Woodward
(1917–1979)
©The Nobel Foundation

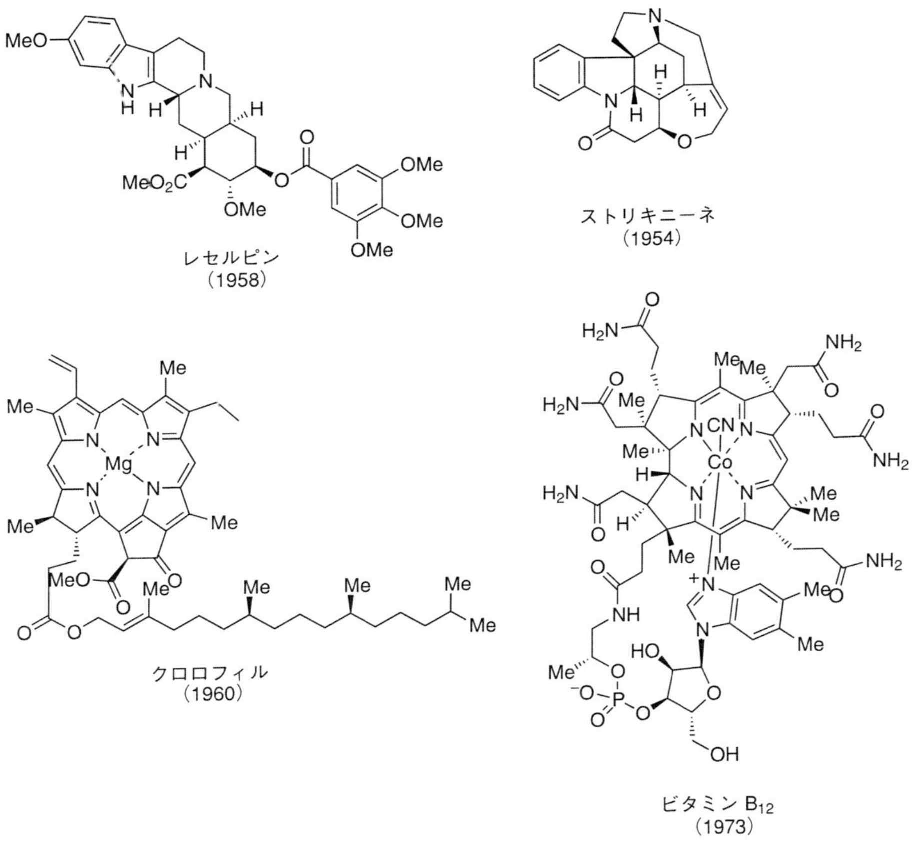

レセルピン
(1958)

ストリキニーネ
(1954)

クロロフィル
(1960)

ビタミン B_{12}
(1973)

図 1.9

は，通常，芸術と訳されるが，有機合成術という意味に受け取ることもできる．斬新な発想，深い洞察力，周到な計画に基づいた合成は，まさに芸術の香り高いものであり，また，あたかも日本の伝統的建築の如く，壮大にして精緻な構造を"匠の技"で組み立てたかのようでもあった．キニン（前出）を初め，レセルピン，ストリキニーネやクロロフィル等を，独特のやり方で征服したのである．なかでも，A. Eschenmoser との協力で，1973 年に完成したビタミン B_{12} の全合成は歴史的な成果であり，約 100 名の博士研究員と 10 年の歳月をかけた壮挙は，"構造さえ与えられれば，何でも作れる"という時代の精神を形成させた（図 1.9）．

(d) ポスト Woodward 期

　誤解を恐れずにいえば，上に示した華麗な全合成は Woodward という天才一個人の能力にかかるものであった．なぜなら，彼の活躍した時代には，合成に使える"武器"(合成反応，出発物質，分析手段など)が極めて限られていたにもかかわらず，それをうまく超越して上述のような成果を挙げたからである．

Elias J. Corey
(1928-)
©The Nobel Foundation

　しかし，標的構造を前に，誰もが論理的に合成を計画できるようになるとよいだろう．そのために**逆合成解析**(retrosynthetic analysis；第2章)の考え方を提案したのが，E. J. Corey(1990年ノーベル化学賞)であった．また，同時期に**極性転換**(Umpolung)や**合成等価体**(synthetic equivalent)の考え方も登場し，可能な合成経路を系統的に列挙し，そのよしあしを吟味することが行われるようになってきた．

　実際，合成を成功させるには，いくつもの要素がある．限られた武器しかない時代に，Woodward はどのようにそれをうまく克服したのだろうか．彼の活躍した時代と比べると，1970年代以降は，各種の選択的な反応剤(有機金属反応剤，酸化剤，還元剤)やいろいろな保護基などを含め，合成に使える手段の進歩は目を見張るばかりである．

　こうした進歩の恩恵を受け，1970，80年代にはかなり複雑で，化学的に不安定な天然有機化合物を合成することが可能になった．特にプロスタグランジンの合成(第6章)は，天然から極微量しか得られない，重要な生理活性分子の供給を可能にした点で特筆される．

　また，多数の不斉中心を持つ巨大な海洋天然物パリトキシンの構造決定では，有機合成が大きく寄与している(図1.10)．ごく最近まで，この化合物は反復構造のない天然有機化合物としては最大のものであったが，特に鎖状構造に存在する多くの不斉中心により，その構造決定は困難を極めた．都合64個の不斉中心があるので，可能な異性体の数は 2^{64} 通りもある．平田義正，上村大輔(単離)と岸義人(合成)とが協力し，天然物のオゾン分解生成物のすべての異性体を作り，それらと天然物とを比較し，全ての立体構造を決定した．また，正しい立体化学をもつ各フラグメントを合体させ，この巨大な天然物を"再構築"することにも成功した．

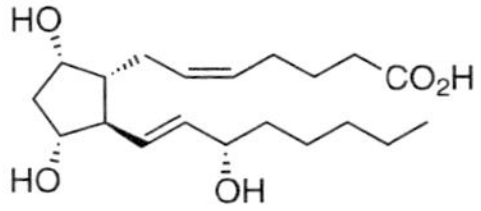

プロスタグランジン F$_{2a}$
(1969)

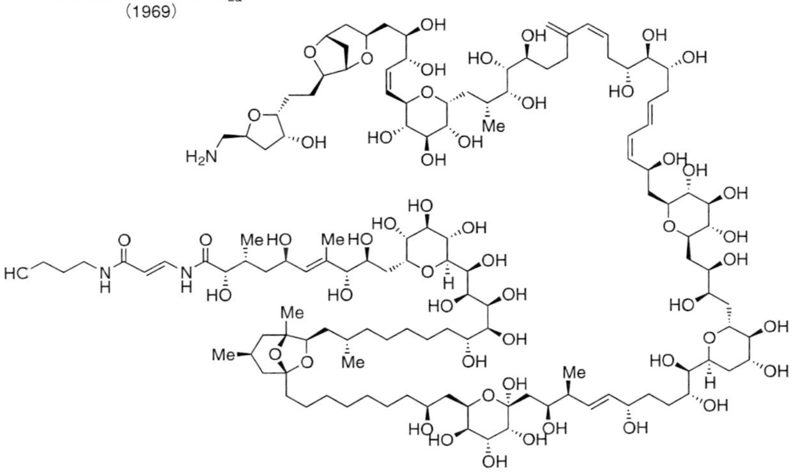

パリトキシン
(1994)

図 1.10

　これほど複雑な分子すら合成されるまでになったのである．しかし，こうした輝ける成功に往々にしてつきまとうのは，"シラケ感"である．"何でも作れるというのに，天然がもたらすものを何でわざわざ人間が作る必要があるのか？"という見方である．すなわち，大きな天然物の全合成が達成されるたびに，"天然物合成は学問的に追究する意義を失った"，かの雰囲気がくり返し漂うのである．

　表 1.1 は，時の流れの中で折りにふれて述べられた，偉大な先達からの天然物合成への"讃歌"と"弔辞"である．それぞれ，人生のある時期に天然物合成の最前線に身を置いた人々からの感想である．本意はともかくとして，味わってみてほしい．

表 1.1 標的物質多段階合成/天然物全合成の意義(著名な研究者が述べたコメント)*

R. Robinson (1936)	1828 年からの長い旅，興味失せた
R. B. Woodward (1956)	興奮，冒険，挑戦，そして偉大な芸術
E. J. Corey (1967)	現実であり極めて重要
尾中忠正 (1960 年代)	最初の合成は無意味　最終合成こそ重要 簡単な化合物の簡単な合成
P. Delongchamps (1970 年頃)	全合成の価値は標的の生物活性や経済価値によらない
G. Stork (1978)	100 年たっても興味はつきない
W. C. Still (1985)	構造がわかれば，原子数 1000 以下の分子なら何でもつくれる
G. M. Whitesides (1985)	標的物質より各段階の方が重要
E. J. Corey (1989)	無から価値を
A. I. Meyers (1992)	有機合成は新知見の陳列棚
A. Eschenmoser (1996)	合成の必然性が大切，芸術性はあくまでも副次的
G. Stork (1999)	何を学んだか？
G. M. Whitesides (1999)	冷戦後の超大国，次は？
向山光昭 (2000)	ものを確実につくることを通じて科学の諸問題を解く力
野依良治 (2001)	化学の identity の 1 つ，人類の為に何ができるか？ 最高水準の技術の獲得と維持は絶対必要

* 野依良治博士提供資料による

1.3　天然物/非天然物合成のすすめ：精密有機合成

　"本当にそうだろうか？"と反論するのが，本書のねらいである．その論拠の第 1 は，"天然物合成は大変おもしろいゲームだ"ということである．しかも，楽しむだけでなく，しばしば役に立つので，いわば"趣味"と"実益"を兼ねているのである．

　まず，"趣味"の部分．分子を構築すること自体の妙味をわかってもらうために，ここで"積み木遊び"にたとえてみたい．あなたが，図 1.11 のような積み木をしようとしたとする．集中力を要するのは，どちらだろうか？

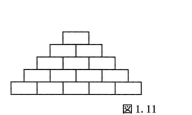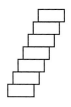

図 1.11

もちろん右側のものにちがいない．注意深く，慎重にしないと崩れ落ちてしまうからである．

　有機合成も同じである．とても不安定で，そっと扱わないと，すぐこわれてしまう分子がある．たとえば図 1.12 に示したトロンボキサンはプロスタグランジン（第 6 章）の仲間であり，アラキドン酸カスケードという生合成経路により，哺乳類の体内で極微量，局所的に現れ，重要な生体反応のひきがねをひいては，直ちに消失してゆく一連の化合物群に属している．生理的条件下での半減期がわずか 32 秒という代物である．鴨長明の方丈記の "ゆく河の流れは絶えずして…" のたとえを持ち出した人もあった．この不安定な分子を作るとしたら，一体どうすればよいだろう？

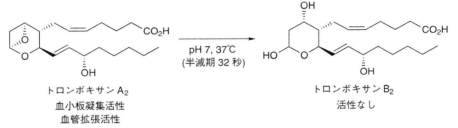

トロンボキサンA_2
血小板凝集活性
血管拡張活性

トロンボキサンB_2
活性なし

図 1.12

　一方，"合成標的は何も天然物に限らない" という人もいる．もちろんその通りである．キュバン，プリズマン，ドデカヘドランなど，形の美しい分子に始まり，クラウンエーテル，クリプタンド等の有用な機能を持った分子など，想像のおもむくままに設計され，そして合成された人工分子も数多い（図 1.13）．思うがままに，積み木遊びを楽しんでいるかのようである．

　こうした有機合成の方向性を絵画にたとえれば，天然の提示したモチー

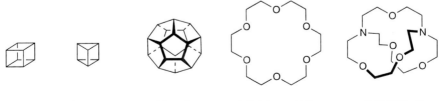

キュバン　　プリズマン　　ドデカヘドラン　　クラウンエーテル　　クリプタンド

図 1.13

フを忠実に表現しようとするのが**具象画**の世界，一方，自らの想像上のイメージを絵にして見せるのが**抽象画**の世界である．よしあしではなく，"興味の問題"である．ただ重要なことは，いずれにしても修練を積み重ね，デッサン力を鍛え，構成力を研ぎ澄まさないと，秀作を描くことはできないことである．有機合成も全く同じであるといいたい．

しかも，近年，自然界で働く分子の中には私たちの想像力を越えた，"とてつもない構造"があり，また，こうした**特異な構造**こそが**特異な機能**の起源であることがわかってきている．たとえば1980年代に登場した抗腫瘍性化合物ネオカルチノスタチン（NCS）クロモフォアという分子は常識に反し，直線的なはずのアセチレン結合が曲がっている．前例がなく，なかなか構造が決まらなかったという．また，毒性も極めて強く，産生菌自身が死滅してしまう程だという．なぜ，微生物はこんな厄介なものを作るのだろうか．

さらにおもしろいことに，その抗腫瘍性の起源がビラジカルの発生にあることがわかり，しかも実はこれに関連した反応が1960年代に，全く別の興味から物理有機化学の分野で研究されていた（いわゆる**Masamune-Bergman 反応**）．要するに，このNCSはビラジカルを発生し，ガン細胞のDNAを切断する，いわば爆弾のような分子なのである．こんな危険な分子やデリケートな分子を作ろうとする研究者がいる，先程の積み木細工のたとえがわかってもらえるだろうか？ 現代の有機合成化学は，こんな分子をも作ってみせる実力を備えはじめているのである（図1.14）．

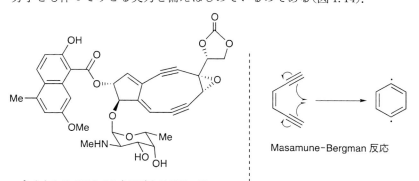

ネオカルチノスタチン(NCS)クロモフォア　　Masamune-Bergman 反応

図 1.14

1.4 天然物の全合成の実益

　一方，天然物合成の**実益**として指摘したいのは，まず生命科学関連分野への貢献である．上村大輔・袖岡幹子「生命科学への展開」（本シリーズ15巻）を参照してほしい．重要な化合物が発見され，またその合成経路が開かれると，どれだけの影響がもたらされるだろうか．**シクロスポリンA**は1960年代にノルウェーの土壌から発見された環状ペプチド抗生物質であるが，その後，この化合物に免疫抑制作用があることが判明した．図1.15の統計データは，それによって肝移植例がいかに急激に増えたかを示している．たった1つの分子の登場により，私たちの身の周りにこれほど大きな影響があるという，好例である．

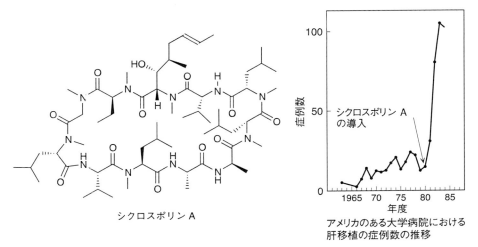

シクロスポリンA

アメリカのある大学病院における肝移植の症例数の推移

図1.15

　FK-506は茨城県筑波の土壌菌から発見され，免疫抑制物質として早くから臓器移植に実用され始めた．加えて，S. L. Schreiberはこの化合物を同位体標識した形で合成し，それを用いて免疫にかかわるタンパク質を単離同定することに成功した（図1.16）．このように複雑な天然有機化合物でも，うまく計画すればそれを全合成するのみならず，それが他分野の最先端の研究に大きな波及効果をもたらし得るのである．

　さらに，分子を精密に構築することの意義をもう1つ挙げたい．酵素と

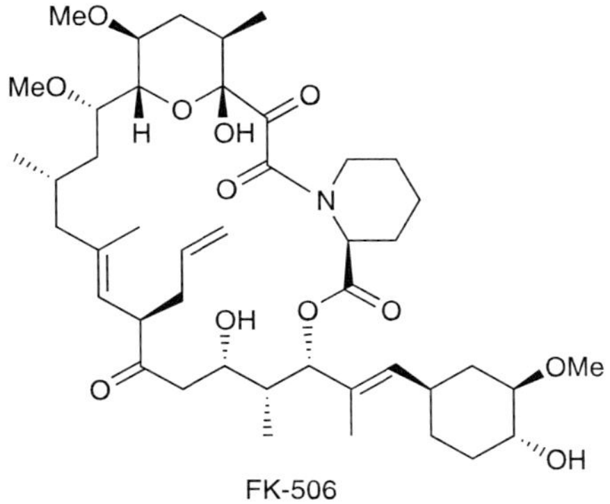

FK-506

図 1.16

　基質，核酸どうしなどの生体分子間の相互作用は，水素結合，van der Waals 力や π-π 相互作用など，非共有結合的相互作用にもとづいている．これこそ，最近重要性を増し続けている**分子認識**あるいは**超分子形成**の基本概念である．しかし，これまた起源をたどっていくと，1 世紀以上前の「鍵と鍵穴説」(E. Fischer，1894 年) に行きつくことになる．酵素などの巨大なタンパク質が機能を発揮し始めるのに，キレのよい小さな分子が鍵となるのである．

　こうした超分子的相互作用は，"弱い力" の総和である．個々の相互作用は，水素結合のように，正しい空間配置で官能基どうしが向き合った時のみ発現する性質のものである．換言すれば，鍵穴 (巨大タンパク質) に適合する鍵 (低分子) が必要なように，低分子化合物を精密に刻み出す技が一層重要となっていくであろう．逆に，こうした小分子の機能の正しい理解に立ち，それに似て非なる分子を合成すれば，タンパク質の挙動を制御できるかもしれない．タンパク質科学の急速な進展に伴い，最近では受容体タンパク質の構造解析のみならず，複合体の結晶解析も可能になってきた．こうした相互作用が分子レベルで理解される時代背景において，酵素阻害剤等の設計や合成における精密有機合成の役割がいっそう期待されている．

　もちろん，有機化合物の全合成の学術的影響も挙げておきたい．さまざまな天然有機化合物の全合成研究を通じ，有機化学自体の進歩が促される．逆合成解析等の合成論理や Woodward–Hoffmann 則のような理論が，天然物の全合成研究の産物であることは見逃せない．また，各種の反応が全合成研究を通じて "鍛えられる" ことも大きい．単純な化合物の変換に有

効であっても，少し複雑で不安定な化合物では通用しない反応も少なくない．標的化合物の中にどのような要素がある場合に，その合成が困難になるだろうか．

1.5 合成を困難にする要素

標的構造に次の要素がある場合は，合成の困難さが増す．

(1) 分子量が大きいこと

パリトキシン(図1.10)やシガトキシン(図1.17)はいずれも海産毒である．なぜ，かくも巨大な有毒物質を海洋生物が作るのかという疑問はさておくとして，こうした大分子量を有する化合物を合成しようとすると，多くの反応段階を必要とすることはあきらかである．また，合成経路の後半では，大きな中間体どうしを結合させるのに十分な反応性が確保できるか否かが問題となる．しかし，こうした場面で働く反応の数は限られている．ジレンマは，無論，十分な反応性が必要であるものの，無差別にいろいろな官能基と反応するようでは困る，ということである．そこで次の項目が登場することとなる．

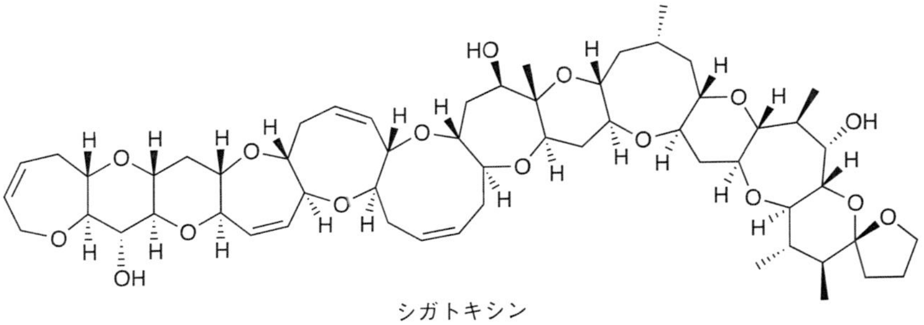

シガトキシン
図1.17

(2) 多くの官能基を含むこと

有機分子の機能や性質を特徴づけるのは，分子の形(3次元構造)とともに，酸素，窒素，硫黄などのヘテロ原子を含む多様な官能基の存在である．しかし，標的化合物がこうした官能基を多く含めば含むほど，その合成は困難になる．個々の官能基に特有の反応性があるので，分子変換を行うたびに，この要素を考慮しなければならないからである．合成全体を考える

と，反応性の高い官能基をなるべく終盤で導入するよう配慮するとよく，保護基の考え方(第 7 章)もその一線上にあるといってよい．多くの官能基の集中した化合物の例としてテトロドトキシン(フグ毒)の構造を見てみてほしい(図 1.18)．

しかし逆に，こうした官能基の存在は合成設計の鍵となることも重要である．特に，炭素骨格の形成では，カルボニル基などに特有な反応性を利用することが多い．したがって，ホパン(化石の中から単離された天然物)のように官能基が極端に少ない標的化合物は，かえって合成が進めにくい(図 1.18)．

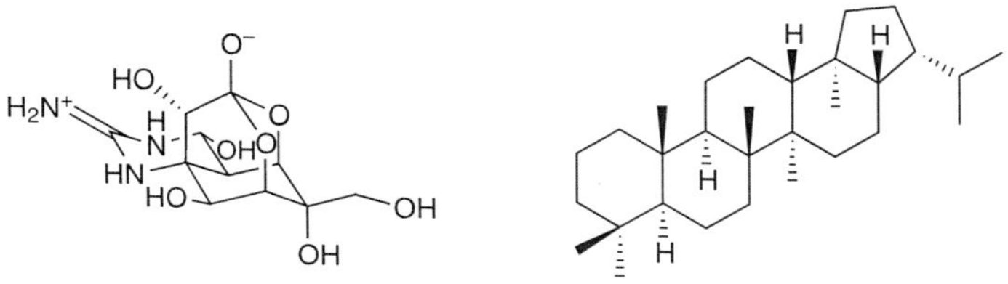

テトロドトキシン　　　　　　　ホパン

図 1.18

(3) 骨格が複雑な場合

さほど分子量は大きくないのに，合成が困難な化合物もある．たとえば複雑な多環式構造を有するギンコリドやダフニフィリンなどは，一見してわかるように複雑な三次元構造を持つため，その合成には特別な取り組みが必要となる(図 1.19)．

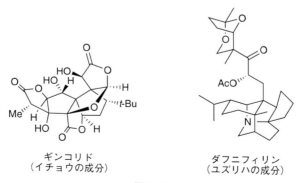

ギンコリド　　　　　　ダフニフィリン
（イチョウの成分）　　（ユズリハの成分）

図 1.19

(4) 熱力学的に不安定な構造

先にも述べたが，最近の分離分析技術の進歩で，熱力学的に不安定な化合物の構造が決定されるようになった結果，合成対象としてもますますデリケートなものが増えている．たとえば，先述のトロンボキサン等はその典型例である．こうした繊細な構造こそが，特徴的な生理活性の起源かもしれないが，合成的にはまちがいなく厄介な問題を提起する．

(5) 非反復構造

本節の冒頭で述べたように，分子量の大きな化合物の合成には，本質的な困難があるが，加えて，反復構造の有無は合成の難易度を大きく左右する．

たとえば，α-アミノ酸の縮合構造であるタンパク質を考えてみるとよい．20種類の構成単位（積み木）を基礎として，いかに多様な構造が実現されるかの好例である．核酸では一層少なく，4種類の組み合わせで遺伝情報を担う分子を構成しているのである．こうした分子の構築は，基本的に各構成成分をどう組み合わせるかにかかっている．いわば，各アミノ酸，各核酸塩基を1つの積み木の単位と見なし，全体構造の構築を計画することができる．

一方，パリトキシン（前出）の構造には反復構造がないので，部分構造のとらえ方に無数の可能性があり，多くの要素を総合的に考える必要が出てくる．

1.6　多段階合成の論理

合成の目標は，端的に言えば，入手しやすい出発物質から，なるべく簡単に目的化合物を得ることにある．仮に標的化合物と似た化合物が入手できれば，話は早い．実際，有機化学の初期に行われた合成の多くは，化合物AからA′を得るといった，誰の目にも全貌が明らかなものであった．当時の有機化学の実力に制限され，既知の出発物から容易に到達できる構造だけが合成対象であったからである．

ここで先述の酢酸の全合成を再登場させよう（図1.20）．"Selected Organic Synthesis"（碩学，I. Flemingの著書，1973年）には，"この合成を見て考えさせられることがある"というくだりがある．当時，合成に使える反応は極めて限られていたのに，それらを巧妙に組み合わせて合成を完

成させたことが重要である．

$$C \xrightarrow{FeS_2} CS_2 \xrightarrow{Cl_2} CCl_4 \xrightarrow{赤熱管} Cl_2C{=}CCl_2 \xrightarrow{h\nu, H_2O} CCl_3CO_2H \xrightarrow{電気分解} CH_3CO_2H\ (酢酸)$$

図 1.20

　こうした全合成は，よく登山にたとえられる．登ろうとする山の高さや急峻さによって登山の難易度が異なるように，標的が複雑であるほど，その合成には種々の要素が出てくる．最終のベースキャンプから頂上にアタックするルートが開かれていたとしても，山麓からそこへ至る太い補給路がなければ，登頂の成功はおぼつかない．また，用いる反応の知識だけでなく，出発物質の選択（どこから登り始めるか）や合成経路の選び方（どの道を選ぶか）など，総合的な計画やさまざまな側面からの目配りが重要になる．こうした複雑な化合物の合成経路を探すには，どのような指針があるだろうか．

　標的が天然有機化合物であれば，それが自然界でどのように生合成され

全合成はよく登山にたとえられる

ているかが参考になることもある．R. Robinson 卿（1947 年ノーベル化学賞）によるトロピノンの合成（1917 年）は，生合成をヒントに短段階合成を達成した顕著な例である（図 1.21）．それ以前に報告された R. M. Willstätter（1915 年ノーベル化学賞）の合成とは段階数の点で対照的である．生合成系は，35 億年にわたる選別淘汰を経て高度な選択性と効率を獲得した化学反応系と見なせるので，その知恵に学ぶことが多いのは当然かもしれない．

Sir Robert Robinson
(1886-1975)
©The Nobel Foundation

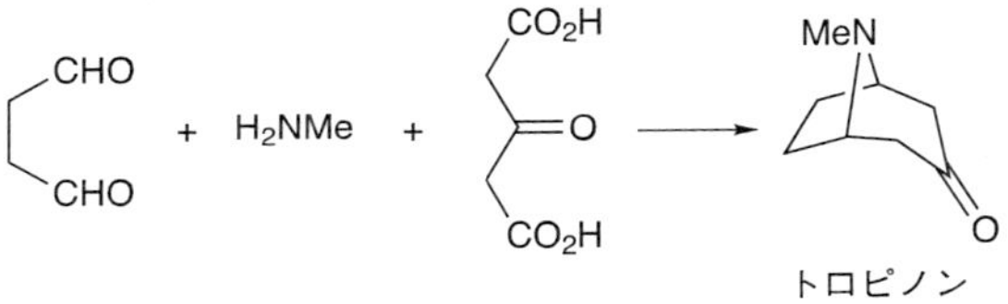

図 1.21

しかし，天然物でないものを作る場合，"道案内がなく途方に暮れた"というのでは困ってしまう．こうした場合にも，合理的に合成を計画し，確実に実行するにはどうしたらよいだろう．

カンタリジンを例にとろう（図 1.22）．"この分子を合成せよ"といわれたら，少し有機化学を学んだ人なら，誰しも Diels-Alder 反応を思い浮かべるのではなかろうか．しかし，親ジエン体に 2 つのメチル基があるので，実は反応が起こらない．この 2 つの基がない時と比べてほしい．（このよ

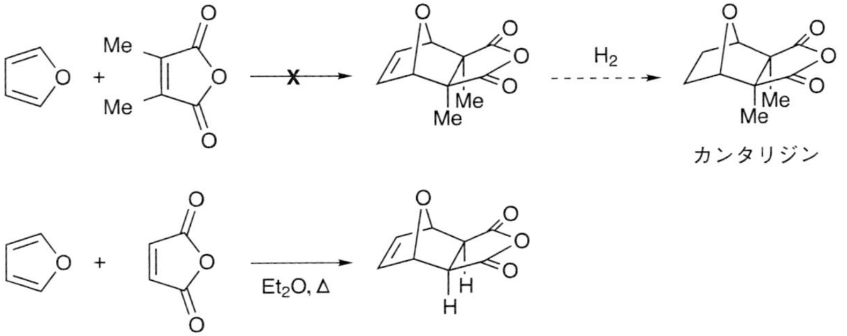

図 1.22

Gilbert Stork
（1921- ）

うに目前に見えても，適切な合成手法がなければ道は開けない．）

この問題に G. Stork は次の作戦を採った（図 1.23）．まずフランとアセチレンジカルボン酸のジエステルから Diels-Alder 付加体を得，その後に非共役の二重結合を選択的に水素化し，今度はブタジエンとの Diels-Alder 反応を行う．後はエステル部分の酸化度をメチル基にまで落とし，オレフィンを酸化開裂し，炭素数を減らす工程を経て，目的物へと変換した．［4+2］付加環化反応を直接行うことができないので，**迂回路**を選んだのである．歴史的に見て，この例は初の立体選択性を意識した合成の例であると言われている．1953 年のことであった．

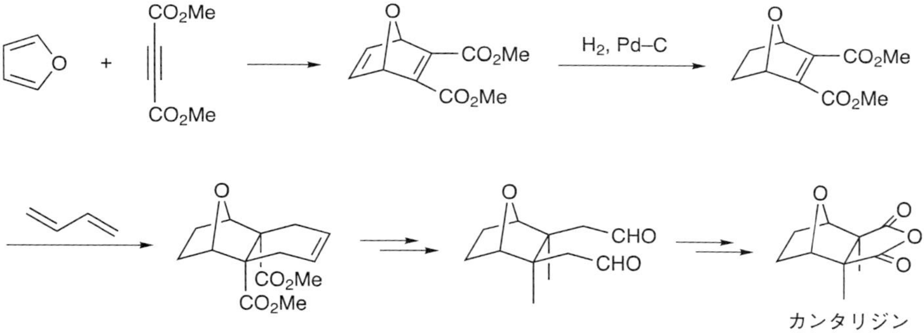

図 1.23

しかし，最近の技術革新は，より直接的なアプローチを可能にした．超高圧による加速効果を利用し，硫黄架橋の 2 環式構造の親ジエン体との直接的な付加環化反応が可能になった．また，この反応は，$LiClO_4$ の濃厚溶液の中で行うことによっても，著しく速くなることが見出された（図 1.24）．

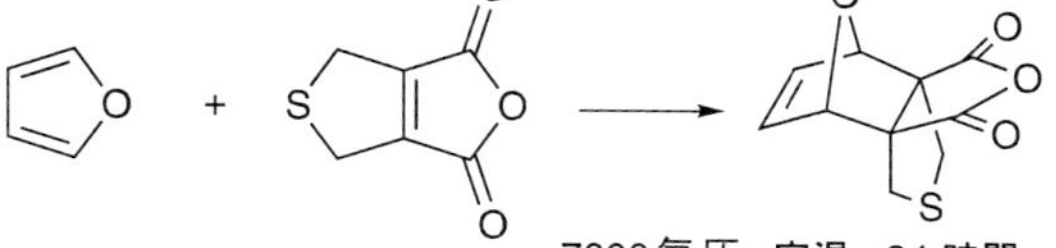

7000 気圧, 室温, 24 時間
5 M $LiClO_4$, Et_2O, 室温, 9.5 時間

図 1.24

もう少し最近の例を見てみよう．(−)-メントールはハッカの爽快な香気成分であり，高砂香料工業によって以下の経路で大量合成されている（図1.25）．2001年秋の野依良治博士のノーベル化学賞受賞の際に，盛んに紹介されたのを憶えている方もいるだろう．この合成プロセスのハイライトは，光学活性配位子BINAPの配位した遷移金属触媒を用いた不斉異性化反応（2→3）である．すばらしい不斉収率と触媒回転率であり，光学活性源の1分子から8000個もの光学活性分子が産

野依良治
(1938-)
©The Nobel Foundation

み出される．まさに人工的な系での**不斉増殖**である．ちなみに，この反応を利用して得られるシトロネラールは，天然物より光学純度が高い．すなわち，"酵素を越えた人工触媒"が出現したという，すばらしい成果である．

図1.25

しかし，あらためて強調したいことは"メントールはこの反応だけではできない"ということである．すなわち，先述の酢酸合成の例とも相通ずるが，図1.25の反応の生成物3を効率よく最終物へと変換する反応，そして純粋な出発物質2を大量に供給する方法があって，はじめて経路全体が開通するのである．ちなみに1→2の反応は高部圀彦（1972年），2→3の反応は大塚斉之助（1984年），4→5の反応は中谷陽一（1978年）によって

開発されたものである．

1.7　有機合成反応の進歩：心強い味方

標的化合物の合成には，以下の3要素が重要である．
1) 炭素骨格の構築
2) 官能基変換，酸化と還元
3) 立体化学の制御

そういわれても，わかりにくいかもしれないので，有機分子を"さかな"に見立てて説明しよう．第1には，"骨のつくり"である．有機化合物で言えば，これが**炭素原子**のならび具合ということになる．さかなによって骨格が異なるように，まず作りたい有機化合物の炭素骨格がどうなっているかを把握し，それをどう組み立てればよいかを考えたい．

第2に，さかなでいえば"肉づき"を整える．有機化合物であれば，これがケトンやアルコールなどの**官能基**がどこに，どのようについているか，ということである．すなわち，骨格構築とともに，酸化や還元，官能基の整備の問題を考えることにしよう．

第3番目は"鏡映り"の問題である．"左ヒラメに，右カレイ"というように，ヒラメとカレイは片寄った体つきをしている．有機化合物でいえば，鏡像異性体の問題を含め，**立体化学**の問題を考えよう，ということになる．

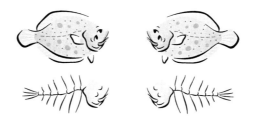

有機分子をさかなに見立てると…

これに関連して，たとえば50年前と比べると，私たちが現在合成に使える武器は格段に多くなっている．各種の選択的な反応剤（有機金属反応剤，酸化剤，還元剤）や周辺技術等が格段に進歩しており，かつての難問が"無意識の内に"，あっけなく解決されていることも多い．

戦術の進歩が戦略を変える

　本書では以下，これらの3要素に注目しながら，標的化合物の合成の戦術，戦略について述べていくことにしたい．すなわち，戦術的な進歩によって，かつてWoodwardが特別に工夫し，何とか克服していた問題が，いかに手軽に解決されるようになったか，という内容である．

2 多段階合成と逆合成解析

　標的化合物が複雑なものになると，その合成には多段階の反応を正しく組み合わせて用いる必要がでてくる．しかも，ある1つの化合物について，無限に可能な合成経路があり，また，出発物質も自明ではない．こうした場面で，逆合成解析という合成計画法が効力を発揮する．すなわち，標的構造の結合を適切に切断し，分子を簡単化していって，入手可能な化合物に至れば，1つの合成計画ができたことになる．本章では，この逆合成解析の基本的な考え方を紹介し，カルボニル基とその周辺をきっかけとする逆合成を中心として，結合切断のヒントとなる極性の解析，シントン，Umpolung などの考え方について解説する．

2.1　はじめに
多段階合成の意義と，逆合成解析の考え方について概説する．

2.2　炭素骨格に関する逆合成
ここでは炭素骨格の構築に関し，シントンや Umpolung などの用語やその考え方を解説する．潜在極性の考えを交え，さまざまな位置での結合切断を行ってみる．また，ある反応を仮定した結合切断の可能性を探し出すために，レトロンの考え方を紹介し，カルボニル基とその周辺をきっかけとする逆合成についても概観する．

2.3　官能基の整備
目標化合物の合成を行う上で，もう1つの柱である官能基の整備について概説する．官能基の導入，官能基の除去，そして官能基の保護と等価体の考え方についてもふれる．

2.1 はじめに

(a) 多段階合成

ある標的化合物を合成しようとする時，望ましくは，入手しやすい出発物質を選び，なるべく簡潔な方法で，純粋に目的物を得たい．標的分子がよほど簡単でない限り，一般に複数の段階を経由した合成となる．この合成目標が不安定で，複雑なものであればあるほど，段階数が多くなるのは致し方ない．しかし，それにしてもなるべく少なくしたい．だらだらと長い合成は時間や労力の無駄であり，通算収率も必然的に低くなってしまうからである．仮に各段階の収率が 80％ だとしても，10 段階進むと通算収率はわずか 10％ にすぎなくなってしまう．各段階で用いる反応やその組み合わせ方をよく吟味し，すっきりした合成を計画したいものである．

(b) 逆合成解析

問題とする標的化合物を前に，類似した分子が入手可能ならば話は早い．たとえば，アスピリンの合成でサリチル酸が手元にある，といった状況である．かつて有機化学の黎明期の合成は，このように合成経路の全貌が一目で見渡せるようなものが多かったが，標的分子が複雑になると事情は別である．たとえば"タキソールを合成する"となったらどうだろう．明らかに多くの変換段階が必要であるし，そもそも出発物質も自明でない(図 2.1)．

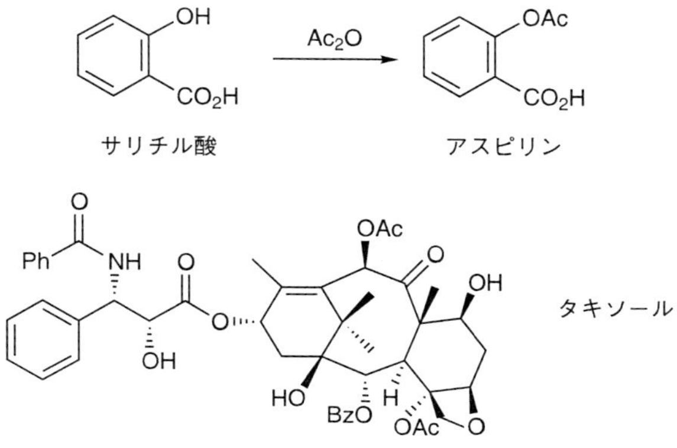

図 2.1

2.1 はじめに

こうした途方に暮れてしまうような場面で有力な指針となるのが，E. J. Corey の提案した**逆合成解析**(retrosynthetic analysis)という合成計画法である．耳慣れない言葉で，とっつきにくいかもしれないので，これを組み木細工(立体パズル)になぞらえて説明してみたい．このパズルが**標的化合物**だと思ってほしい．当初，どこから分解するか見当もつかないが，試行錯誤の末にどこかの部品がはずせると，あとはみるみる簡単になっていく．もちろん，再び組み立てるために分解手順を覚えておかなくてはいけない．これが**逆合成**(retrosynthesis)に相当する．

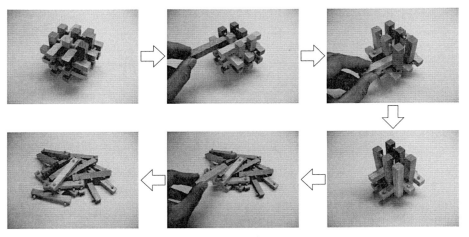

組み木パズル

こうしてバラバラになった各部分を"この部品はどこかな？"と逐一確認しながら組み立ててゆくのが**合成**である．パズルの難度が高いほど，完成した時の満足感は大きいことだろう．

具体的には，標的化合物に注目し，"それが何から合成できるか"と紙の上で合成を逆方向にたどる．天然香気成分リナロールを例にとって説明しよう(図 2.2)．

まずは，分子を構成している結合をいろいろな箇所で仮想的に切断してみる．そして，知っている反応を頭に思い浮かべ，その切断した結合を"再生"できるかどうかを考えてみよう．これを**逆変換**(transform)とよび，太い白抜き矢印(⇒)を用いて示す．そうすると，たとえば図の破線部での切断はなかなか有望そうに思えてくる．なぜなら，この"切断された結合"

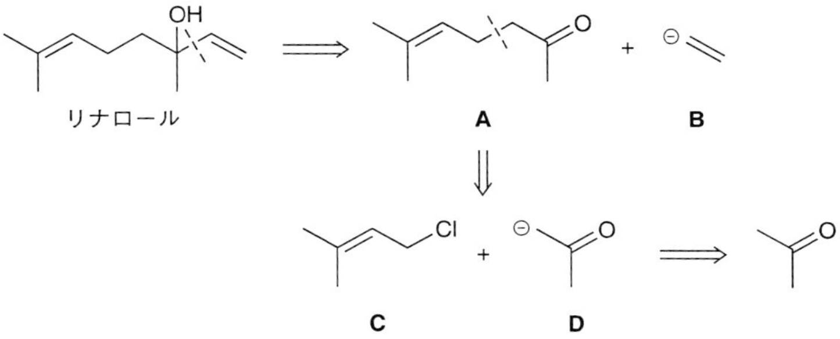

図 2.2

を再生するのに，ケトン A にビニルアニオン B を反応させればよいと判断できるからである．

このように逆合成解析とは，合成の筋道を考え出すために仮想的な**結合切断**（disconnection）を行い，それが実際の合成につながるかどうか吟味する作業なのである．

さらにこの A は何から得られるかと考える．破線の箇所での結合切断を想定すると，塩化プレニル（C）とアセトンの α-アニオン D との反応を思いつくだろう．こうして 3 つの入手しやすい化合物から，標的分子（リナロール）の合成法を 1 つ案出することができた．"順方向"に合成経路を描くと，たとえば図 2.3 のようになる．カルボニル化合物の反応性については 2.2 節(a)項を参照のこと．

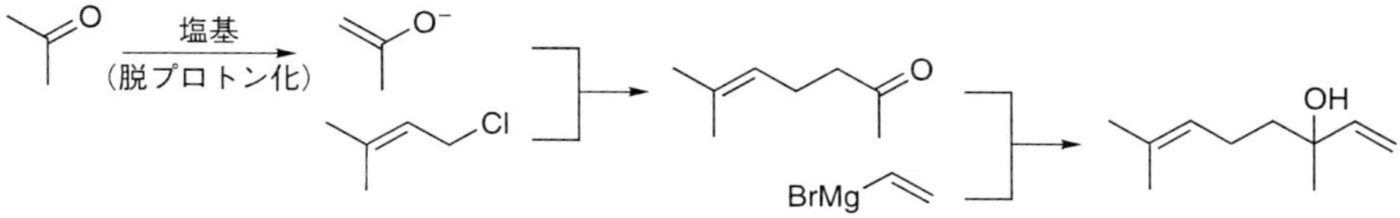

図 2.3

すなわち，**合成が化学結合を生成**させて分子を組み立てる操作であるのに対し，**逆合成は仮想的に結合を切断**し，より簡単な前駆物質へと向かうものである．この逆合成にもとづく合成計画を故目武雄先生は**求源思考**とよばれた．目標物をよく見定め，それを合成する反応や出発物質を想像しながら，前へ前へとその源を求めていく，という意味である．また，元へ元へとたどることを百人一首にもなぞらえられた．"下の句"から"上の句"を当てるイメージだろうか？

2.2 炭素骨格に関する逆合成

(a) 炭素骨格の構築とシントンの考え方

ここではカルボニル基を中心として逆合成を考えよう．この官能基は昔から有機合成の Zentrale Platz（ドイツ語：中央広場）とよばれるほど有機合成の中心的な役割を果たしてきた．その理由は，煎じつめれば，分極したC=O結合の2つの性質に集約される．第1に，カルボニル炭素における**求電子性**である．Grignard反応剤等の求核剤を用いれば，ここにC−C結合を形成させることができる（図2.4）．

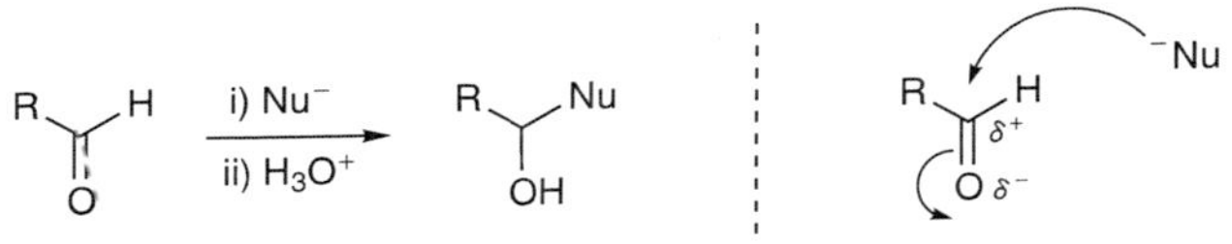

図2.4

第2にはC=O結合の隣の位置（α位）の酸性度が高いことである．これによりカルボアニオンあるいは互変異性体であるエノラートを容易に発生させることができる．こうした目的でよく使われる強塩基として，リチウムイソプロピルアミド（LDA）がある．各種求電子種との反応により，C−C結合を形成させることができる（図2.5）．

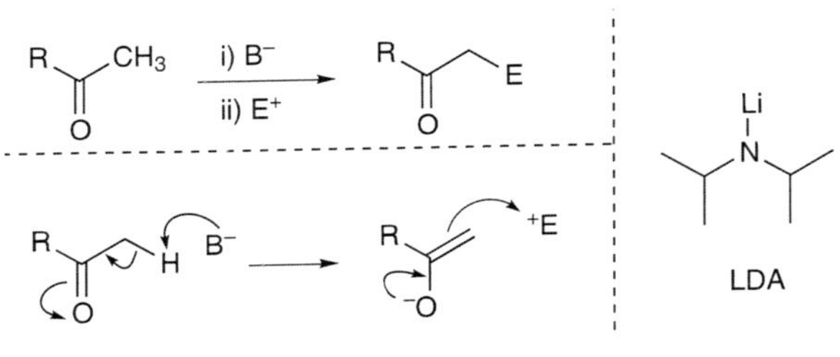

図2.5

さて，ここでCoreyが1967年に使い始めた**シントン**（synthon）という用語にふれる．その定義は，"有機分子の中に含まれる構造単位として，可能な合成反応によって結合させることができるもの"というものである．当初は単に結合切断によって生じた断片だけを示していたが，その後，電

荷をつけて表示するようになった．

ブチルフェニルケトンを例にとって説明しよう(図 2.6)．この化合物は市販されており，あえて合成する必要もないだろうが，あくまで説明のためと思ってほしい．むずかしく考えずに形式的に結合を切断し，⊕/⊖をつけてみよう．フェニルの側に⊖，カルボニルの側に⊕を割り振ってみる．こうして出現した 2 つの断片がシントンである．

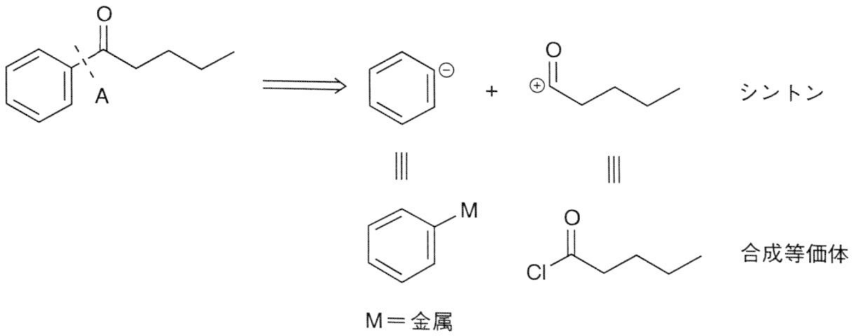

図 2. 6

これを結合切断 A とよぼう．これに対応した実際の合成を行うため，各シントンに相当する現実の化合物や反応剤(これを**合成等価体**とよぶ)を考えることとなる．すなわち，求核的シントン，求電子的シントンに対し，たとえばジアリール銅リチウムおよび酸クロリドをそれぞれ合成等価体として考える．しかし，同じフェニルアニオン等価体でも Grignard 反応剤は適さない．反応が 1 段階で止まらず，第 3 級アルコールが副生してしまうからである(図 2.7)．このように逆合成でシントンが示唆されたとして

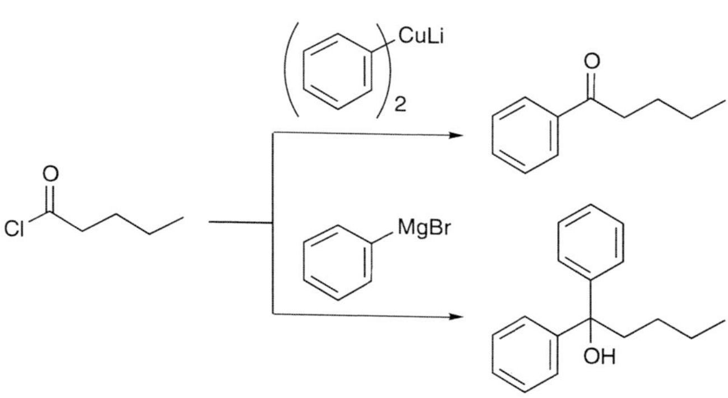

図 2. 7

も，さまざまな合成等価体がそれに対応し，しかも中には目的にそぐわないものも含まれるかもしれないため，選択は慎重にしたい．

また，"これくらいのことはそんな大げさにせずとも，すぐに思いつくよ！"という人も多いだろう．しかし，具体的にこれを描いてみると，しばしばよいことがある．特定のシントンに幾通りもの合成等価体や合成反応などが対応し得るので，1つの考えにしばられず，見落としがちな他の可能性にも気づくかもしれないからである．たとえば，上述の組み合わせからは Friedel-Crafts 反応の可能性も示唆される（図 2.8）．

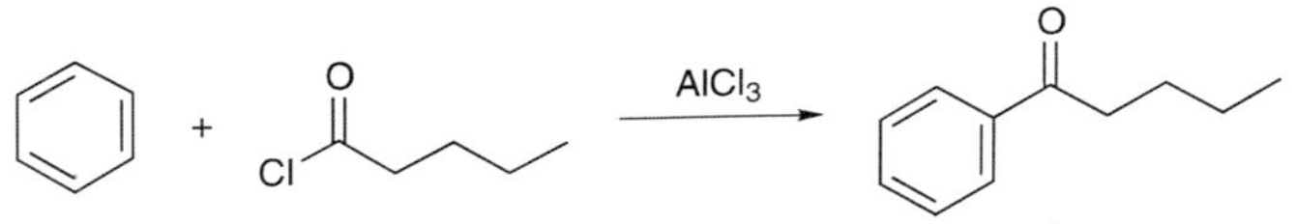

図 2.8

なお，シントンに割り振る電荷（⊕, ⊖）はあくまで結合生成に利用しようとする電子の偏りを示すものであり，カルボアニオンやカルボカチオンという化学種自体を意味するものではないことに注意したい．たとえば，$^-CH_2OH$ のように非現実的に見えるシントンもある．仮に発生したとしても，このようなものはただちにプロトン移動で CH_3O^- となってしまう．また，$^-CH_2CH_2Cl$ もただちに脱離でエチレンと Cl^- に分解してしまうにちがいない（図 2.9）．そうではなく，シントンはあくまで逆合成解析のための仮想的な単位として，合成のヒントを得るためのものと思ってほしい．

$^-CH_2OH \xrightarrow{プロトン移動} CH_3O^-$

$^-CH_2CH_2Cl \xrightarrow{\beta脱離} H_2C=CH_2 + Cl^-$

図 2.9

このように標的分子を機械的に切断することにより，さまざまな可能性を列挙することができる．しかも有機化学の進歩により，かつて無意味に思えたシントンが意味を持ってくることもある．逆に"こんなシントンに相当する反応剤があればなあ…"との期待感から，新反応の開発につながることもある．

(b) Umpolung：へそ曲がりな結合切断

Dieter Seebach
（1937- ）

　前節では有機合成におけるカルボニル基の重要性を述べたが，ここでは D. Seebach により提案された **Umpolung** という考え方を紹介したい．これはドイツ語で**極性転換**を意味する（um は方向転換を表す接頭辞，pol は極）．英語では charge inversion であるが，今やこのドイツ語の方が通りがよい．ここにブチルフェニルケトンを再登場させ，その考え方を説明しよう．

　図 2.10 の結合切断 B は前とは位置は異なるが，やはりカルボニル基の本来の反応性にもとづく**素直な結合切断**であり，これまた各シントンに対する合成等価体を考えると，1 つの可能性として図 2.11 のような合成計画が立つ．アルコキシアミド（Weinreb アミド）は，Grignard 反応剤の攻撃がきちっと 1 度で止まるようにする工夫である（章末問題 2.2）．

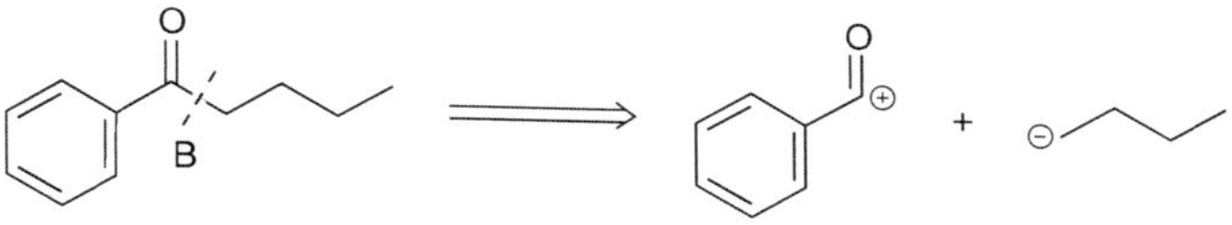

図 2.10

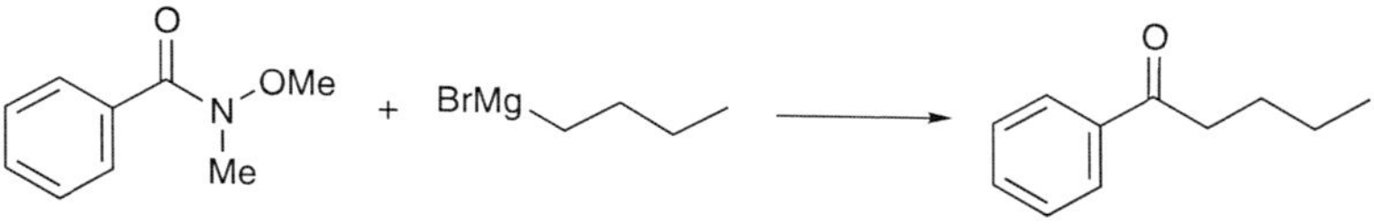

図 2.11

　しかし，ここで図 2.12 の結合切断 B′ のように電荷を逆に割り振ったらどうだろう？　カルボニル基の分極からは不自然なシントンが出現し，**へそ曲がりな結合切断**となる．しかし，これが実現できれば合成計画の自由度が増すことはまちがいない．

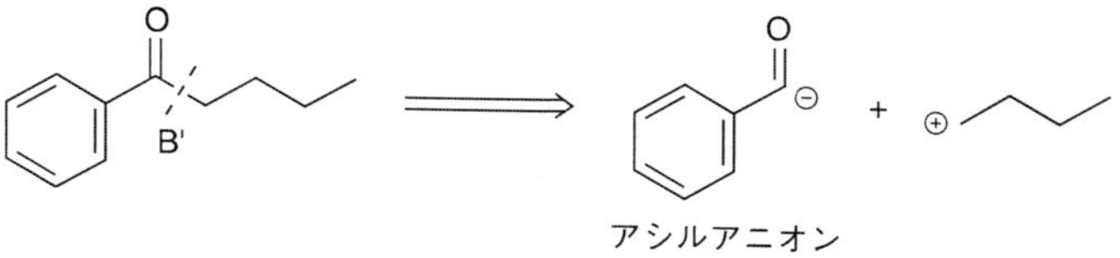

アシルアニオン

図 2.12

2.2 炭素骨格に関する逆合成

これが Umpolung の考え方である．その象徴は 1,3-ジチアンという化合物であった．アルデヒドに酸性条件で 1,3-プロパンジチオールを作用させると，このジチオアセタール化合物が得られる．通常のアセタールの酸素原子が2つとも硫黄に置き換わったものと思えばよい．この化合物では硫黄の効果で酸性度が比較的高く（pK_a 31），s-ブチルリチウムを用いてカルボアニオンに変換することができる．これに臭化ブチルを作用させ，加水分解すると目的のケトンとなる（図 2.13）．ここで重要なのは，全体の変換が切断 B′ に相当しており，形式的にはアシル基が求核的に導入されることである．これを**アシルアニオン等価体**（acyl anion equivalent）とよぶ．

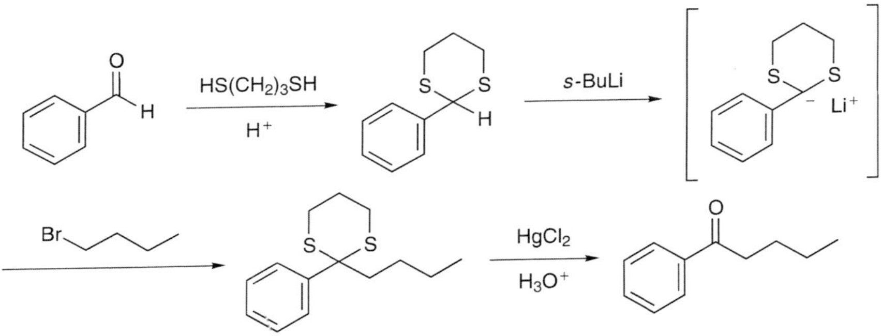

図 2.13

なお，このジチアンの加水分解には水銀塩を用いなければならないので，環境面で問題がある．そこで，より酸化度の高い FAMSO（formaldehyde dimethylthioacetal S-oxide）とよばれる有機硫黄化合物が開発された．これは酸性度が相対的に高いので，より温和な条件でカルボアニオンの発生を行うことができ，また，生成物の加水分解も容易である点で有利である（図 2.14）．

さらにシアノヒドリン誘導体もアシルアニオン等価体の発生に用いられる．たとえば，アセトアルデヒドに ⁻CN を作用させてシアノヒドリンと

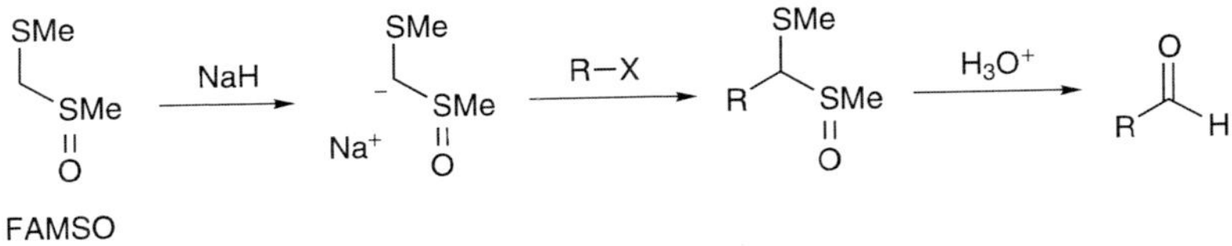

図 2.14

し，これを酸性条件でエチルビニルエーテルと処理すると，Aが得られる．これにLDAを作用させるとカルボアニオンが生成し，これをアルキル化した後に加水分解すれば，目的のケトンDとなる（図2.15）．

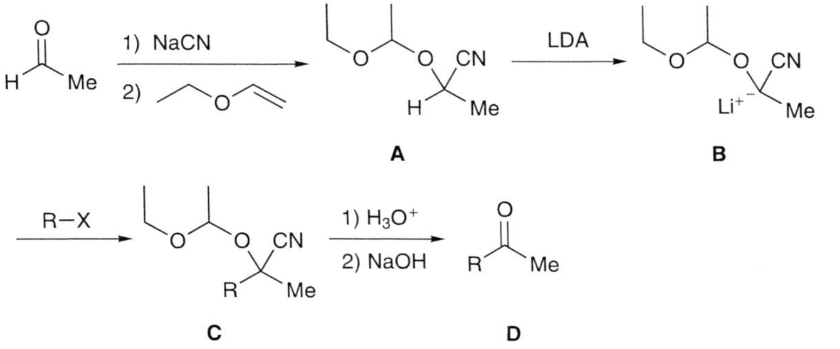

図 2.15

なお，このシントンという用語は本来，逆合成における結合切断と関連して登場したものであるが，以下のような誤用が多くなり，これを嫌ってCoreyはこれを使わなくなってしまった（図2.16）．

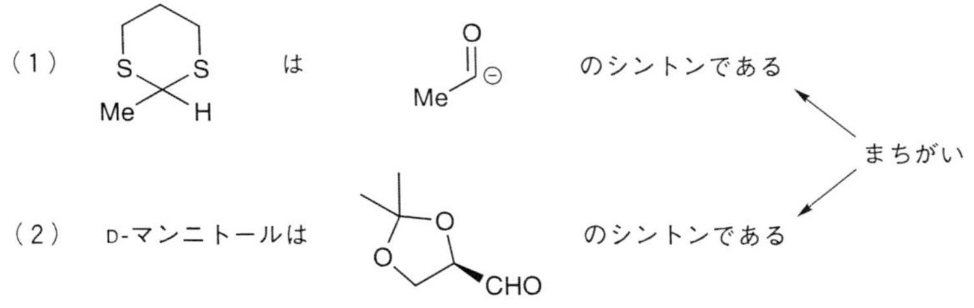

図 2.16

(c) さまざまな位置での結合切断

さて，ブチルフェニルケトンをもっと他の場所でも結合切断してみよう．いろいろなカチオンとアニオンの対が出現するが，これらはどんな可能性を新たに示唆してくれるだろうか．合理的な合成につながることもあるだろうし，そうでない特別な工夫が要求されることとなるかもしれない．いずれにせよ個々の結合切断について，関連する話題にふれながら，逆合成の説明をさらに進めよう（図2.17）．

まず，結合切断Cに注目すると，ケトンのα-カルボアニオン（もしくは対応するエノラートアニオン）にハロゲン化プロピルを反応させること

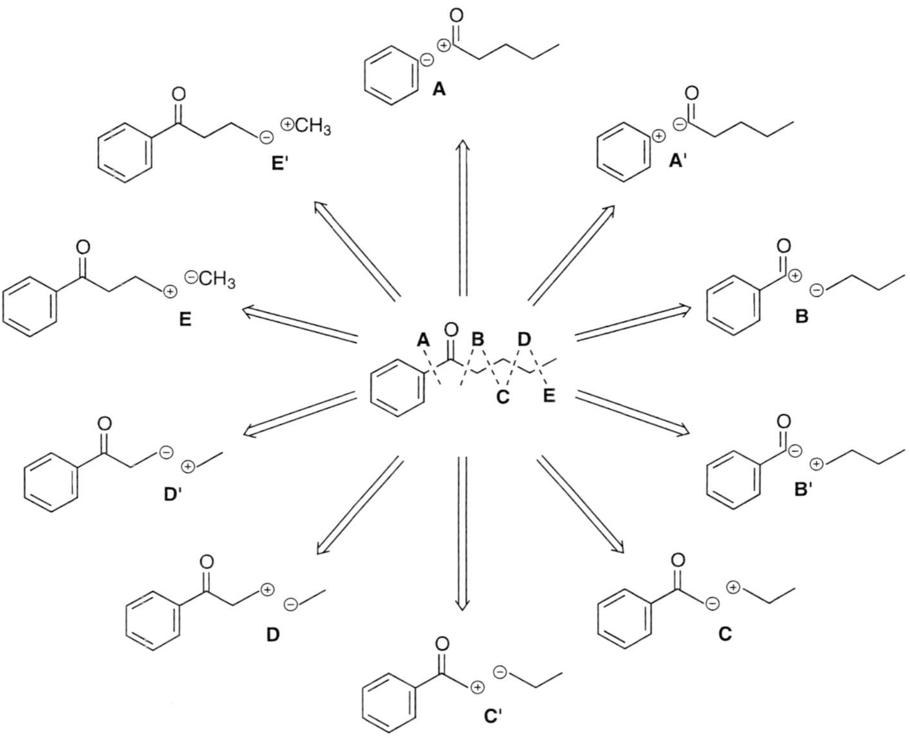

図 2.17

が思い浮かぶ．これは先述のようにカルボニル基の極性を活かした，合理的な反応性である．図 2.18 にはエノラート等価体としてエナミンを用いるアルキル化反応の例を示した．

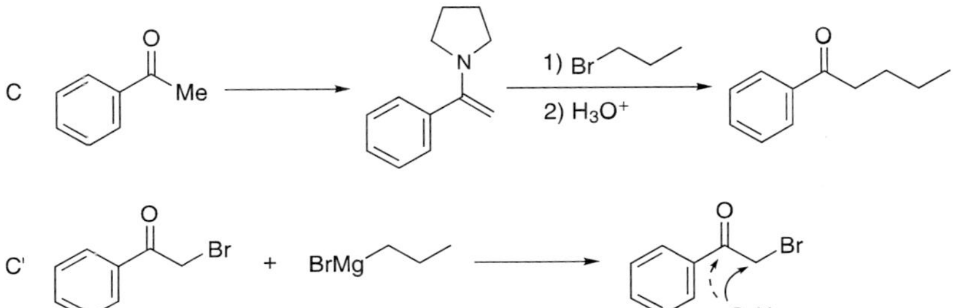

図 2.18

一方，切断 C′ では，プロピルアニオンで α-ハロカルボニル化合物を置換する可能性が示唆される．カルボニル基の α 位は S_N2 反応性が高いので，これも悪くない逆合成であるが，求核剤が直接カルボニル基を攻撃してしまう可能性もあるので，必ずしも話は簡単でない．

その隣の位置での結合切断についても，2 通りの可能性を考えよう．まず切断 D を考えると，図 2.19 のように α, β 不飽和ケトンにエチル銅反応剤を**共役付加**（conjugate addition）させる方法が示唆される．すなわち，C＝O 結合と共役した C＝C 結合にも分極が伝わることを利用した結合生成であり，これは**ビニローグ**（vinylogue）という考え方の一例である．

一方，切断 D′ は Umpolung に相当し，エノラートの 1 炭素同族体の化学種（ホモエノラート）を考える必要がある．これは互変異性体のシクロプロパノラートとの平衡にあり，必ずしも望む反応性を示さないが，最近，対カチオン次第ではホモエノラート種の反応性が活かせることがわかった．

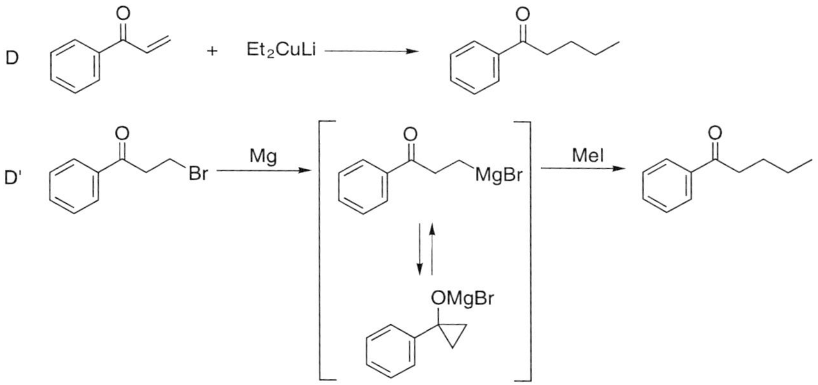

図 2.19

さらに結合切断 E に関連しては，**シクロプロパントリック**を説明する．シクロプロパンは環状飽和炭化水素であるが，**バナナ結合**ともよばれるひずみ結合のために反応性に富み，あたかもビニル基に似たような挙動をする．すなわち，実際の反応条件こそ異なるが，水素やハロゲンの付加反応などを受ける点で，シクロプロピル基は C＝C 結合と似た反応性を示すのである（図 2.20）．

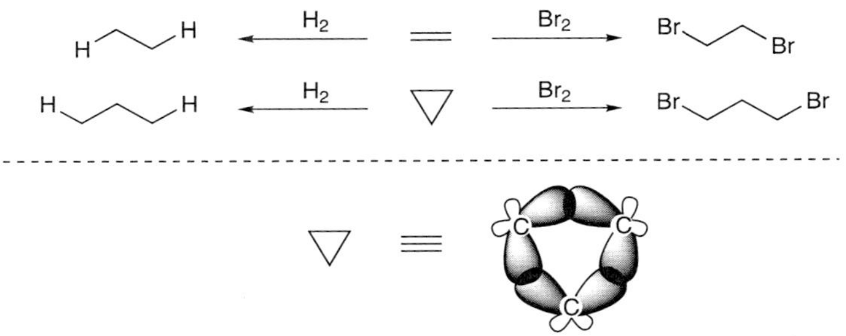

2.2 炭素骨格に関する逆合成

図 2.20

このシクロプロピル基を 1 つ炭素の多いビニル基として利用すると，合成的に面白い可能性が拓ける．この例ではエノンの共役反応との類比から"ホモ共役反応"ともよぶべき，シクロプロピルケトンをメチル銅反応剤で開環する方法が思い浮かぶ（図 2.21）．

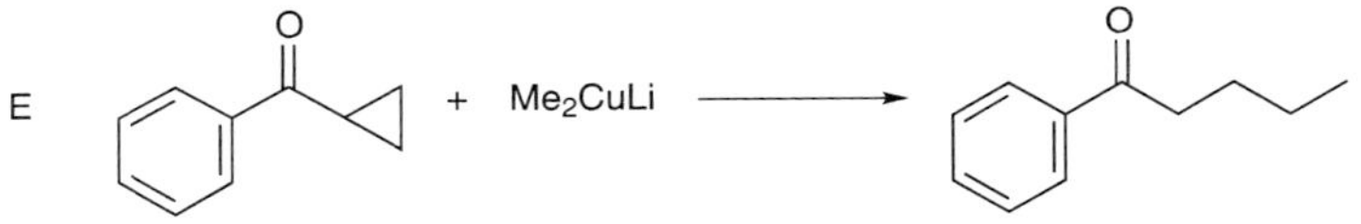

図 2.21

一方，切断 E' から生じるシントンでは同一分子内に求核中心と求電子中心が共存するので，合成等価体を考える上でそのままでは都合が悪そうに思われる．こんな時には保護基の利用が定石だろう．しかし，最近，ここでも対カチオンに亜鉛を用いれば，カルボニル基を保護せずに有機金属種を発生できることが明らかとなり，事情が変わりつつある（図 2.22）．

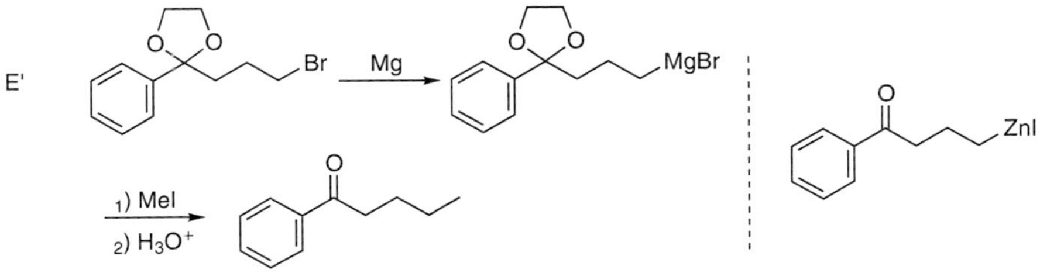

図 2.22

(d) 潜在極性

前節までに述べたカルボニル基の周辺の反応性を整理してみると，図2.23のようになる．すなわち，カルボニル炭素やその β 炭素は求電子的，α 炭素や γ 炭素は求核的な反応点である．これを**潜在極性**(latent polarity)とよび，合成を考える上でヒントとなる．ここで注目すべきは，カルボニル基が存在すると，その分子骨格の構成炭素原子に求電子性や求核性が交互に現れると見なせることであり，これを**交互極性の法則**という．

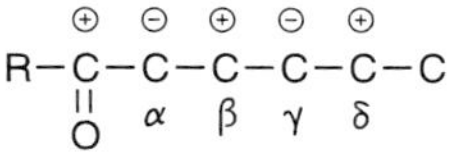

$$R-\underset{O}{\underset{\|}{C}}-\overset{\oplus}{C}-\overset{\ominus}{\underset{\alpha}{C}}-\overset{\oplus}{\underset{\beta}{C}}-\overset{\ominus}{\underset{\gamma}{C}}-\overset{\oplus}{\underset{\delta}{C}}$$

図 2.23

形式論ではあるが，この官能基が水酸基である場合も事情は同じである．たとえば，求核置換反応を想定すれば，アルコールの付け根の潜在極性はプラス，その先は前と同様にエノラートを考えればマイナス，さらにその隣は S_N2' 反応を考えればプラスと見なせる，という具合である．

これをもとにして，酸素官能基が2つある場合を考えよう．結論からいうと，2つの酸素官能基が 1,3- あるいは 1,5- の関係にある化合物は作りやすいが，1,4-ジオキシ化合物は作りにくい．なぜだろう？

β-ヒドロキシケトンを例に取り上げる(図2.24)．上段はカルボニル基から見た潜在極性，一方，下段には同様に水酸基の側から見た潜在極性を示した．上下を比べると，⊕/⊖の符号が一致していることに気づく．こうした2つの官能基の関係を**調和**(consonant)とよぶ．この場合，先述のエノラートとカルボニル化合物を反応させること(アルドール反応)を考えれば，カルボニル基に本来備わった電子の偏りをもとに自然に合成を進めることができる．

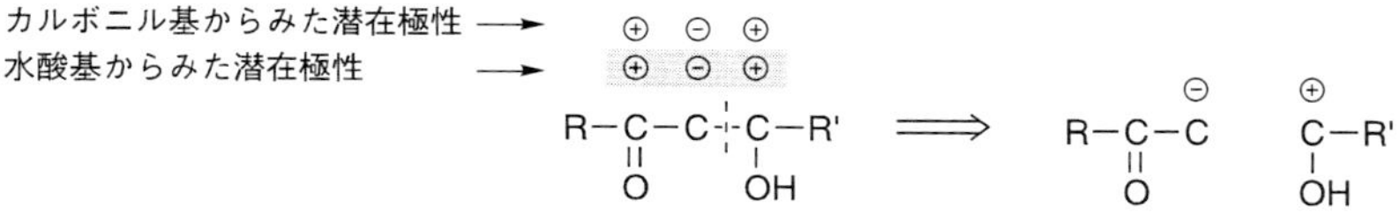

カルボニル基からみた潜在極性 →　⊕ ⊖ ⊕
水酸基からみた潜在極性 →　⊕ ⊖ ⊕

$$R-\underset{O}{\underset{\|}{C}}-C-C-R' \quad \Longrightarrow \quad R-\underset{O}{\underset{\|}{C}}-\overset{\ominus}{C} \quad \overset{\oplus}{C}-R'$$
$$OH OH$$

図 2.24

一方，酸素官能基が 1,4- の関係にある場合を考えよう．どちらをプラスにしてもマイナスにしても"双方，利害が一致しない"(図 2.25)．これを**不調和**(dissonant)とよぶ．さらに，酸素官能基が 1,5- の関係にある場合は再び調和のパターンであり，先述のエノラートの反応性と α, β-不飽和ケトンの反応で，自然と合成が計画できる．

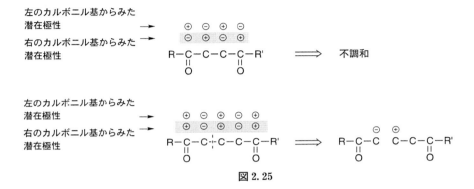

図 2.25

このように 2 つの酸素官能基が 1,3- あるいは 1,5- の関係にある場合と，これが 1,4- の関係にある場合とを比べると，後者の合成は本質的に難しいこととなる．そこで後者の場合には，この潜在極性をひっくり返せないか，と考えたくなる．これが実は，前述の Umpolung の考え方の出発点だったのである．

(e) **レトロンを探せ：逆変換を示唆する部分構造**

本節では，逆合成のもう 1 つのヒントとして**レトロン**(retron)という用語を紹介する．またもや Corey の提案であるが，たとえば"シクロヘキセンを逆合成する"という問題があるとしよう．いろいろな可能性があるが，Diels-Alder 反応はその 1 つの解である．ここで，シクロヘキセンがもっと複雑な構造に含まれていたとしても，とりあえず Diels-Alder 反応にもとづいた逆合成を考え，分子を簡単化することができる(図 2.26)．すなわち，レトロンとは特定の反応で構築できる部分構造を標的分子の中に見出すものであり，この場合には反応の名前をつけ Diels-Alder レトロンとよぶ．一見，全く幾何学的な絵模様の中に，思ってもみないモチーフが隠されている**だまし絵**というのがあるが，複雑な標的化合物の中に潜む**レトロン**を探す作業はこれと似ているかもしれない．

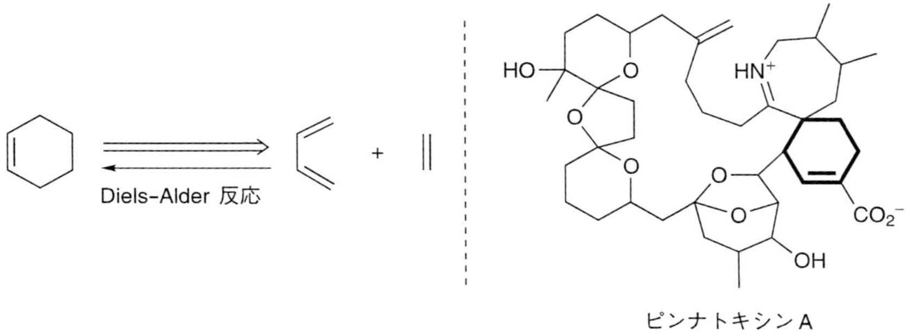

図 2.26 ピンナトキシン A

だまし絵

複数の反応の組み合わせを前提としてもよい．たとえば Robinson 環形成反応は，Michael 反応と分子内アルドール反応を連続的に利用したシクロヘキセノンの構築法である．したがって，この 6 員環エノン構造をレトロンとして見出すと，共役エノンとカルボニル化合物が前駆体として示唆される（図 2.27）．

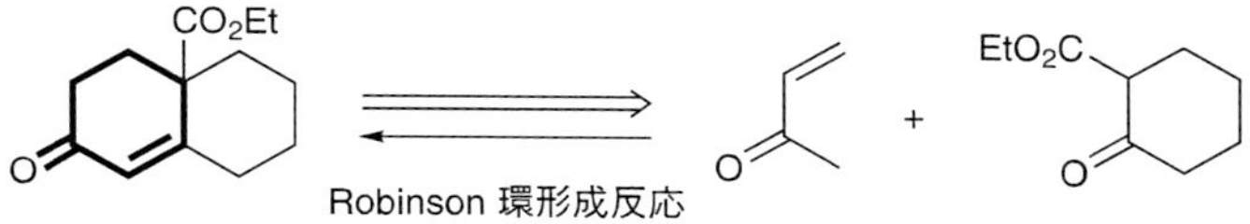

図 2.27 Robinson 環形成反応

このレトロンを探す作業は，たとえば β-ヒドロキシカルボニル構造があればアルドール反応を考えてみるといった具合に，少し有機合成を学んだ人なら無意識にやっているものであり，不必要に思われるかもしれない．

しかし，分子構造が大きく変化する反応には特に有効である．たとえば，転位反応はユニークな合成経路をもたらすことが多いが，反応の前後で分子の姿が一変するので見落とされやすい．Claisen 転位反応では γ, δ 不飽和カルボニル構造ができあがるが，標的にこの構造を認識できれば，それにもとづく逆合成が示唆されるというわけである（図 2.28）．

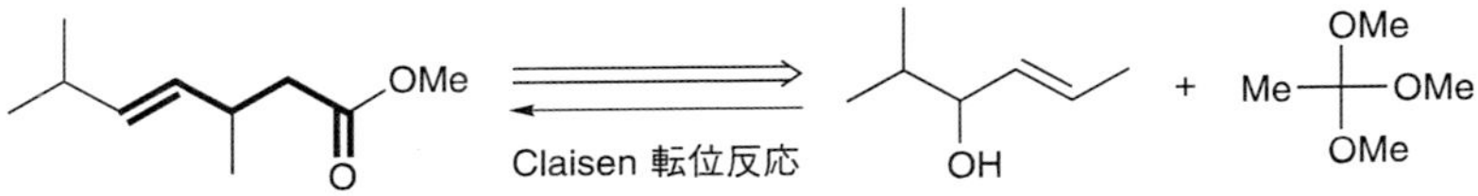

図 2.28

(f) 官能基を手掛かりとした逆合成

標的化合物に何か細工をすると，逆合成しやすくなることがある．再びブチルフェニルケトンを例とすると，その還元体のアルコール A を考えてみるとよい．アルコールとケトンとは容易に相互変換できるので，事実上等価と見なせるからである．こうした**官能基変換**を考えた場合，**FGI**（functional group interconversion）という略号をふっておこう．図 2.29 に，その例を示す．

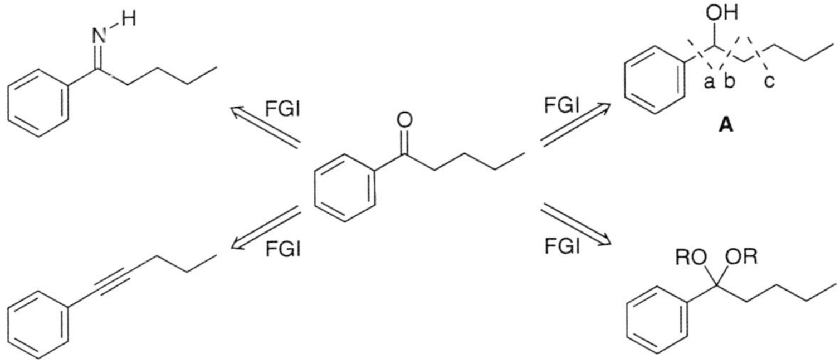

図 2.29

中でもカルボニル基の酸化度を下げたアルコール A は可能性を大きく広げてくれる．すぐさま結合切断 a や b のような可能性が出てくる（実際の合成は図 2.30 を見てほしい）．また，結合切断 c（図 2.29）については，2 通りの可能性があるが，注意が必要である．すなわち，図 2.30 の c-1 のようにエポキシドの開環反応が可能性として浮上するかもしれない．し

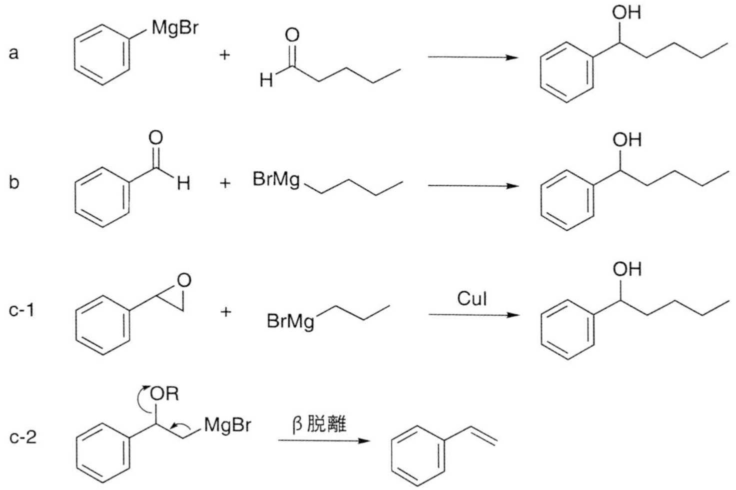

図 2.30

かし，c-2のように隣接位に脱離基を持つGrignard反応剤は，作ろうとしてもβ脱離が起こってしまい，合成できないので実際の合成には用いることはできない．こうした落とし穴にうっかり落ちないように注意したいものである．

また，ケトンの等価体としてイミンを考えると，ベンゾニトリルにブチルGrignard反応剤を付加させ，酸性加水分解することを思いつく（図2.31）．なお，アセチレンへの逆合成はわかりにくいかもしれないが，これは三重結合の水和を想定したものである．このように官能基の相互変換を考えると，逆合成の手がかりが得られることも多い（図2.32）．

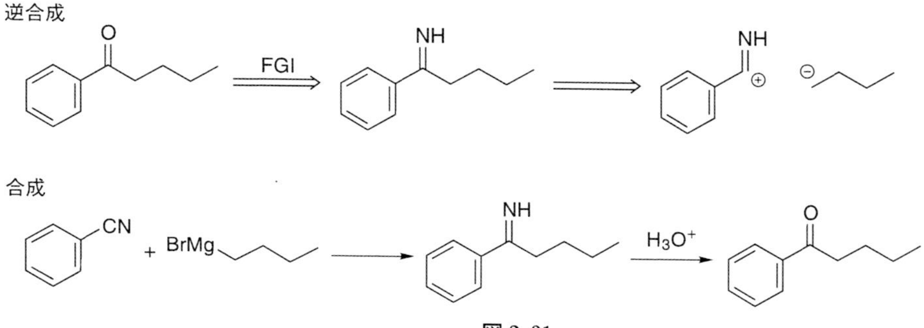

図 2.31

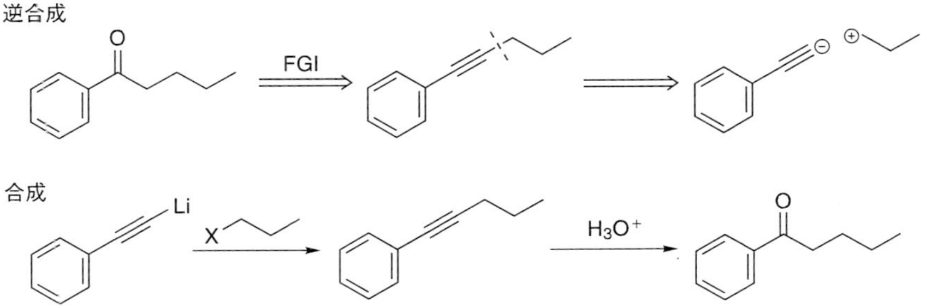

2.2 炭素骨格に関する逆合成

逆合成

合成

図 2.32

　また，余分な**官能基を付加**してみると，逆合成の道が開けることがある．逆合成では分子構造の単純化を目指しているのであるが，ここは"急がば回れ"である．たとえばデカリンに二重結合を付け加えると，Diels-Alder レトロンが出現し，トリエン前駆体に逆合成できる．このように標的を細工して活路を拓くのは，幾何学の補助線にもたとえられるだろう(図 2.33)．

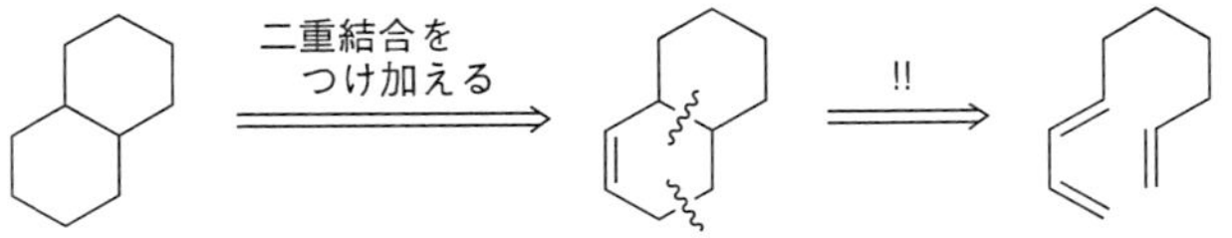

図 2.33

　同じく逆合成において，官能基を付加する例としてマロン酸エステル合成やアセト酢酸エステル合成を挙げる．エステル置換基はカルボアニオンの発生を容易にするために補助的な役割を担い，目的の C−C 結合を生成させた後は，加水分解と脱 CO_2 でこれを取り除く(図 2.34)．また，同様な α-アニオン安定化にシアノ基を利用し，カリウムにより還元的に除去するのもこの考え方である(図 2.35)．

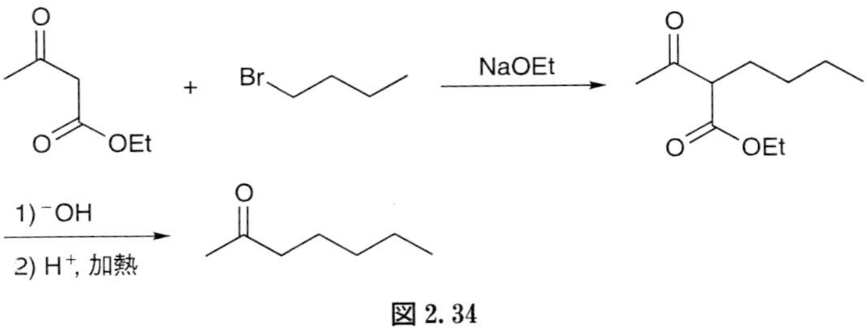

図 2.34

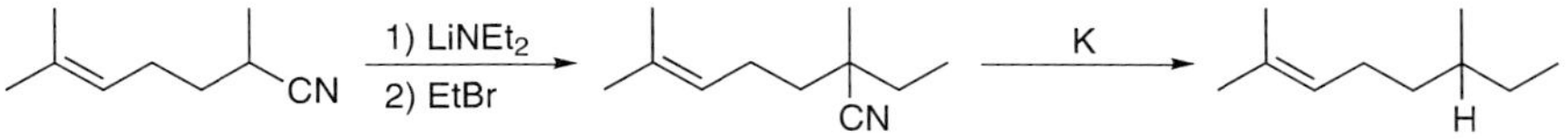

図 2.35

また，先述のジチアンの例をはじめ，種々の合成反応に硫黄が活躍しているが，最終生成物に硫黄が含まれることは少ない．そこで Raney ニッケルによる還元的除去，または逆に酸化してスルホキシドの脱離を経由する方法など，硫黄の除去反応（脱硫反応）が種々用意されている（図 2.36）．

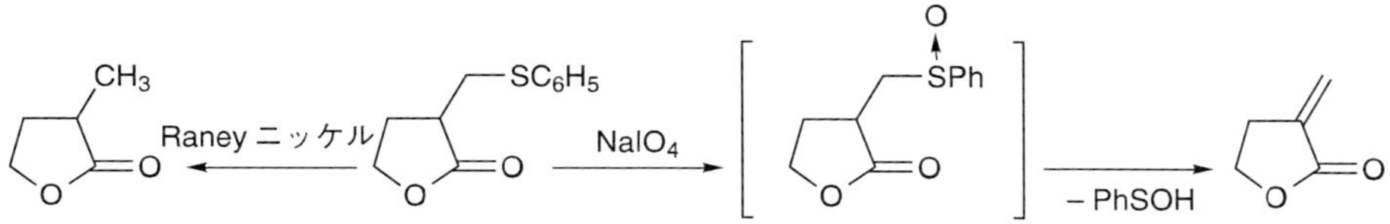

図 2.36

2.3 官能基の整備

本節では，多段階合成において最終的に官能基を整備するために，(a) 官能基の導入，(b) 官能基の保護と等価体，(c) 官能基の除去，という 3 点について述べる．

最終生成物に含まれる官能基は，いずれは導入しなければならない．しかし，こうした**官能基導入**を単純な炭化水素に行うことはむずかしいので，通常は既存の官能基をうまく活用し，新たな官能基を導入する．また，反応性が高い官能基で，一連の変換の間に損なわれてしまいそうなものは，特別に扱わなければならない．最終的に必要な基を**保護**したり，それと**等価な官能基**で合成を進めたりするなどして，合成の終盤で導入するとよい．

一方，糖質化合物のように官能基に富んだ化合物を出発物質として用いると，余分な**官能基の除去**が必要となる．

(a) 官能基の導入

既存の官能基を手がかりとした官能基導入を行う上で，C＝C 結合は大変便利である．たとえば，エポキシ化反応，ジヒドロキシル化反応やオキシ水銀化反応等では，C＝C 結合自体が別の官能基へ変換される．一方，二酸化セレンによる酸化反応では C＝C 結合の隣接位に位置選択的に酸素

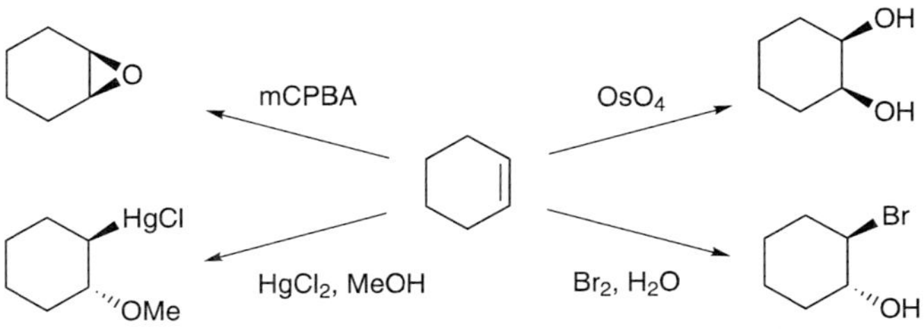

図 2.37

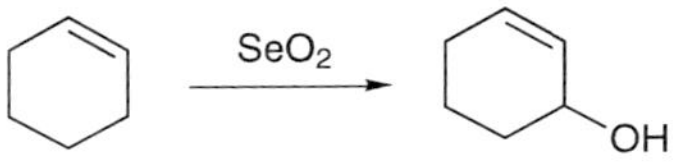

図 2.38

官能基を導入することができる(図 2.37, 2.38).

また,カルボニル基の隣接位にも酸素化やハロゲン化を行うことができる.先述の潜在極性の話を思い出してほしい.さらに環状ケトンのBaeyer-Villiger(酸化)反応は酸素官能基を導入し,鎖状構造へ変換することもできるので,種々の場面で利用される(図 2.39, 2.40).

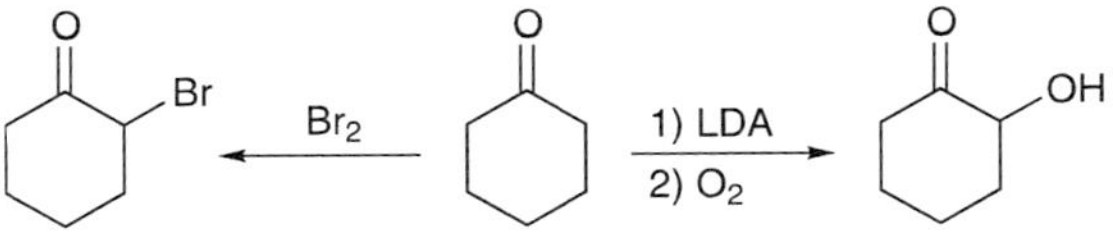

図 2.39

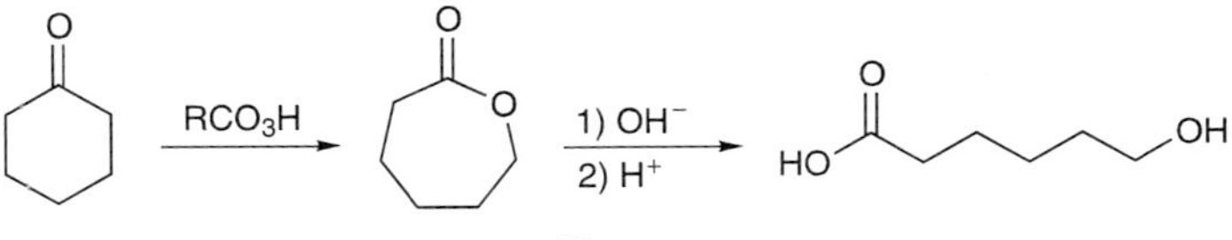

図 2.40

芳香族化合物に対する官能基の導入では,ニトロ化等の求電子置換反応が有用である.ベンゼン環上の既存の置換基に対し,次の置換反応はどの位置に起こりやすいか(**配向性**)はよく知っておきたい.一方,最近ではこれに加え,種々の置換基のアニオン安定化効果を利用した**オルトリチオ化反応**が広く活用され始めた(図 2.41, 2.42).

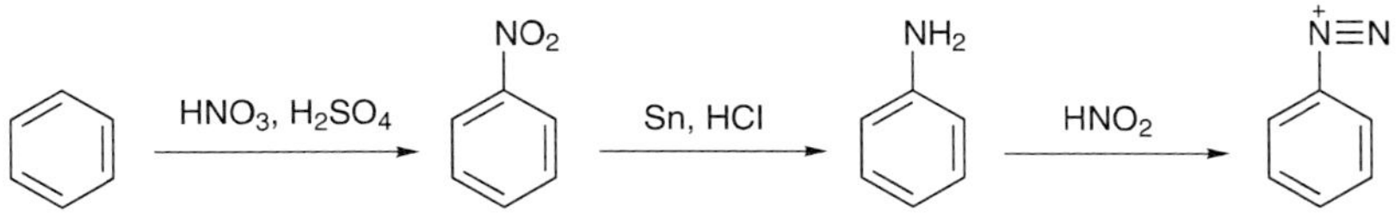

図 2.41

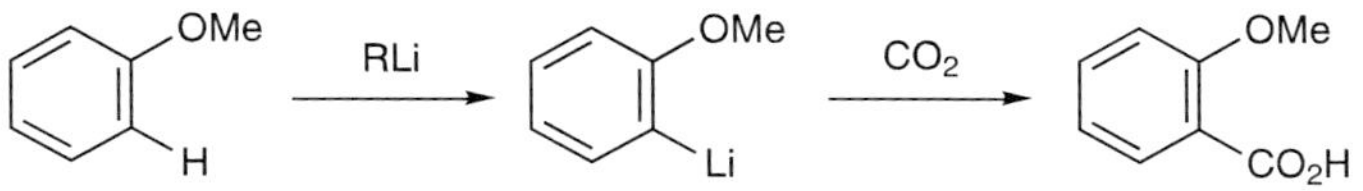

図 2.42

複数の官能基を協同的に活かすこともある．たとえば共役ジエンに対する一重項酸素酸化反応では，2-ブテン-1,4-ジオール単位を導入できる（図2.43の式(1)）．また，バナジウム触媒下のヒドロペルオキシド酸化反応では，孤立オレフィンは反応せず，アリルアルコールが選択的にエポキシ化される（式(2)）．Katsuki-Sharpless反応は，これを立体制御まで加味して行えるようにしたものである（式(3)）．

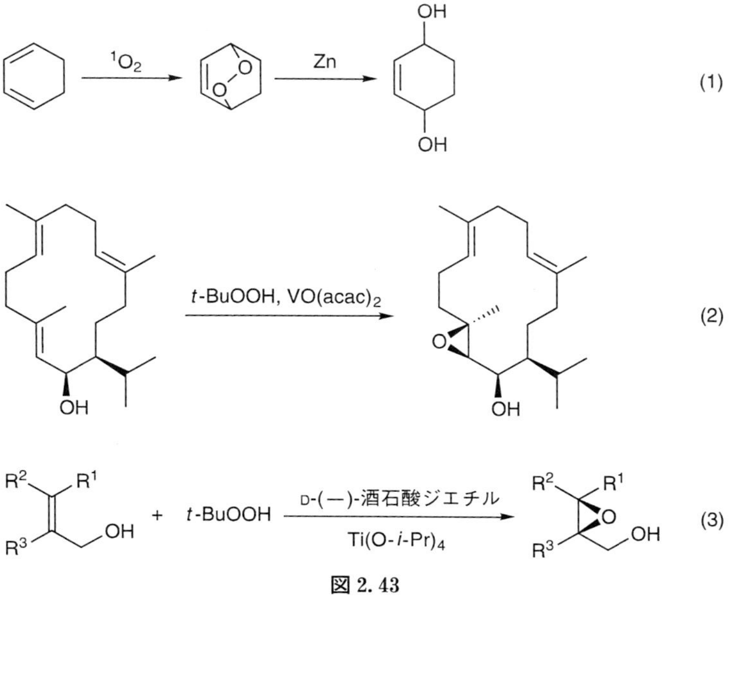

図 2.43

以上は，特定の官能基自体またはその周辺に官能基を導入する例であったが，これを離れた位置に行う**遠隔官能基導入反応**(remote functionalization)もある．有名な例としてニトロシドを用いる Barton 反応があり，図 2.44 のようにステロイド誘導体の活性化されていない位置を選択的に官能基化する様子は印象的である（章末問題 2.4）．

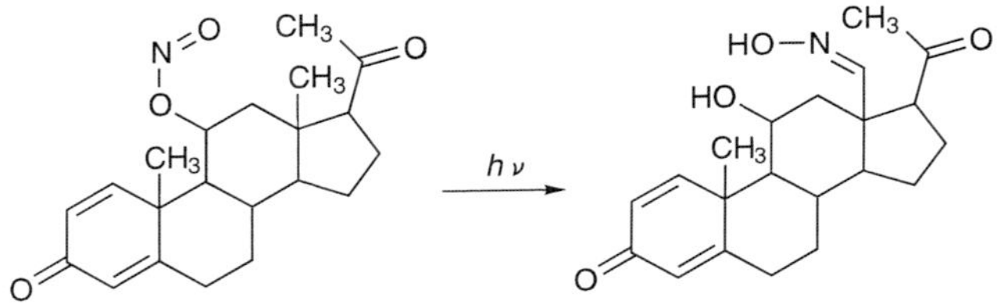

図 2.44

(b) 官能基の保護と等価体

官能基の中には，合成の早期に導入しない方がよいものもある．たとえばアルデヒドは反応性が高く，合成を進める間に損なわれてしまう可能性が高い．また，カルボン酸やアルコールのように活性水素を持つものや，アミンのように塩基性のものなどは，目的の反応を阻害してしまうことも多い．こうした場合，その**官能基を保護**しておくか，それと等価な基で合成を進め，適切な段階で望む官能基に変換するのがよい．そこでさまざまな**官能基の相互関係**を知っておきたい．図 2.45 はカルボン酸の誘導体である．ニトリルやオルトエステルも，カルボン酸と酸化度が等しいことに注意してほしい．なお，アルコールの保護基については 7.3 節にくわしく述べた．

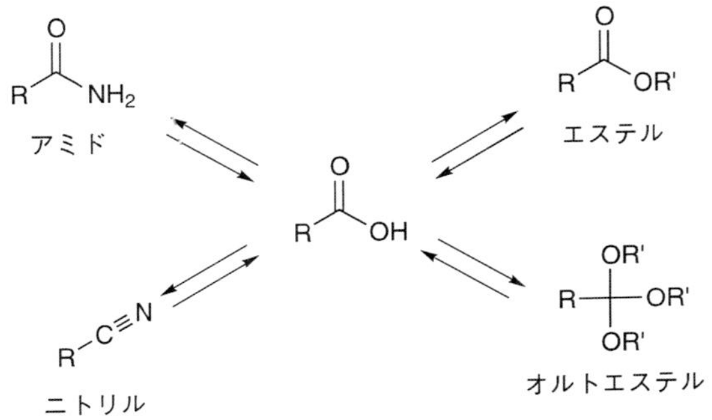

図 2.45

```
        Me₃SiO   CN                    O   O
             \  /                      \  /
              C                         C
             / \                       / \
            R   H                     R   H
        シアンヒドリン                アセタール
        シリルエーテル
                        O
                        ‖
                        C
                       / \
                      R   H

         R'S   SR'                     NR'
           \  /                         ‖
            C                           C
           / \                         / \
          R   H                       R   H
         チオアセタール

                        R' = アルキル：イミン
                             OH     ：オキシム
                             NR''₂  ：ヒドラゾン
```

図 2.46

　図 2.46 は，アルデヒドの誘導体である．これらの中でもアセタール，チオアセタールやヒドラゾン等はアルデヒドの保護体である．

　図 2.47 は第 1 級アルコール，アルデヒド，カルボン酸の関係である．これらの相互変換に必要な**酸化**反応や**還元**反応については，近年，大きな進歩があった．特に，過剰反応が起こりやすいカルボン酸誘導体のアルデヒドへの還元や，第 1 級アルコールのアルデヒドへの酸化を選択的に行う方法も進歩した．

```
      OH                    O                    O
       |        [O]         ‖        [O]         ‖
    R—C—H   ⇌          R—C—H   ⇌           R—C—OH
       |        [H]                  [H]
       H
```

図 2.47

　第 1 級アルコールのアルデヒドへの酸化には，二クロム酸ピリジニウム（PDC）を塩化メチレン中で用いる方法に加え，DMSO と塩化オキサリルを用いた Swern 酸化，ルテニウム触媒（TPAP）を用いる方法，超原子価ヨウ素反応剤を用いた Dess-Martin 酸化などが登場し，温和な条件で目的を達することができるようになった（図 2.48）．

　一方，エステルからアルデヒドへの還元に (i-C₄H₉)₂AlH（DIBAL）を用いると，しばしばアルコールの段階まで還元反応が進んでしまうことが多い．むしろ，いったんアルコールまで還元しておいてから，上述の選択的な酸化を行った方が確実かもしれない．

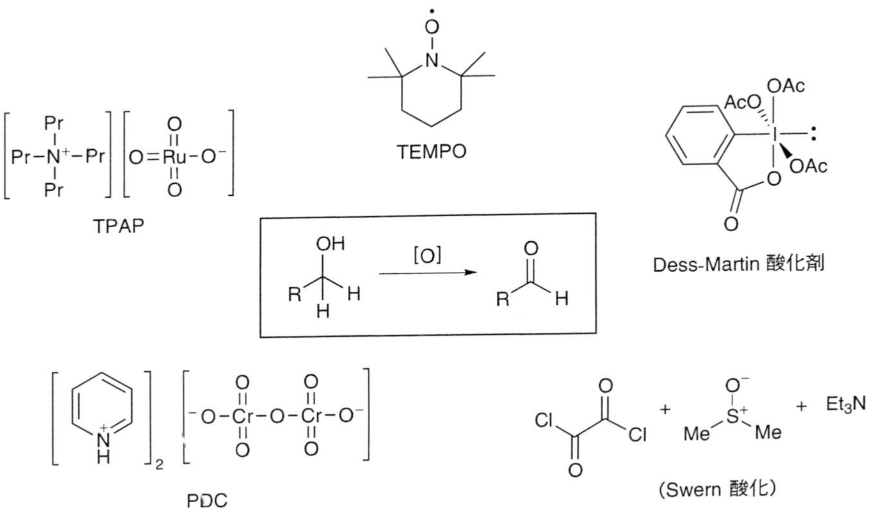

図 2.48

(c) 官能基の除去

　以上，官能基の導入について述べたが，これとは逆に**官能基の除去**が問題となることもある．すなわち，標的化合物に比べて酸化度の高い出発物質や合成中間体を用いた場合，どこかでこれを還元する必要がある．

　たとえばカルボニル基の酸素を除去してメチレン基とするには，Wolff-Kishner 還元や Clemmensen 還元がある（図 2.49）．反応条件は塩基性，酸性と相補的であるが，いずれもかなり厳しいもので，不安定な基質には適用できない．こうした時にはいったんカルボニル基を還元してアルコールとし，脱酸素化する手もある．たとえばキサントゲン酸エステルを経由する **Barton 反応**（D. H. R. Barton については p. 128 参照）はラジカル連鎖反応を合成に用いた先駆的な例であり，糖質など広範な化合物のデオキシ化に用いられる（図 2.50）．

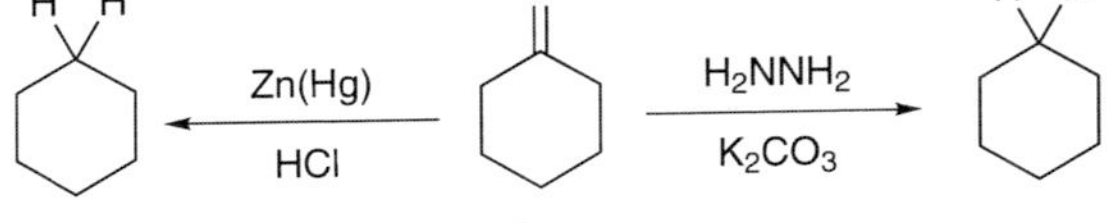

図 2.49

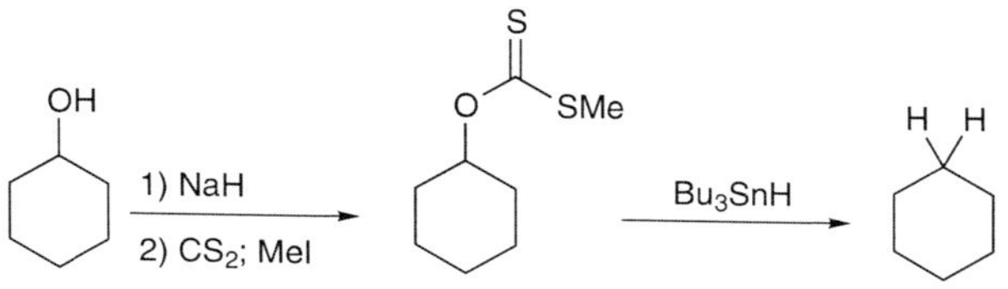

図 2.50

エポキシドやジオール誘導体から酸素官能基を除去するには,リンの酸素親和性を活用した方法がある.また,脱アミノ化反応や脱ハロゲン化反応,さらに変わり種としてはロジウム(Rh)錯体による脱カルボニル化反応もある(図 2.51).

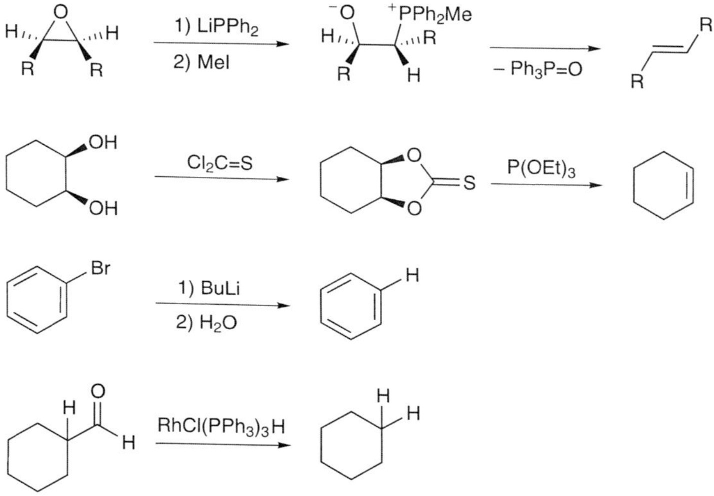

図 2.51

章末問題

2.1 脂肪族ニトロ化合物においては,強力な電子求引性基の存在により,(1) α-カルボアニオン A の発生,(2) オレフィン B における共役付加受容体としての反応性,などの合成的に有用な性質が発現する.こうしたニトロ基の極性効果を,本文中で述べたカルボニル基の効果(C や D)と

対比させ，以下の設問に答えなさい．

$$E^+ \curvearrowleft {}^-CH_2NO_2 \qquad Nu^- \curvearrowright {=}\!\!\!\!-NO_2$$

A **B**

$$E^+ \curvearrowleft {}^-CH_2\!-\!\!\underset{\substack{\|\\O}}{C}\!-\!R \qquad Nu^- \curvearrowright {=}\!\!\!\!-\underset{\substack{\|\\O}}{C}\!-\!R$$

C **D**

(a) 脂肪族ニトロ化合物に塩基を作用させ，酸処理すると，対応するカルボニル化合物に変換することができる（これを Nef 反応という）．この反応の機構を示しなさい．

$$RCH_2NO_2 \xrightarrow[\text{ii) } H_3O^+]{\text{i) } OH^-} RCHO$$

(b) 上述の脂肪族ニトロ化合物の反応性を Nef 反応と組み合わせると，Umpolung（本文参照）を行うことができる．すなわち，ニトロ化合物の潜在極性を利用すると，カルボニル化合物の逆合成において，本来の極性とは異なる結合切断を想定することができることを確かめなさい．

$$-\overset{\oplus}{\underset{\substack{\|\\O}}{C}}-\overset{\ominus}{C}-\overset{\oplus}{C}-\overset{\ominus}{C}- \quad \Big| \quad -\overset{\ominus}{\underset{\substack{|\\NO_2}}{C}}-\overset{\oplus}{C}-\overset{\ominus}{C}-\overset{\oplus}{C}-$$

(c) 本文中では作りにくいと述べた 1,4-ジケトンの合成が容易に行えることを確かめなさい．

2.2 カルボン酸誘導体と Grignard 反応剤との反応でケトンを合成したいとする．その際，N, O-ジメチル化されたヒドロキシルアミンのアミド（Weinreb アミド）を用いると，過剰反応による第三級アルコールを生成することなく，高収率で目的物が得られる．その理由を示せ．

2.3 四角内の出発物質を用いて，カルボン酸 A, B, C, D の合成法を考案しなさい．ただし，触媒や無機塩等は自由に用いてよい．

A — C_6H_5-CO_2H
B — C_6H_5-CH_2CO_2H
C — C_6H_5-$CH_2CH_2CO_2H$
D — C_6H_5-$CH_2CH_2CH_2CO_2H$

出発物質： CO_2，KCN，CH_3I，エポキシド，$CH_2=CHCO_2CH_3$，C_6H_5-Br

2.4 本章では，遠隔位に官能基を導入する方法として Barton 反応を挙げた．下式のステロイドの 6β-アルコールの亜硝酸エステルの光反応による C(1)-メチル基のオキシムへの変換は，その一例である．これを参考にして，オキシムが得られる機構を考察せよ．

3　C＝C結合，C≡C結合を含む化合物をつくる

　有機化合物が驚くほど多様な構造をとりうる理由の1つは，基本構成元素である炭素が容易に多重結合を形成できることにある．実際，生理活性を持つ天然有機化合物の中にも，C＝C結合やC≡C結合を含むものが数多く見られる．この章ではまず，不飽和結合を含む天然有機化合物の実例を紹介し，それらを位置ならびに立体選択的に合成することの必要性を述べる．こうした化合物の合成を計画する上では，C＝C結合やC≡C結合自体あるいはその周辺に，結合を生成させる機会を探すとよい．ここでは，この目的で用いられる反応の数々を概観し，さらにそれらをもとにした合成計画の立案方法について学ぶ．最後に，最近急速に発展した遷移金属触媒による新しい結合形成反応について述べる．新たな可能性の出現により，合成戦略がどのように変化しつつあるかについて学ぶ．

3.1　C＝C結合やC≡C結合を含むさまざまな天然有機化合物
　C＝C結合やC≡C結合を含む天然有機化合物にどのようなものがあるかを紹介し，その合成の必要性を論じる．

3.2　C＝C結合やC≡C結合の周辺は結合形成のチャンス
　C＝C結合やC≡C結合の周辺は，炭素−炭素結合形成にさまざまなチャンスを提供する．

3.3　アセチリドやビニル金属を用いる合成
　アセチレンを出発物質とする方法について，古典的なアセチリド経由の合成化学，最近進歩したヒドロメタル化反応やカルボメタル化反応について解説する．

3.4　アリル位の反応性を活かした結合形成
　反応性に優れたアリル型(プロパルギル型)の求電子種や求核種を駆使した合成化学について，特に反応の位置選択性に注目して述べる．

3　C=C 結合，C≡C 結合を含む化合物をつくる

3.5　カルボニル化合物からの合成 1
カルボニル化合物からオレフィンを合成する代表的な反応である Wittig 反応の合成的側面，立体化学(E/Z)の制御，問題点とその改良について述べる．

3.6　カルボニル化合物からの合成 2：還元的カップリング
カルボニル化合物どうしの還元的カップリング反応についてふれる．

3.7　転位反応や脱離反応を用いる
Claisen 転位反応などの骨格が大きく変化する反応，あるいは脱離反応やフラグメント化反応をうまく利用すると，オレフィンを合成する上でユニークな可能性が広がることがある．ここでは，こうした反応を利用した方法論を紹介する．

3.8　三置換オレフィンの立体選択的構築：かつての智恵のみせどころ
三置換オレフィンの立体選択的合成は，1960 年代以前には至難とされていた．しかしそれだけに，その当時多くの研究者によって試行錯誤が繰り返され，創意工夫の賜物ともよぶべき魅力的な方法論が編み出された．ここでは，昆虫幼若ホルモンの合成を中心として，それらの合成戦略の数々，さらにはクロスカップリング反応の芽生えについて解説する．

3.9　遷移金属からの贈りもの 1
最近の遷移金属触媒を用いたクロスカップリング反応の進展により，かつては困難であるとされてきた共役ジエン，トリエンなどの立体選択的構築が容易に行えるようになってきた．ここでは，その代表例である Negishi 反応，Suzuki-Miyaura 反応などを解説し，また，ヒドロメタル化反応，カルボメタル化反応，アセチレン類のカップリングにもふれる．

3.1　C=C 結合や C≡C 結合を含むさまざまな天然有機化合物

　この章ではアルケンやアルキンを含む化合物の合成を扱う．以下に C=C 結合や C≡C 結合に富んだ天然有機化合物を示したが（図 3.1），こうした化合物の合成ではどんな問題があるだろうか．

　まず，ボンビコール 1 に注目しよう（図 3.2）．これはカイコガのメスがオスを誘うのに分泌する**フェロモン**であり，A. F. J. Butenandt（1939 年ノーベル化学賞）によって 1959 年に構造決定された．当時，構造決定に多くの試料を要し，そのために日本からドイツにメスのカイコを 1 トン（50 万匹分！）送り，苦心の末に得た 12 mg の結晶性誘導体が決め手となったという．

　フェロモンには昆虫等が仲間どうしの情報交換に用いる物質である比較

3.1 C=C 結合や C≡C 結合を含むさまざまな天然有機化合物

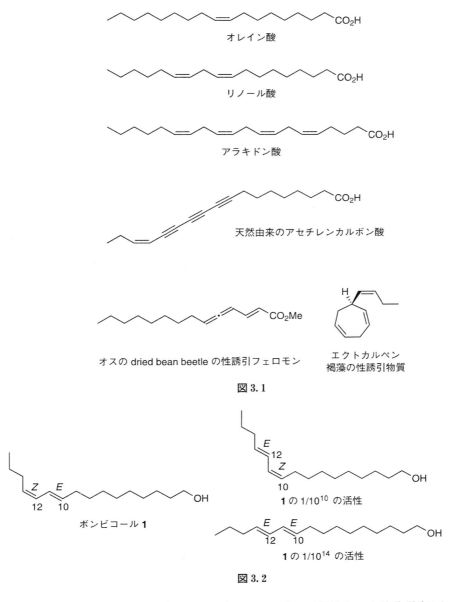

オレイン酸

リノール酸

アラキドン酸

天然由来のアセチレンカルボン酸

オスの dried bean beetle の性誘引フェロモン

エクトカルペン
褐藻の性誘引物質

図 3.1

ボンビコール **1**

1 の $1/10^{10}$ の活性

1 の $1/10^{14}$ の活性

図 3.2

的単純なアルケンが多いが,おもしろいことに二重結合の立体化学(E と Z)により,その生物活性が決定的に異なることが多い.たとえば,**1** はその($10Z, 12E$)体と比べて 100 億倍,($10E, 12E$)体と比べて 100 兆倍以上

も誘引活性が強い．こうした化合物の合成では，(*E*/*Z*)の制御が決定的に重要である．なお，不斉中心を持つフェロモンの場合には，活性が絶対立体配置に強く依存する例も多い（第5章参照）．

ビタミンAやβ-カロテン（図3.3）に見られるような高度なポリエン構造も生理活性天然物において注目すべき構造要素である．そもそも私たちがものを見ることができるのは，網膜のオプシンタンパク質の中で視物質ロドプシンが起こす光異性化過程にもとづいている（図3.4）．そこで鍵物

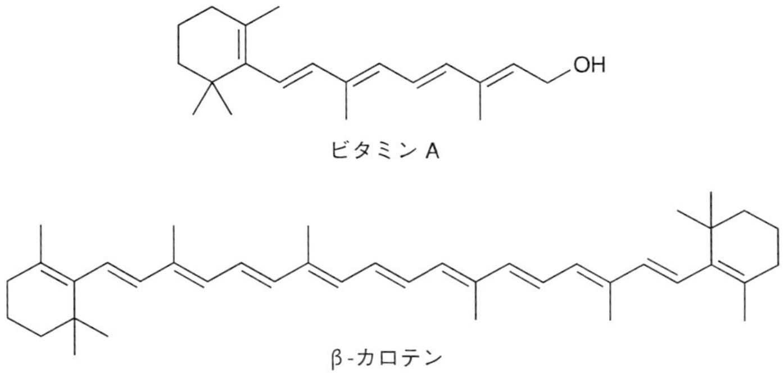

ビタミンA

β-カロテン

図3.3

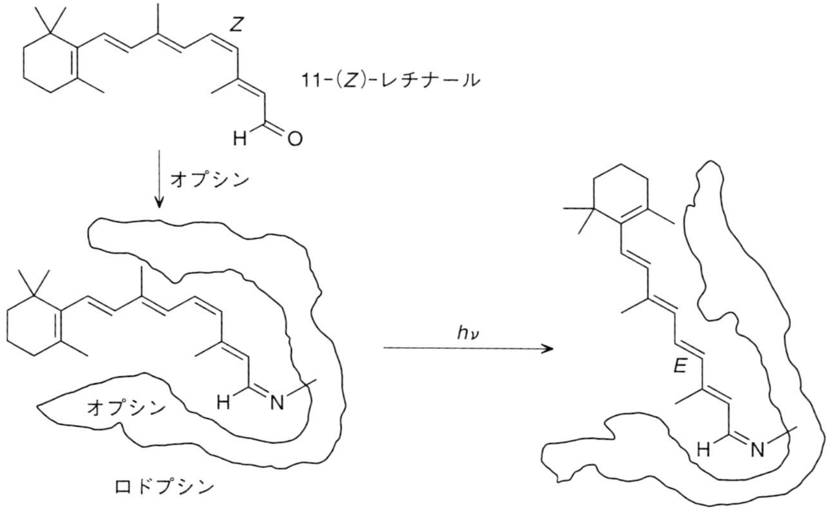

11-(*Z*)-レチナール

オプシン

オプシン

ロドプシン

hν

図3.4

質となる 11-(Z)-レチナールと，よく"目によい"といわれるビタミン A や β-カロテンの構造とを比べてほしい．また，こうした構造は，アンホテリシン B など，ポリエンマクロライド系抗生物質にも見られる（図 3.5）．これらの化合物の合成について 3.3 節で述べる．

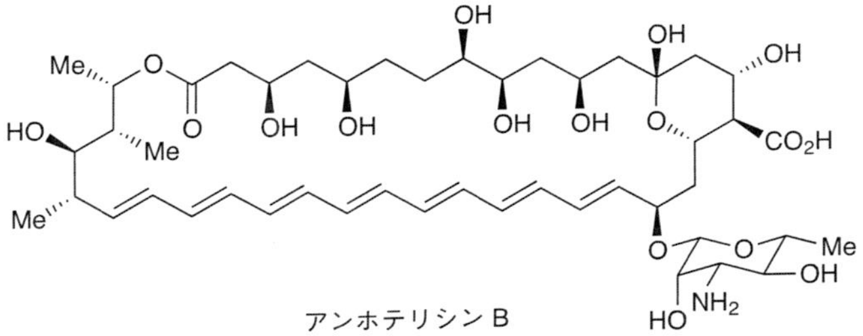

アンホテリシン B

図 3.5

次に，昆虫幼若ホルモン（昆虫の幼虫形質を維持するホルモン）およびスクアレンを図 3.6 に示す．これらに含まれる**三置換オレフィン**をどのように制御して合成するかも重要であり，1960 年代にさまざまな方法が提案された（3.8 節参照）．

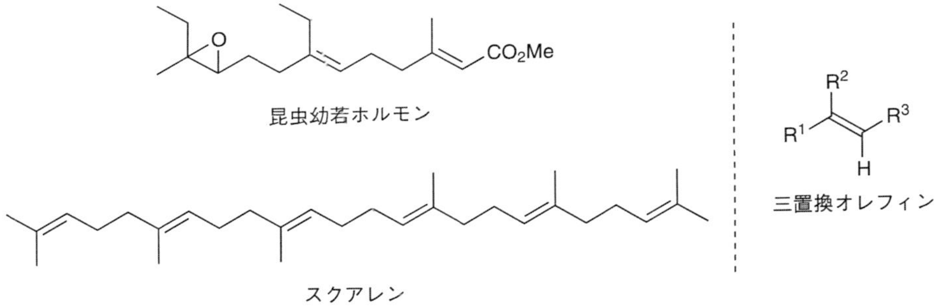

昆虫幼若ホルモン

スクアレン

三置換オレフィン

図 3.6

ロイコトリエンは，ぜん息などのアレルギー疾患との関連で重要な化合物であるが，その合成においてもオレフィンの選択的合成法の必要性は明らかだろう（3.9 節参照）．さらに先に第 1 章で紹介した NCS クロモフォアや，ダイネミシンなどのエンジイン化合物［エン（alkene）と 2 つのイン（alkyne）があるという意味］の合成にも注目したい（図 3.7）．

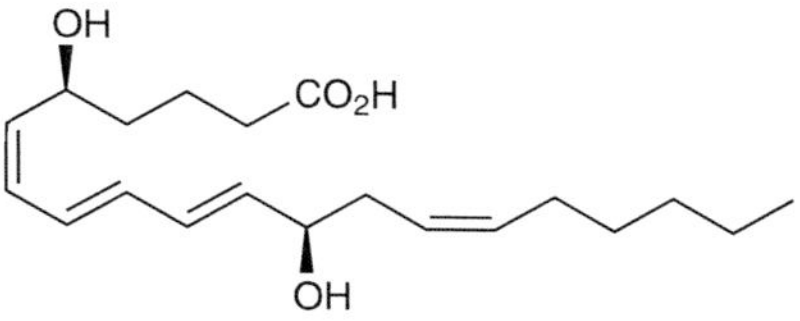

ロイコトリエン B₄ 　　　　　　　　　　ダイネミシン A

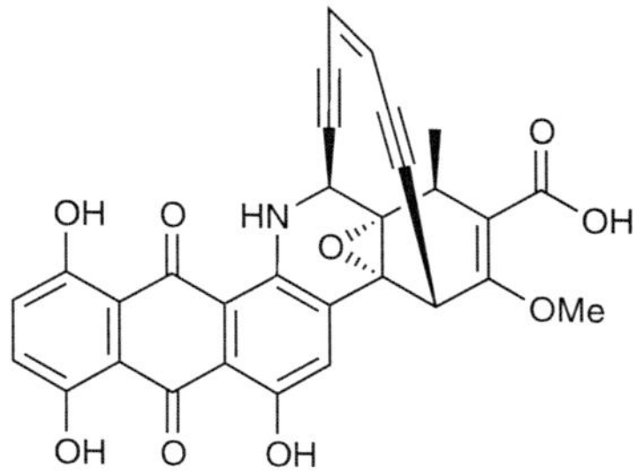

図 3.7

3.2　C＝C 結合や C≡C 結合の周辺は結合形成のチャンス

　さて，合成化学的観点から，標的化合物に C＝C 結合や C≡C 結合が含まれていれば，その周辺は逆合成における結合切断のよいきっかけとなる（図 3.8）．これらの結合は，さまざまな反応で生成させることができるからである．第 2 章で述べたようにカルボニル基を中心とする合成化学が古くから発展したが，この 30 年ほどの間に有機金属化合物，特に遷移金属触媒を用いた合成反応がすばらしく進歩し，上述のような C＝C 結合や C≡C 結合の周辺での結合生成の手立てが増え，合成戦略が大きく変化しつつある．本章では，これ以降，この進歩を踏まえ C＝C 結合や C≡C 結合に着目した逆合成について述べる．

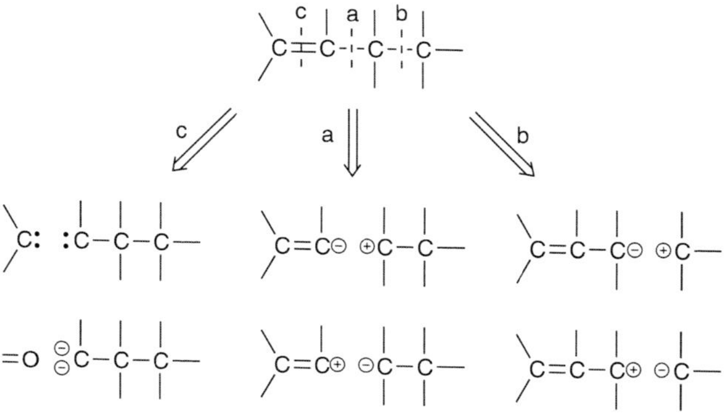

図 3.8

3.3 アセチリドやビニル金属を用いる合成

　この節では，図3.8に示したうち，a に相当する結合切断の可能性について述べる．すなわち，C=C 結合や C≡C 結合を構成する2炭素のすぐ隣での結合切断の可能性についてである(図3.9)．その切断を行った時に割りふる電荷としては主としてマイナス，すなわち主役を演じるのは**アセチリド**，ならびに**ビニルアニオン**という化学種である．その理由については，後述する．

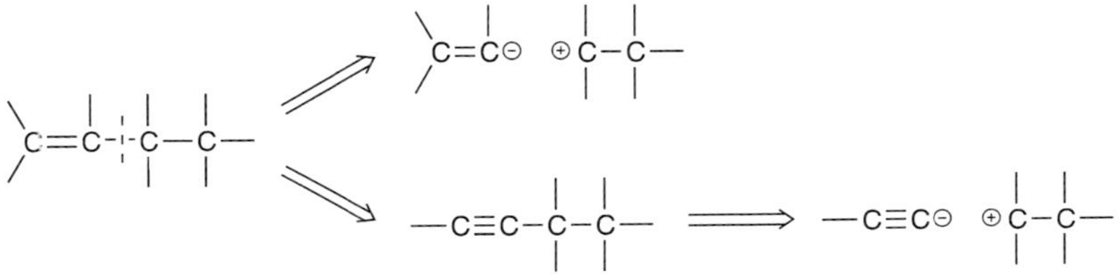

図 3.9

　まずは，アセチレン(HC≡CH)から出発する合成化学である．すなわち，アセチレンに2度のアルキル化反応を行って二置換アセチレンへ導き，続いて C≡C 結合を還元し，二置換オレフィンとする．この手法が古くからよく利用されてきたのは，アセチレン水素の酸性度が高く($pK_a=25$)，容易にアセチリドを発生させ，結合形成に使うことができたからである．また，1,2-二置換オレフィンの(E/Z)異性体を作り分けられることも大きい．

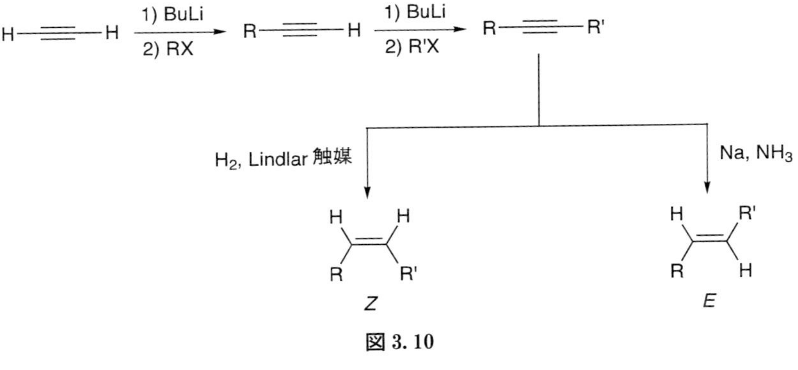

図 3.10

すなわち，(*Z*)オレフィンが必要であれば，**Lindlar 触媒**(活性を落としたパラジウム触媒)等を用いて半還元する．一方，(*E*)体ならば，液体アンモニア中でナトリウムを用いて **Birch 還元**を行えばよい(図 3.10)．

また，同じくアセチレンを出発物質としつつも，**ヒドロメタル化反応**(hydrometallation)によって(*E*)オレフィンを作る方法も発展した．金属水素化物としては，図 3.11 に示したようなものがよく用いられる．

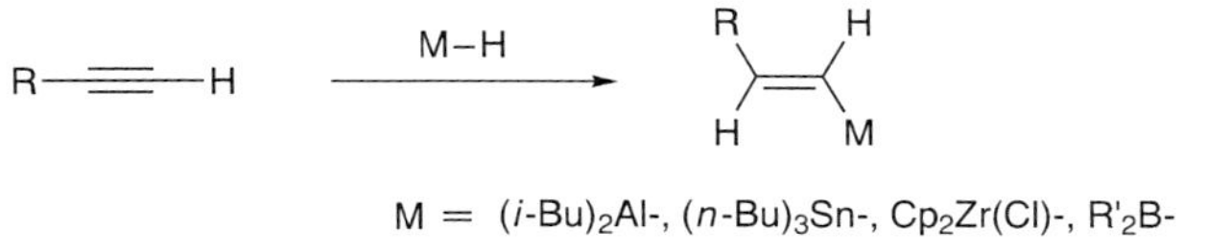
R—≡—H
M−H
R
H
H
M
M ＝ (*i*-Bu)$_2$Al-, (*n*-Bu)$_3$Sn-, Cp$_2$Zr(Cl)-, R'$_2$B-

図 3.11

先述の水素化反応とは異なり，生成物の炭素-金属(C－M)結合をさらに変換反応に使うことができる．ただし，これらのビニル金属種は一般に反応性が低いので，何らかの活性化が必要である．そのために遷移金属触媒が活躍するが(3.9 節)，ここではそれ以外の活性化法を紹介しよう．

ヒドロアルミニウム化反応で生成したビニルアランは反応性に乏しい．しかし，これをメチルリチウムと反応させてアート錯体に変換すると反応

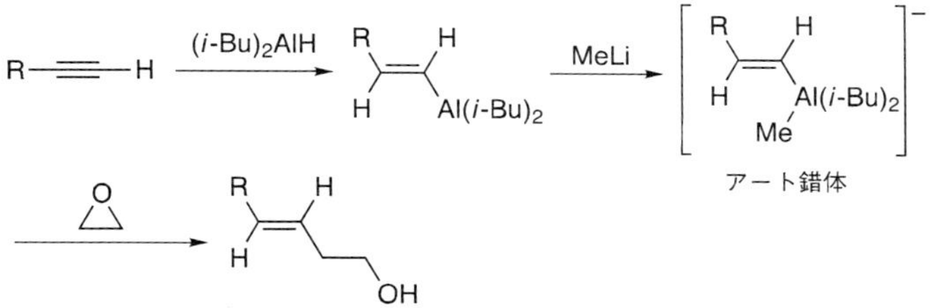
R—≡—H
(*i*-Bu)$_2$AlH
Al(*i*-Bu)$_2$
MeLi
Al(*i*-Bu)$_2$
Me
Li$^+$
アート錯体
O
OH

図 3.12

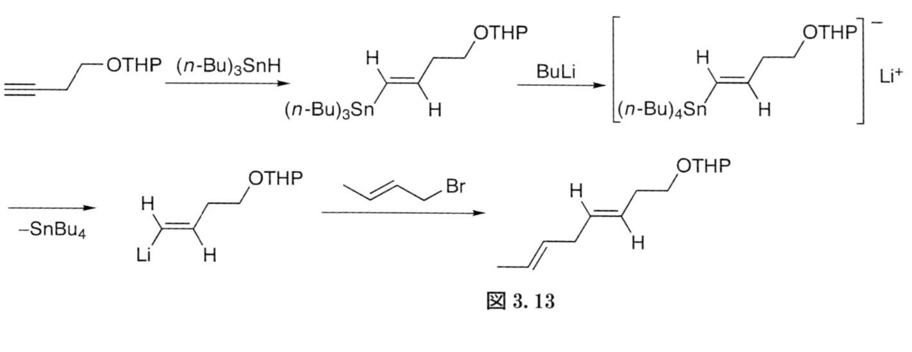
OTHP
(*n*-Bu)$_3$SnH
(*n*-Bu)$_3$Sn
BuLi
(*n*-Bu)$_4$Sn
Li$^+$
−SnBu$_4$
Li
Br

図 3.13

性が向上し，エポキシドと反応するようになる(図3.12)．また，ビニルスズをブチルリチウムと反応させると，いったんアート錯体が形成されてからBu_4Snが脱離して，ビニルリチウムが発生するので，これをまたアルキル化反応などに利用することができる(図3.13)．

ヒドロメタル化反応の生成物をハロゲン化するのも一手である．図3.14に，末端アルキンをDIBAL($(i\text{-}Bu)_2AlH$)と反応させた後，ヨウ素化した例を示した．

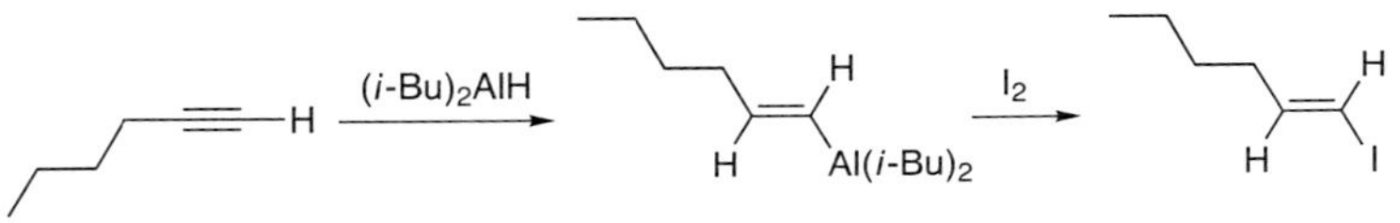

図3.14

また，これに関連してふれておきたいのが，図3.15に示した反応である．すなわち，プロパルギルアルコールを$LiAlH_4$と反応させると，まずアルコキシドが発生し，そこから容易に分子内でヒドロアルミニウム化反応が起きる．反応を水で停止すれば(E)アリルアルコール A が選択的に得られるし，I_2と反応させればヨードオレフィン B が得られる．

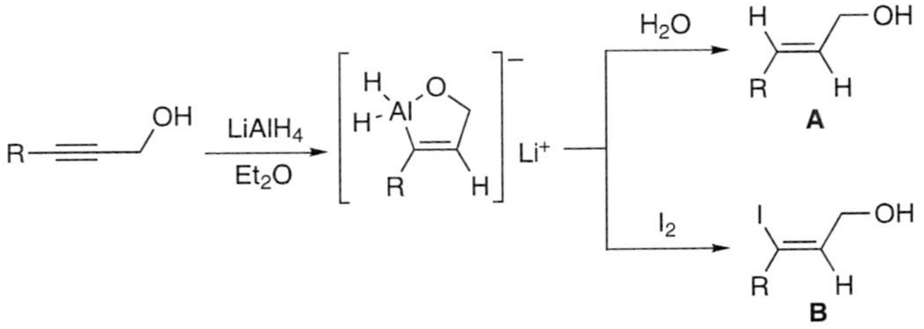

図3.15

以上のような方法で得られるハロゲン化アルケニルに，n-ブチルリチウムを作用させると，低温でも速やかに**ハロゲン-リチウム交換反応**が起こる(図3.16)．この交換反応ではオレフィンの立体化学(E/Z)が保たれる．通常，この反応は低温(典型的には$-78°C$)で行われ，この温度では生じたアルケニルリチウムがヨウ化ブチルを置換する反応は事実上起こらない．

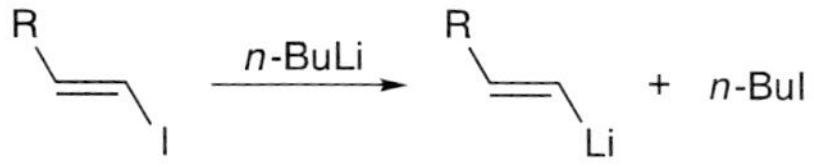

図 3.16

なお，この反応で t-ブチルリチウムを用いる時には，2 mol 量が必要なことに注意したい．この強力な塩基は，反応で生じた臭化 t-ブチルを低温でも攻撃するので，それに 1 mol 分費やされるためである（図 3.17）．

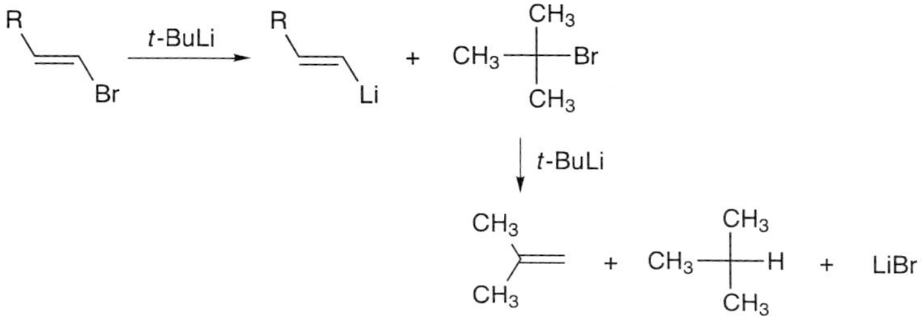

図 3.17

アルケニル金属の発生法はこれ以外にも数多くあるが，ここで野崎一，檜山為次郎，高井和彦による低原子価クロムを用いた方法を特記しておきたい（図 3.18）．当初この反応は再現性に問題があったが，これが極微量のニッケル塩の有無によることがわかった．図 3.18 下部に示すように最初の酸化的付加の段階を助けるのである．

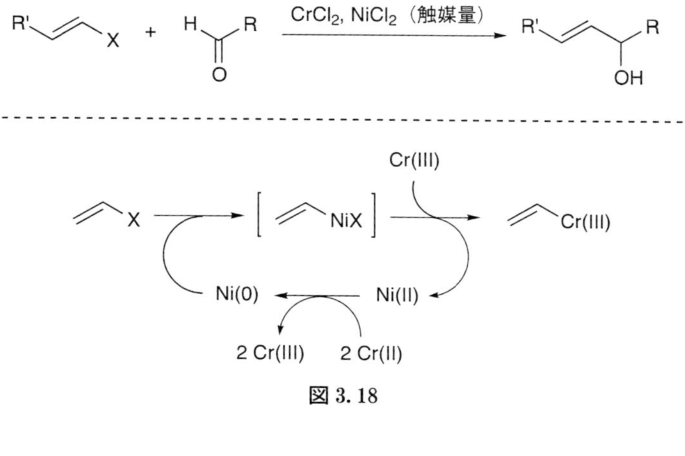

図 3.18

3.3 アセチリドやビニル金属を用いる合成　67

　図 3.19 は，岸義人によるパリトキシンの全合成の 1 段階である．エステルやアセタールなどの官能基を多く含む 2 つの大きなフラグメントどうしの間で，C−C 結合がうまく形成されていることに注目してほしい．分子量の大きな，多官能性の化合物の合成という今日的な命題に対し，前向きな答えを与えた合成反応の例である．同様に図 3.94 も参照してほしい．

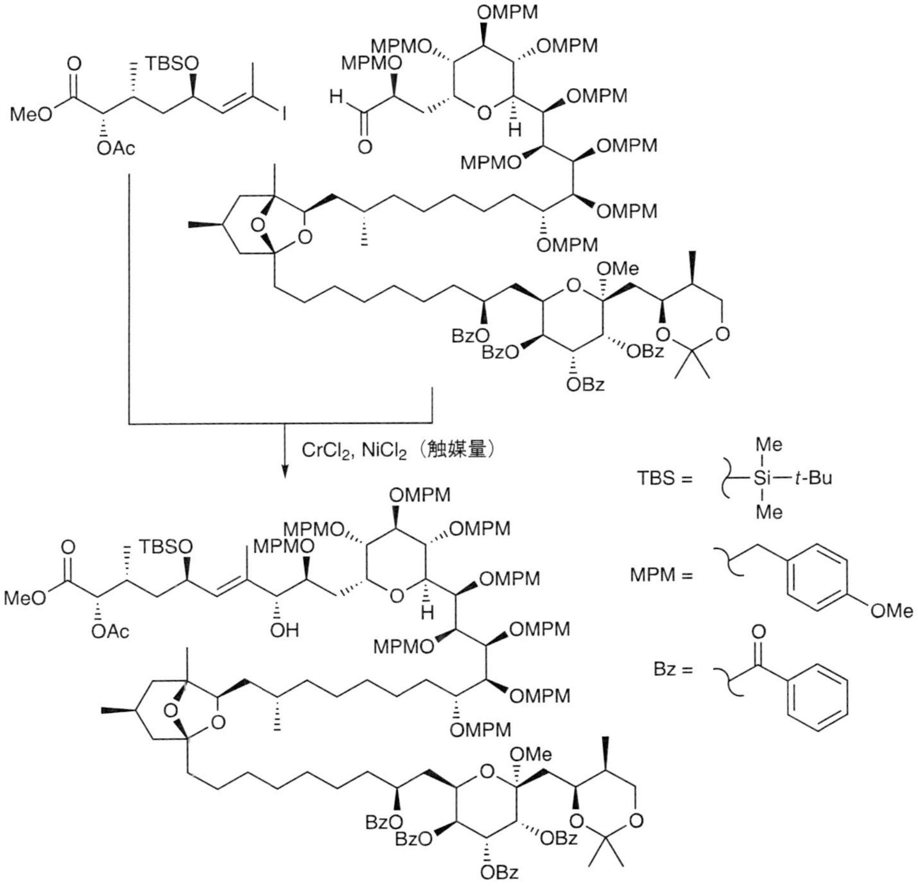

図 3.19

　以上のように，アセチレン(HC≡CH)は合成の出発点として，以前にも増して重要な位置を占めている．そこでアセチレンの合成にも目を向けておくことにしよう．たとえば，末端オレフィンに臭素を付加させた後，塩基による脱離を行うのは最も素直なやり方である(図 3.20)．

また，アルデヒドから末端アセチレンを合成する方法として Corey-Fuchs の方法が多用されている（図 3.21）．

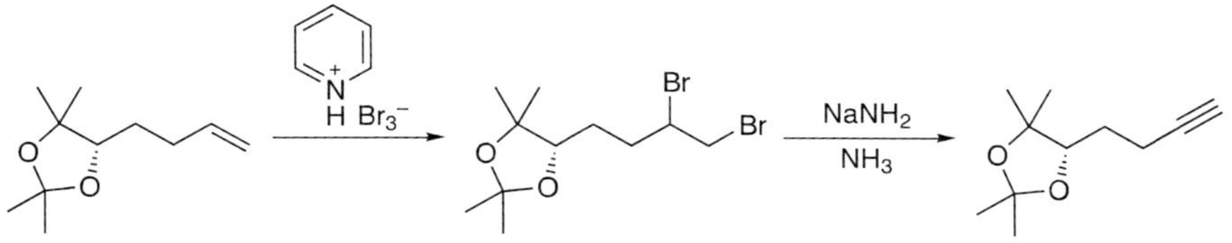

図 3.20

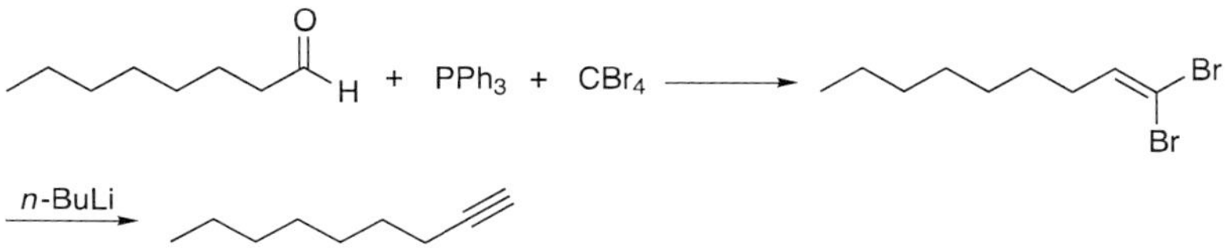

図 3.21

3.4 アリル位の反応性を活かした結合形成

以上は C=C 結合や C≡C 結合のすぐ隣に結合切断の可能性を探したものであった．その隣に目を移すとどうなるだろうか（図 3.22）．ここで注目されるのがアリル型の求核種や求電子種である．いずれも反応性に富んでおり，合成を考える上でよい機会を与えてくれるが，それらをうまく使いこなすには，位置選択性の問題があることをよく知っておく必要がある．

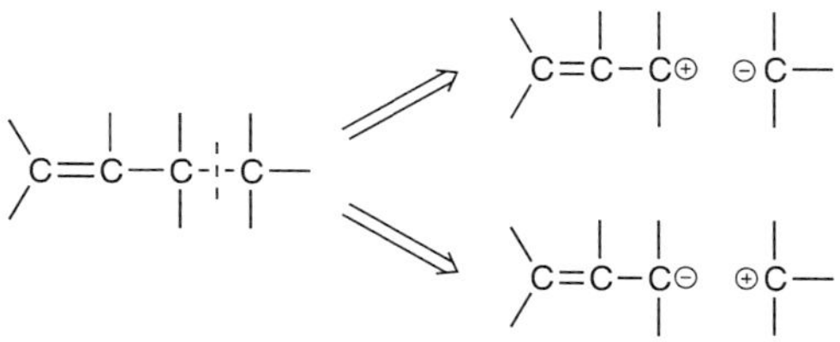

図 3.22

(a) アリル型求電子種を使う

まず，求電子種の話から始めよう．ハロゲン化アリルは反応性に富んでおり，合成的に有用である．問題は，こうしたアリル型求電子種には反応

3.4 アリル位の反応性を活かした結合形成

点が2つ存在するということである．すなわち，α位での置換反応（S_N2反応）か，γ位での置換反応（S_N2'反応）かであるが，この位置選択性は求核剤や反応基質の構造により大きく変化する（図 3.23）．

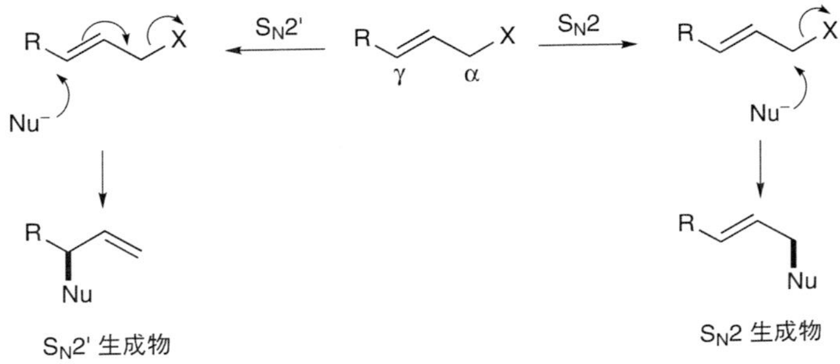

図 3.23

図 3.24 は，ハロゲン化アリルの S_N2 反応の例である．ここではアセト酢酸メチルのジアニオンが用いられているが，そのアルキル化の位置にも注意したい．

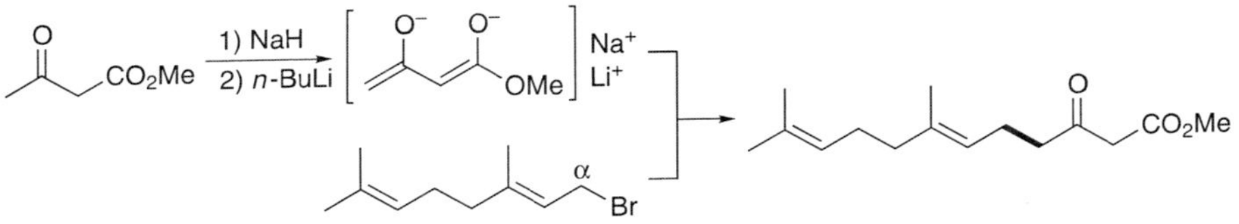

図 3.24

一方，S_N2' 反応の例としては，Lewis 酸存在下での有機銅反応剤の反応を示しておく（図 3.25）．

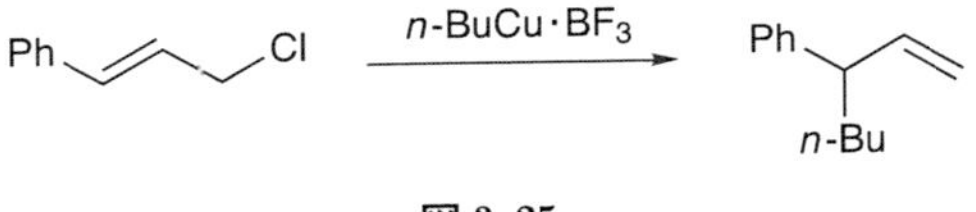

図 3.25

プロパルギル型の求電子剤も合成的に有用である．やはり問題は位置選択性であり，S_N2 反応が起こればアセチレン化合物，S_N2' 反応が起これはアレンが生成する（図 3.26）．

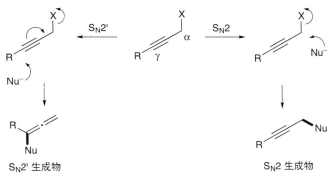

図 3.26

　図 3.27 はアラキドン酸の合成例である．CuCN 触媒下で臭化プロパルギルに対するアセチリドの S_N2 反応を利用して C−C 結合を形成させ，半還元を行って目的物に導いている．一方，図 3.28 はプロパルギルアセタートに対する有機銅反応剤の S_N2' 反応による，アレンを含むフェロモン（図 3.1 参照）の合成である．

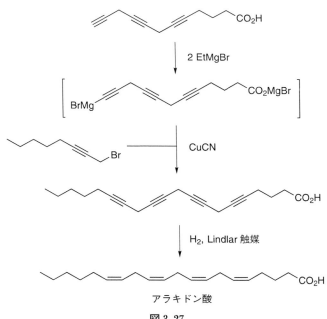

図 3.27

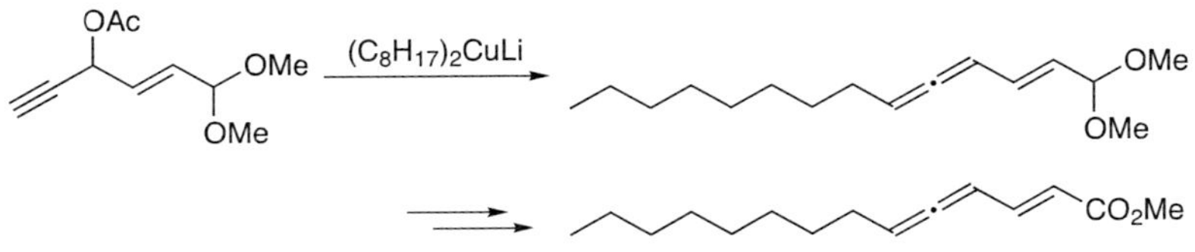

3.4 アリル位の反応性を活かした結合形成　71

図 3.28

(b) アリル型求核種を使う

次にアリル型求核種であるアリルアニオンについて述べる．ここでも位置選択性の問題が厄介でもあり，またおもしろくもある．たとえば，臭化クロチルにマグネシウムを反応させたとする．単純な Grignard 反応に思えるが，こうした置換アリル金属種は，一般に金属の 1,3-移動反応を容易に起こす．しかも，これに伴って(E/Z)の異性化も起こるし，また，中心金属(M)の種類によっては π-アリル構造をとる場合もあるので，事態はなかなか複雑である（図 3.29）．

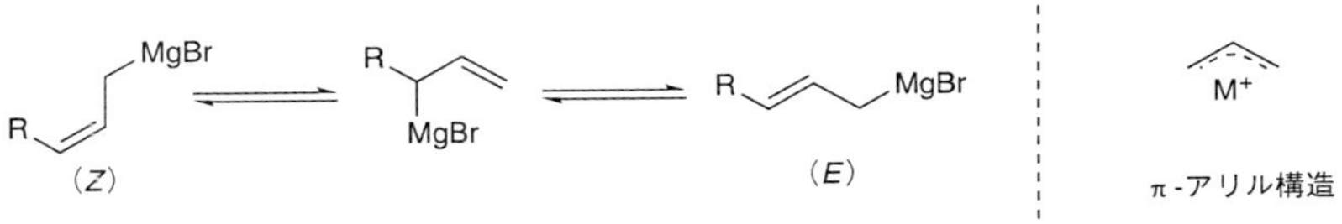

図 3.29

さて，メチル基のもう 1 つ多いプレニル Grignard 反応剤とアルデヒドとの反応を考えよう（図 3.30）．実は，もっぱら γ 位での反応生成物 C が得られるが，これは次のように考えればよい．プレニル Grignard 反応剤

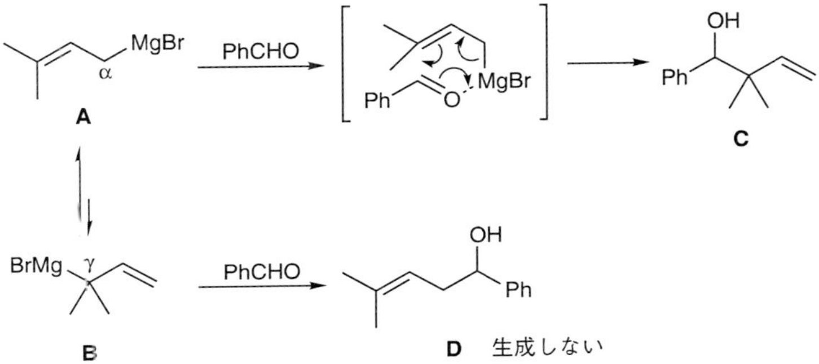

図 3.30

の平衡は，置換基の少ない側に Mg のある A に圧倒的に偏っている．これがカルボニル化合物と反応する際に，6 員環の遷移構造を経由してアリル転位しながら反応するので，生成物 C が生じるのである．

ここでふれておきたいのは，櫻井英樹，細見彰の開発したアリルシランの化学である．これもアリル金属化合物の仲間ではあるが，上述のアリルマグネシウム反応剤とはちがって，少し注意すれば蒸留やクロマトグラフィーもできる"普通の有機化合物"である．ところが合成的には大変に有用な性質を有している．そのポイントは，求電子種との反応が C=C 結合部分で起こることである．その理由は，ここで反応が起きることにより生じるカチオンが Si−C 結合からの σ-π 共役効果により安定化されているためである（**ケイ素の β 効果**とよばれる）．最終的に，Cl^- がケイ素を攻撃して反応が完結する（図 3.31）．

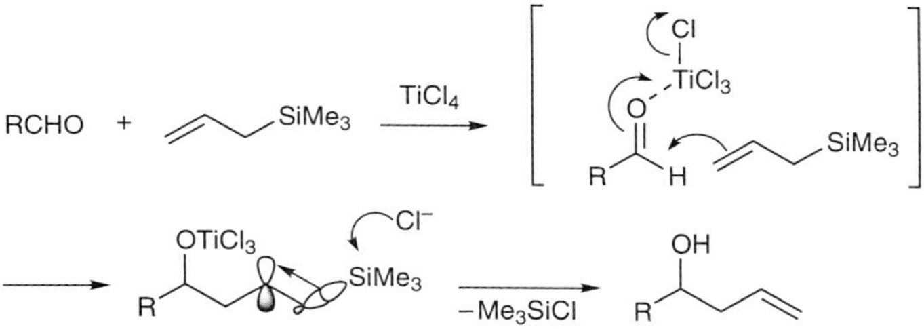

図 3.31

その典型例は，$TiCl_4$ などの Lewis 酸で活性化されたアルデヒドとの反応である（図 3.32）．上述の反応機構から期待されるように，この結合形成は常にアリル転位を伴う反応である．プレニルシランの位置異性体とアルデヒドとの反応例はこれをよく示している．また，このアリルシランの

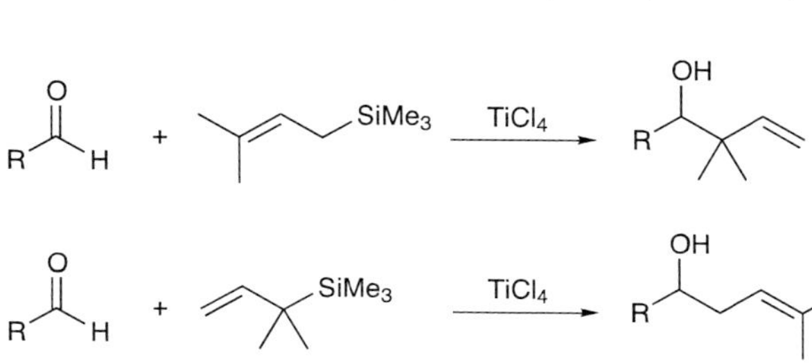

図 3.32

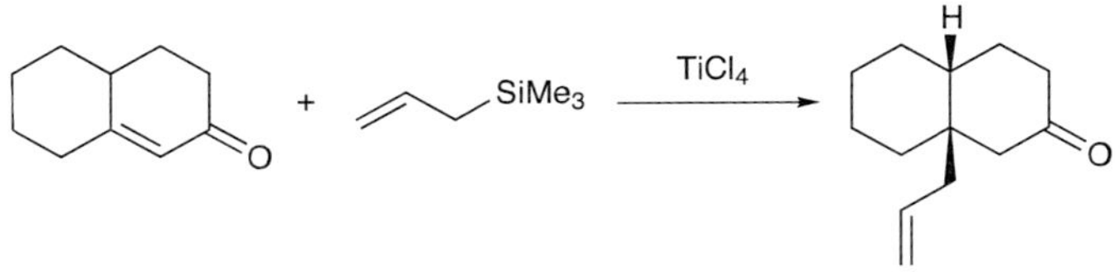

3.4 アリル位の反応性を活かした結合形成

図 3.33

もう1つの特徴は，α, β 不飽和ケトンに共役付加を起こすことである（図3.33）．

こうしたアリルシランの特性を活用するため，アリル系に求核的にシリル基を導入することもある．Corey によるステロール関連化合物の合成もその例である．すなわち，シリル銅化合物を塩化アリルに作用させると，S_N2' 型で内部にシリル基を持つアリルシランが得られる．続いて，これを $TiCl_4$ の存在下でエノンに共役付加させると，アリルシラン側ではやはりアリル転位を伴いながら反応し，炭素鎖の末端で C–C 結合が形成される．目的物の C=C 結合の位置を定めつつ骨格形成を行う作戦を味わってほしい．なお，ケトンの隣接位の立体化学は共役付加の後処理で，エノラートをプロトン化する際に決まる．図 3.34 A のように，メチル基の立体障害を避け，下側からプロトン化されると考えればよい．

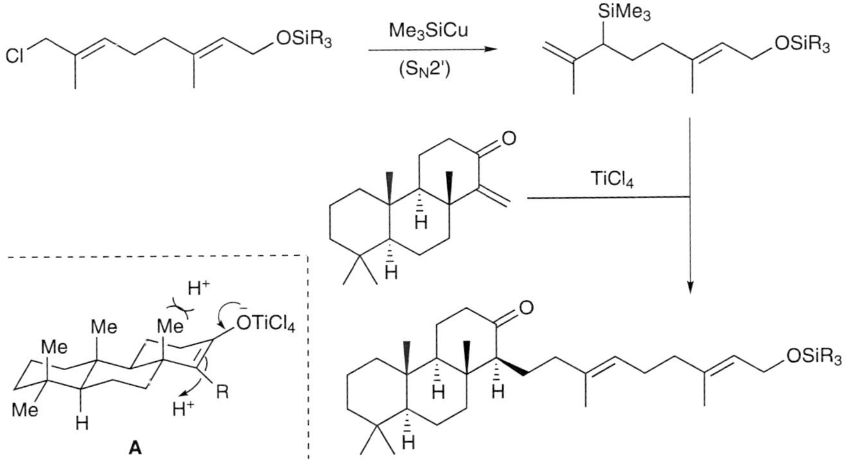

図 3.34

こうしたアリル型求核種の中で，山本尚，柳澤章によるアリルバリウム反応剤にはおもしろい特徴がある(図 3.35)．BaI_2 をリチウムビフェニリドで還元して得た高活性バリウム金属(Ba*)を用いる．これをアリルクロリドと反応させると，低温下でも C－Cl 結合に Ba* が割り込み，アリルバリウムが生成する．Grignard 反応における金属マグネシウムの役割を想像すればよい．

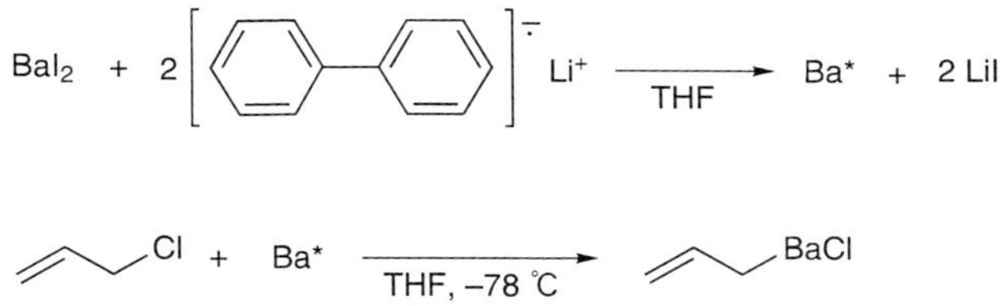
BaI2
2
Li+
THF
Ba*
2 LiI
Cl
Ba*
THF, –78 ℃
BaCl

図 3.35

その大きな特徴とは，上述のマグネシウム反応剤とは対照的にカルボニル基との反応において α 位で反応することである(図 3.36)．Ba－C 結合が長く，6 員環遷移状態がとりにくいため，とされている．この特徴は CO_2 との反応でも発揮される(図 3.37)．

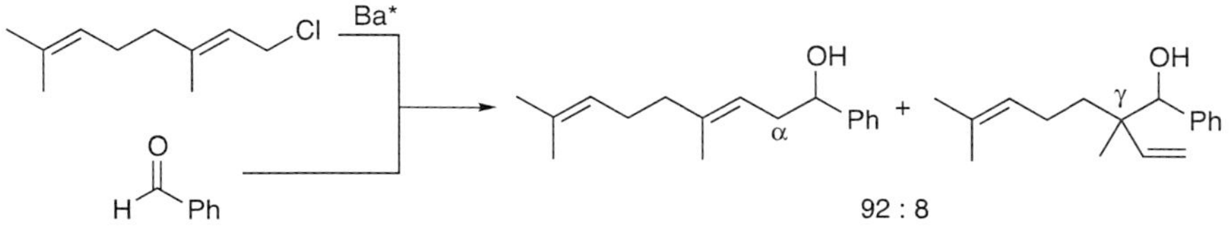
Cl
Ba*
O
H
Ph
OH
α
Ph
OH
γ
Ph
92 : 8

図 3.36

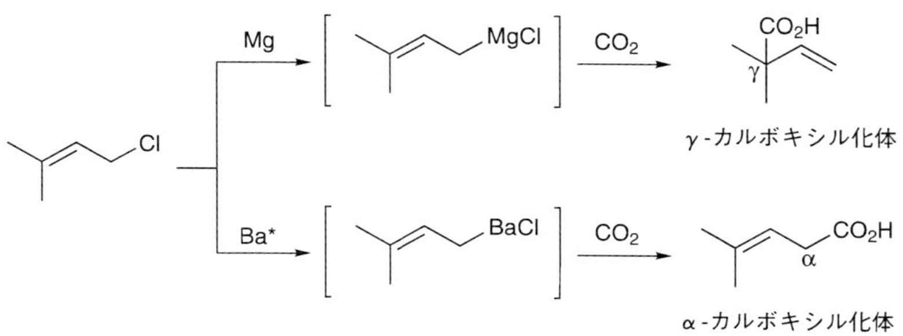
Cl
Mg
MgCl
CO2
CO2H
γ
γ-カルボキシル化体
Ba*
BaCl
CO2
CO2H
α
α-カルボキシル化体

図 3.37

3.5 カルボニル化合物からの合成 1

カルボニル化合物は，"合成化学の中央広場"といわれるほど，有機合成において重要な位置を占めている．それでは，C=C 結合を含む化合物をつくるのに，カルボニル化合物をどのように用いればよいだろうか．おおまかには 2 つのやり方がある．1 つは，カルボニル基の持つ極性および酸素のもつ電気陰性度を考慮すると，ここに 2 つの ⊕ があると思えばよい．したがって，形式的に相手の炭素に 2 つの ⊖ を持つようなものを持ってくるという考え方である(図 3.38)．これについては，以下の項(a)に述べる Wittig 反応およびその関連反応が該当する．

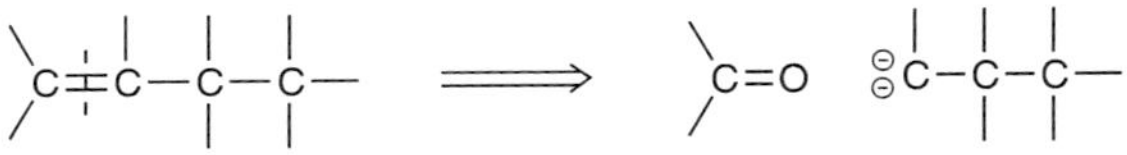

図 3.38

なお，2 つのカルボニル化合物を還元的にカップリングさせて C=C 結合を形成しようとするやり方もあり，それについては後に 3.6 節で述べることにしよう．

(a) Wittig 反応およびその関連反応

カルボニル化合物からオレフィンを作ると聞くと，どこからか "Wittig 反応！" という答えが返ってきそうなほど有名な反応である．

図 3.39 が典型的な反応例である．すなわち，まずヨウ化メチルとトリ

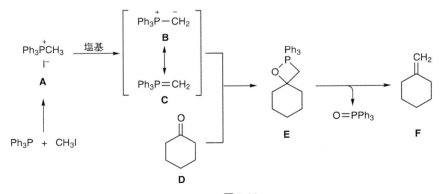

図 3.39

フェニルホスフィンとを反応させ，ホスホニウム塩 A を調製する．これに塩基を作用させると，メチル基のプロトンが引き抜かれ，イリド B が生成する．これには共鳴構造 C の寄与もあるが，ともかくこれをケトン D と反応させると，[2+2] 付加環化反応によってオキサホスフェタン E となる．ここからリン原子が酸素原子を奪い去る形で脱離反応が起き，オレフィン F が生成する．

しかし，なぜそれほど重宝な反応なのだろうか．アルドール縮合と比べてみよう．シクロヘキサノンにアセトンのエノラートを反応させた後，脱水すると不飽和ケトンが得られる(図 3.40)．ごく当然に見える．

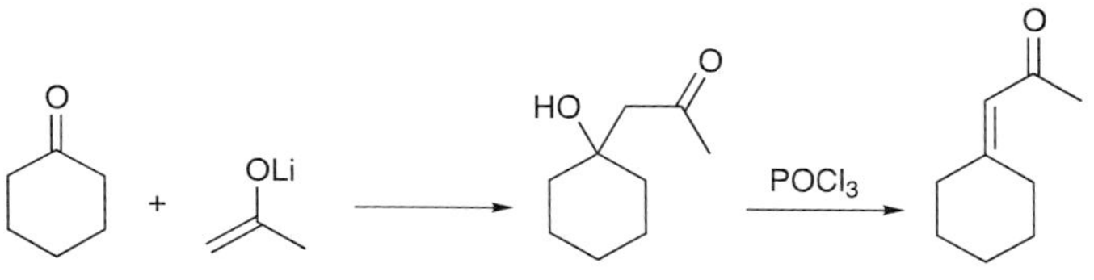

図 3.40

これと同じ方式でメチレン化反応は可能だろうか．答えは否である．メチルリチウムをシクロヘキサノンに反応させ，酸性条件で脱水させると，オレフィンの位置異性体混合物が生じてしまい，しかも主生成物は環内オレフィンとなってしまう(図 3.41)．図 3.40 との違いを考えてみてほしい．Wittig 反応は，こうした場面でカルボニル基の位置に正しくオレフィンを作ってくれる切り札のような反応という訳である．

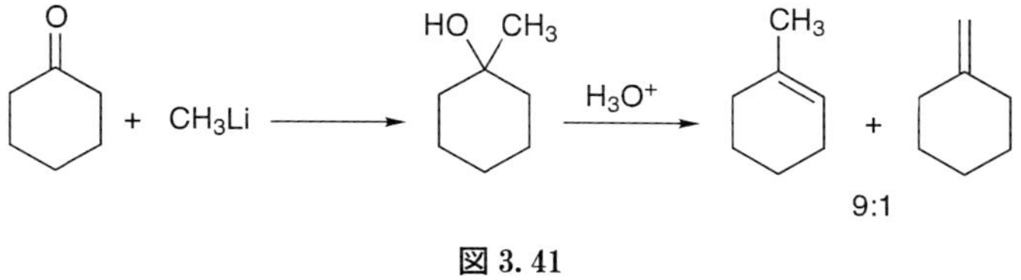

図 3.41

この反応の機構に関しては，近年，活発な議論が繰り広げられた．争点は，最初の段階にある．すなわち，従来は図 3.42 のように，イリド B がカルボニル化合物 D にイオン的に付加して，まずベタイン G が生じた後，これがオキサホスフェタン E へと移行するという見方がなされていた．しかし，最近では，そうではなく上述の図 3.39 のように [2+2] 付加環化反応でオキサホスフェタン E が直接生成するとの説が有力である．今やベタ

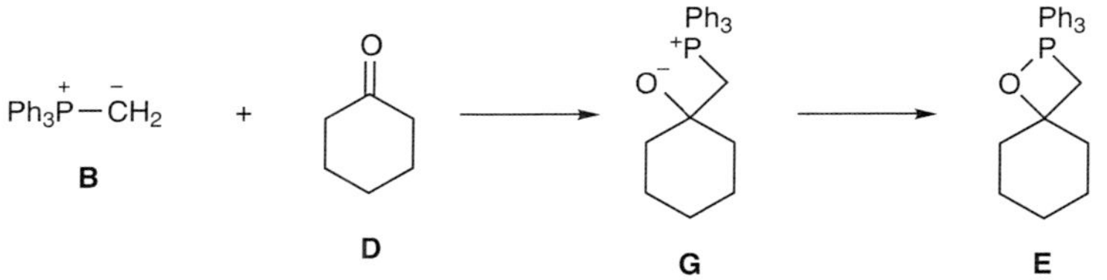

3.5 カルボニル化合物からの合成 1　77

$$Ph_3\overset{+}{P}-\overset{-}{CH_2} \quad + \quad \underset{D}{\text{(cyclohexanone)}} \longrightarrow \underset{G}{\text{(betaine)}} \longrightarrow \underset{E}{\text{(oxaphosphetane)}}$$

図 3.42

インは特殊な条件での例外的な存在に追いやられた感もある．

　この議論はさておき，この Wittig 反応の合成化学的な真骨頂に焦点を当てよう．すなわち，1,2-二置換オレフィンの立体化学（E/Z）の制御である．たとえば図 3.43 のように，置換基 R^1 を持つイリドをアルデヒド R^2CHO と反応させた場合，生成するオレフィンには（Z）体，（E）体の 2 つの異性体がある．広範な研究の結果，適切な条件設定により，両者ともに高選択的に得ることができるようになった．以下，必要な異性体ごとに，どういう手続きをとればよいかを整理してみよう．

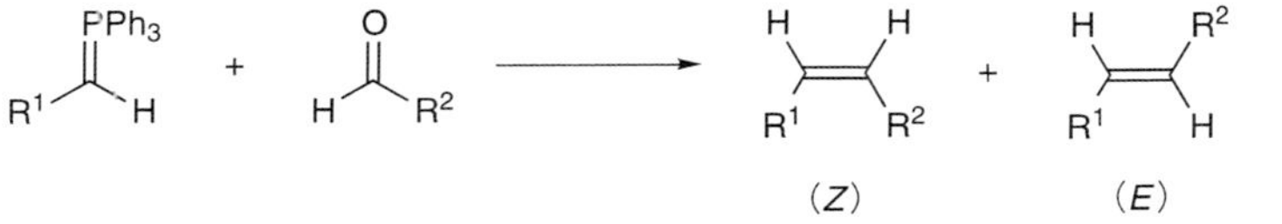

図 3.43

　その"案内図"となるのは，図 3.44 に示す図式である．今後，くり返し参照するので，よく見てほしい．すなわち，上述の図 3.43 の反応の途中に目を向けよう．要は，中間体オキサホスフェタンにも 2 種類の立体異性体（cis と trans）があるのである．もちろん cis 体からは（Z）オレフィンが，trans 体からは（E）オレフィンが生成することになる．ここで，選択性を考える上で問題となるのは，これら 2 つの中間体の生成速度やオレフィンへの分解速度などの速度論的関係，さらに相対的な安定性や，イリドとアルデヒドにもどる逆反応の有無などの熱力学的関係である．

　ここで，速度論的には cis 中間体が優先して生成する傾向がある．これがそのまま脱離反応を起こせば，（Z）オレフィンが得られることとなる．しかし，何らかの理由で，この脱離反応が遅い場合には，原系への逆反応を通じて，熱力学的により有利な trans 中間体が次第に蓄積され，そこから脱離が起きれば（E）体が生成することとなる．

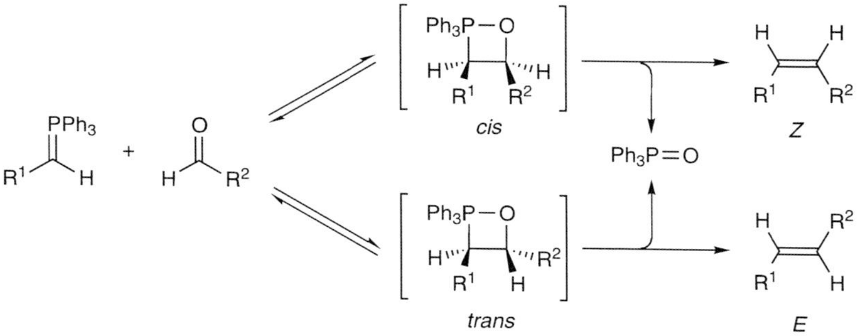

78　3　C＝C結合，C≡C結合を含む化合物をつくる

図 3.44

以下，この図式をもとに，(*E*)体，(*Z*)体を作り分ける要領を述べるが，その前にここでイリドを2種類に分類しておきたい(図3.45).

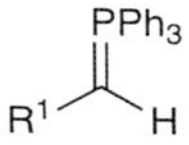

不安定イリド：R^1 ＝ アルキル，H
安定イリド：R^1 ＝ CO_2R, COR, CN, CHO など

	不安定イリド	安定イリド
(*Z*)	Salt-free 条件	Still の方法
(*E*)	オキシドイリド法	通常は特に問題なし

図 3.45

まずは，**不安定イリド**とよばれるものである．たとえば，置換基 R^1 がアルキル基の場合がそれである．こうしたイリドは反応性が高く，水や酸素と速やかに反応して分解する．もちろんカルボニル化合物との反応においても反応性に富んでいる．

これに対して**安定イリド**とよばれるものは，置換基 R^1 がアルコキシカルボニル基などの電子求引性のものの場合である．反応性が穏やかで，単離してから反応に用いることもできる．

こうしたイリドの安定性の違いは，立体選択性に大きく影響を与える．以下，不安定イリド，安定イリド，それぞれの場合について，(*E*)体，(*Z*)体の作り方を述べよう．

(ⅰ) 不安定イリド→(*Z*)オレフィン

さて，不安定イリドの反応で(*Z*)体がほしいときには，どうすればよいだろう．これは少し注意すれば，うまくいく．図3.44の図式でいうと，速度論的に*cis*-オキサホスフェタンの生成が優先するので，ここから脱離

が円滑に起こりさえすればよいからである．しかし用いる塩基にだけは注意が必要である．すなわち，BuLi や LDA のように Li^+ を含む塩基を用いると，脱離反応が遅くなることが知られている．中間体としてベタイン A が生じるためとの解釈もあるが，定説とはなっていないので，ここでは単に B のように記すことにしよう（図 3.46）．いずれにせよ，ここでモタモタしていると平衡化が起き，E/Z 選択性が低下してしまう．ともかく Li^+ は避けるのがよい．

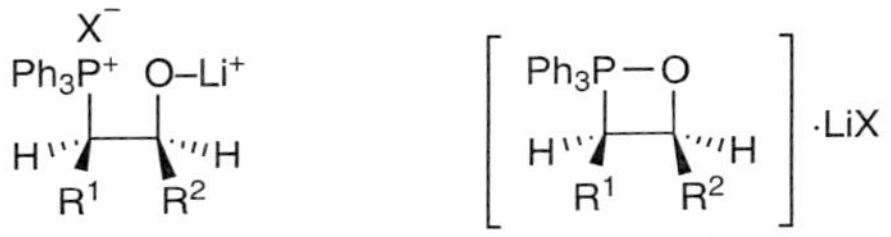

図 3.46

これに対して，Na^+ や K^+ を含む塩基を用いると，うまく cis 体のオキサホスフェタンから速やかに脱離反応が起きる．図 3.47 の （Z）体のオレフィンを含むフェロモンの合成例のように，首尾良く （Z）体のオレフィンを得ることができる．

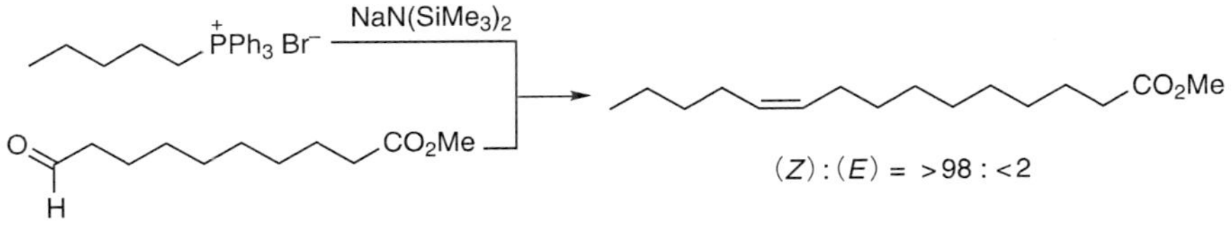

図 3.47

(Z):(E) = >98:<2

（ii）不安定イリド → （E）オレフィン

この目的で，M. Schlosser と E. J. Corey がほぼ同時期に β-オキシドイリド法を報告している（図 3.48）．リンイリドをアルデヒドと低温で反応させるが，ここではわざと Li^+ 塩を使って $Ph_3P=O$ の脱離を遅くしておく．ここでもう 1 度塩基を作用させると中間体 A がリチオ化され B となるが，そのカルボアニオン的な性質を反映し，より有利な立体異性体 C へと異性化する．cis→trans 異性化の近道が開通したことに相当する．その後に，注意深くプロトン化すると，D を経て （E）オレフィン E が選択的に生成する（図 3.48）．

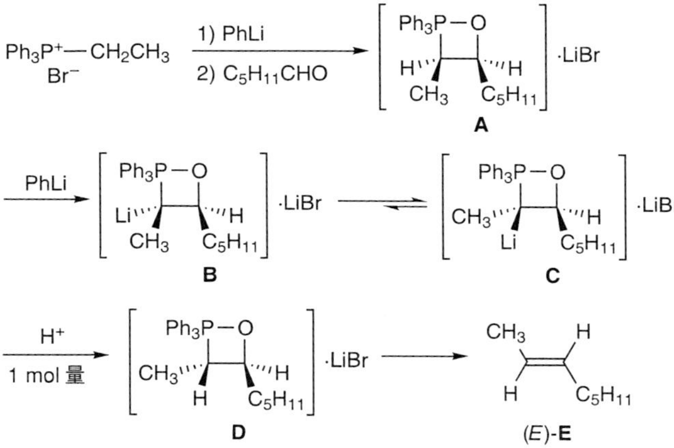

3 C=C 結合，C≡C 結合を含む化合物をつくる

図 3.48

(iii) 安定イリド→(E) オレフィン

図 3.49 のように安定イリドとアルデヒドとの Wittig 反応は，特に注意を払わなくても，通常 (E) 選択的に進行する．これはイリドが安定化されているため，最初の段階が可逆となり，先の図 3.44 において，より有利な trans 中間体から脱離が起きるためであると説明される．

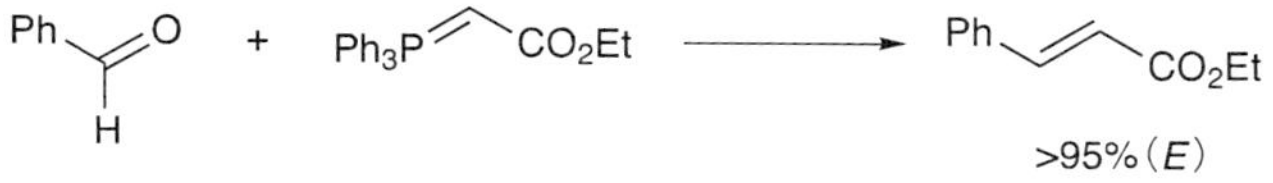

図 3.49

なお，安定イリドの [2+2] 付加環化反応は後期遷移状態となり，中間体の安定性が反映され，trans 付加体の生成が速度論的にも有利であるとの説もある．

また，ホスホン酸エステルを用いた改良法（Horner‐Wittig 反応；Horner-Wadsworth-Emmons 反応ともよばれる）もある（図 3.50）．中間のアニオンはその共役酸の酸性度から予想されるよりずっと求核性が高く，カルボニル基と円滑に反応する点で優れている．この反応には他にも利点がある．Wittig 反応を行った時，副成物 $Ph_3P=O$ のかさばった沈澱の取り扱いに苦労した人も多いことだろう．しかし，この改良法によれば生成するリン酸誘導体が水溶性なので，反応の後処理も楽である．

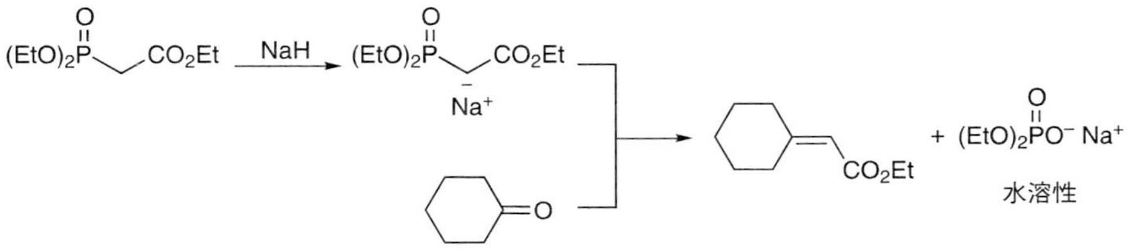

図 3.50

(iv) 安定イリド誘導体→(Z) オレフィン

W. C. Still の方法がよい．ホスホン酸エステルのリン上の置換基として電子求引性の 2, 2, 2-トリフルオロエトキシ基を用い，K$^+$ 用のクラウンエーテルを用いる反応条件である(図 3.51)．

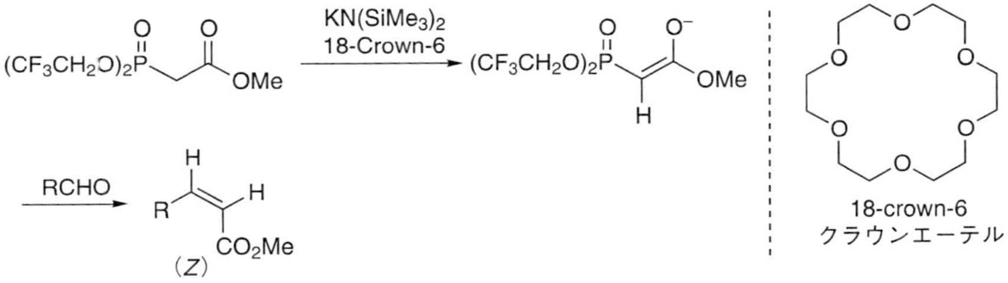

図 3.51

(b) その他のオレフィン化反応

この Wittig 反応に相当する変換反応は，スルホン化合物の α-アニオンを用いた Julia 反応によっても行うことができる(図 3.52)．付加体であるアルコールをアセチル化した後，還元すると 1, 2-脱離反応によって C=C 結合が生成する．出発物質の立体化学に関係なく (E) オレフィンが優先して生成する傾向がある．後述の Peterson 反応の立体特異性と比べてほしい．

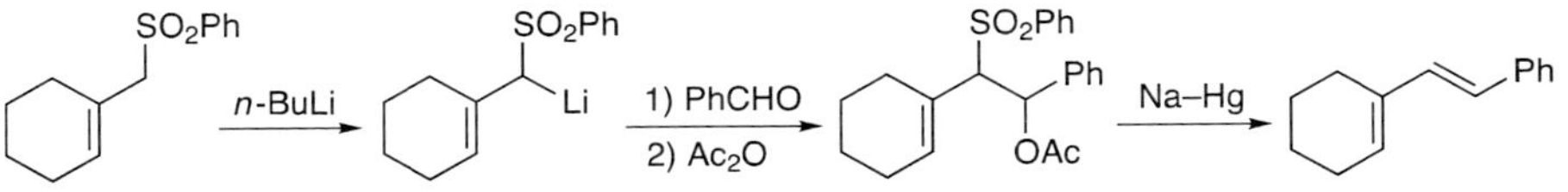

図 3.52

次は Peterson 反応である．図 3.53 のようにシリル基を持つアルコールに特徴的な反応であり，酸性条件では *anti* 脱離，塩基性条件では *syn* 脱離を起こすので，同じ出発物質から (E) 体，(Z) 体オレフィンを作り

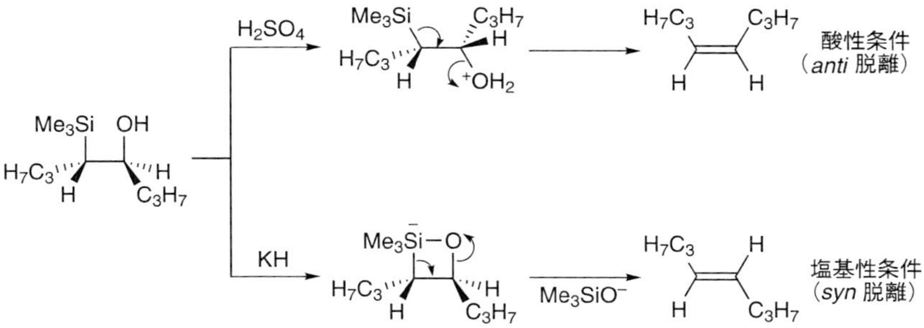

82　3　C＝C 結合，C≡C 結合を含む化合物をつくる

図 3.53

分けることができる．ただし，出発物質となるシリルアルコールを立体選択的に得ることは必ずしも容易でない．

(c) 改良メチレン化反応

　カルボニル化合物がエノール化しやすい場合，あるいは立体障害が大きい場合など，時として Wittig 反応が通用しない場面がある．強塩基性の反応条件や Wittig 反応剤の嵩高さなどが問題である．

　このような時には別の手立てを考える．図 3.54 のケトンは立体障害が大きいため，通常の Wittig 反応ではうまくメチレン化することができない．この場面ではチオアニソール由来のカルボアニオンを付加させ，得られたアルコールをベンゾイル化して脱離能を高め，リチウムで還元する方法が有効である．

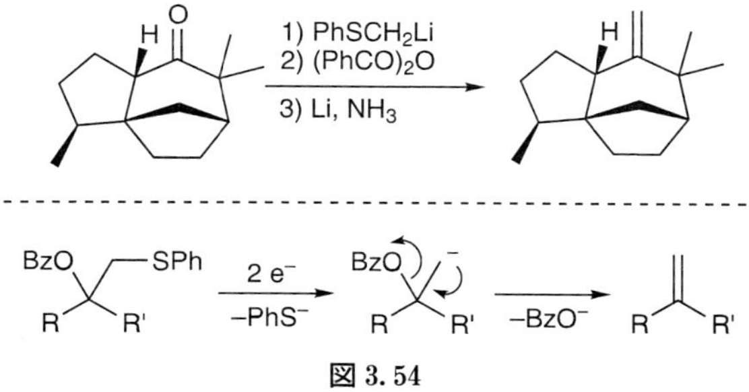

図 3.54

　また，先述の Peterson 反応も利用できる．しかし，β-テトラロンのように特にエノール化しやすく，アルキルリチウムを反応させてもうまくいかない時には，今本恒雄による有機セリウム反応剤の助けを借りるのがよい．実際，これでトリメチルシリルメチル基をケトンに導入し，酸性条件

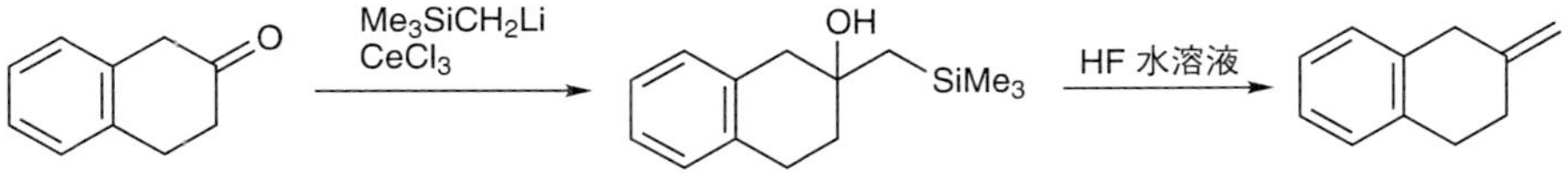

図 3.55

での Peterson 型脱離につなげ，メチレン化することができる（図 3.55）．

野崎一，大嶌幸一郎，高井和彦の低原子価チタンを用いた方法も有用である．図 3.56 のイソメントンのメチレン化反応の例では，エピマー化しやすいカルボニルの α 位の不斉中心が保たれている点に注目したい．また，エステルのカルボニル基をメチレン化することは Wittig 反応剤では困難であるがいわゆる Tebbe 反応剤，これを行える点に特徴がある（図 3.57）．この例では，この反応をアリルエステル（ラクトン）に適用することにより，生成物がただちに Claisen 転位反応（3.3 節参照）を起こしている点がおもしろい．

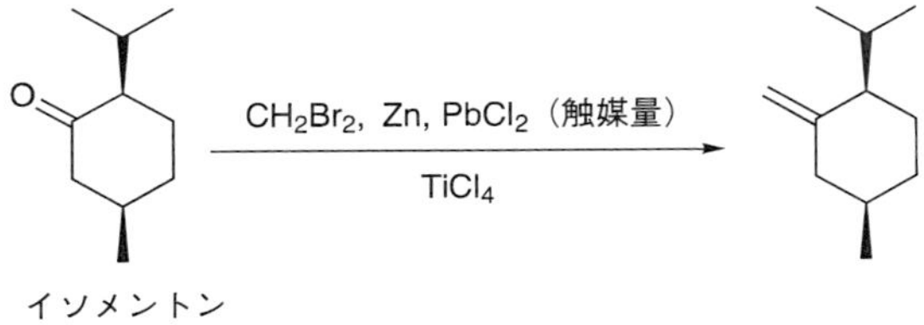

イソメントン

図 3.56

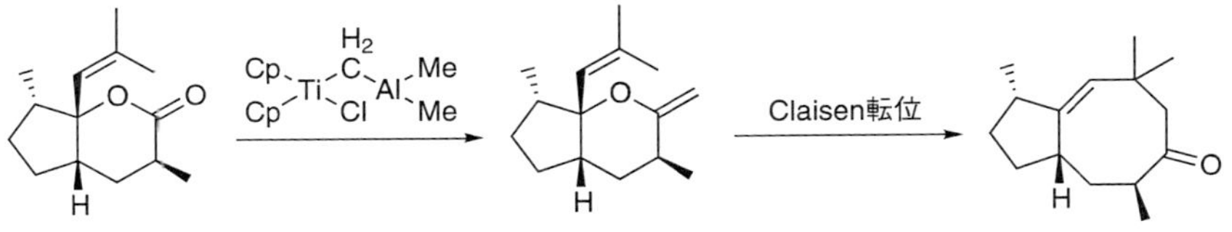

図 3.57

3.6 カルボニル化合物からの合成 2：還元的カップリング

この項では，2 つのカルボニル化合物の還元的カップリング反応によるオレフィンの合成について述べよう．逆合成的に描けば，図 3.58 の結合切断に相当する考え方である．すなわち，これは形式的にカルベンどうし

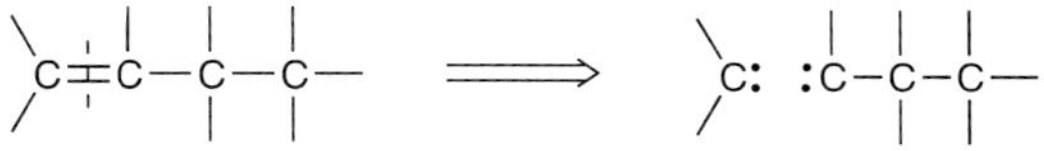

図 3.58

の反応により C=C 結合を生成させようというものである．しかし，カルベンはきわめて反応性に富んでおり扱いにくいので，カルボニル基の還元に頼ろうというのである．

こうしたカルボニル化合物の還元的カップリングによるオレフィン合成法は，向山光昭，J. E. McMurry によってほぼ同時期（1973年）に発見された（図 3.59）．$TiCl_4$ や $TiCl_3$ を還元することにより系内で調製した低原子価チタンを用いる．金属の価数については議論があるが，ここでは簡単のためにゼロ価として電子の授受だけに着目してみることにしよう．まず，Ti(0) からそれぞれカルボニル基に 1 電子ずつ移動して，形式的に A のようなラジカルアニオンが生じ，これらがカップリングして B となる．ここまではいわゆるピナコールカップリングであり，金属マグネシウムでも起こる反応である．おもしろいのはチタンの強力な酸素親和性により 2 つの酸素が奪い去られ，C=C 結合が形成されることである．この反応は化学的に不安定なオレフィン類の合成にも適用できる．レチナールの還元 2 量化による β-カロテンの合成は印象深い（図 3.60）．

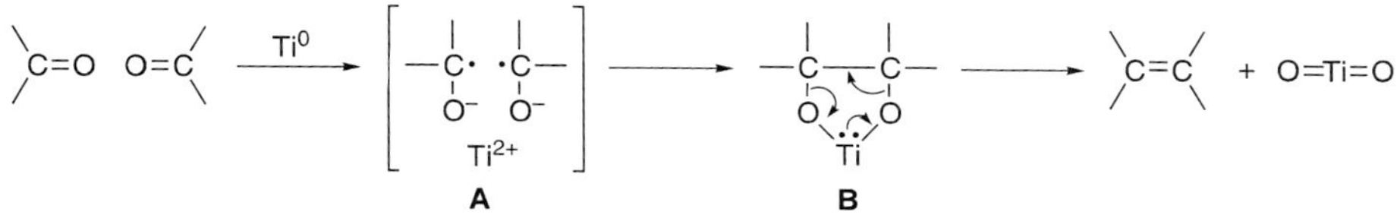

図 3.59

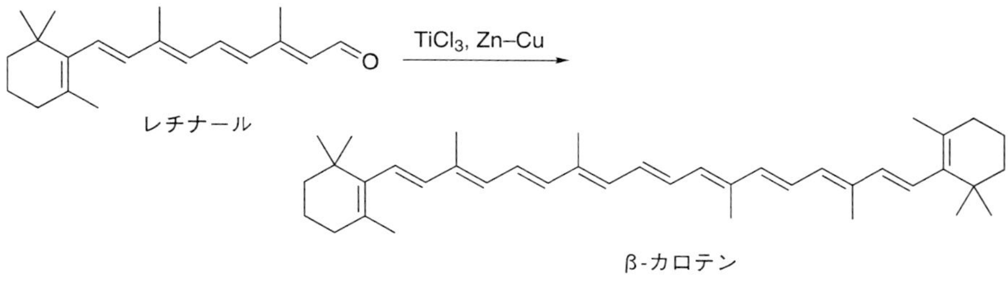

レチナール

β-カロテン

図 3.60

また，金属表面上で2つのカルボニル基を引き寄せる効果により，中・大環状化合物の合成に利用できる点が特筆される．ここでは McMurry によるジテルペン（フレキシビレン）の合成（図 3.61）および柿沼勝己，江口正による古細菌の細胞膜の構成成分，大環状脂質の合成例（図 3.62）を示す．

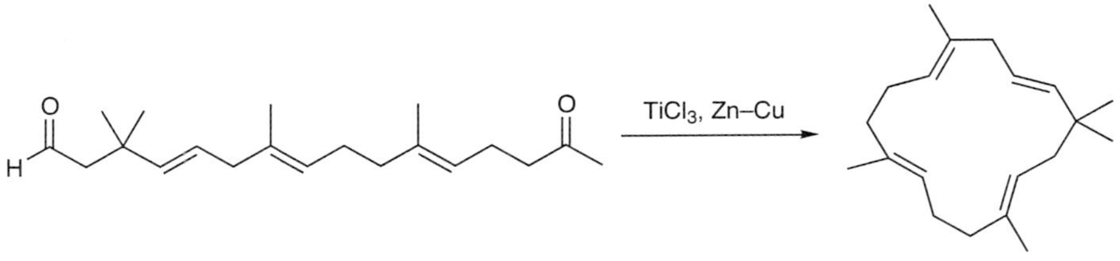

図 3.61

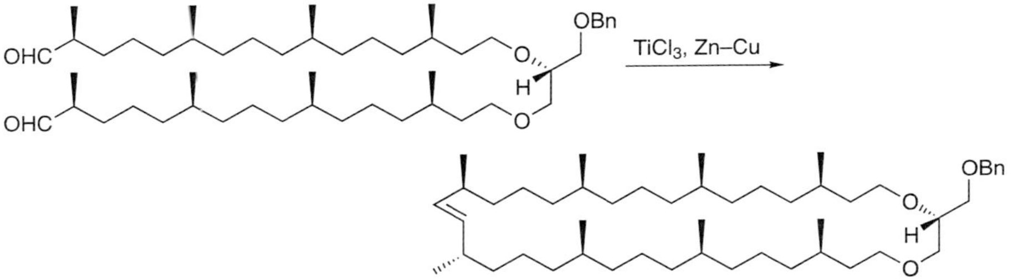

図 3.62

3.7　転位反応や脱離反応を用いる

　　本節では目標化合物の C=C 結合や C≡C 結合に着目し，これを逆合成的に移動させることを考えてみよう．すなわち，**転位反応**や**脱離反応**を用いるオレフィンやアセチレンの合成法について述べていくことにする．

(a) 転位反応の利用

　　まず，[3, 3] シグマトロピー反応である Claisen 転位や Cope 転位を紹介する．反応の本質部分は図 3.63 のとおりである．しかし，これらを合成に使うには，この反応によって起こる分子骨格の変化を考えてみる必要がある．すなわち，逆合成の観点からは，合成標的の中に A や B のよう

に，太字で示した2炭素をはさんでC=C結合とC=O結合，あるいは2つのC=C結合が存在する構造を見た時に，これらの反応を考えてみるとよい．

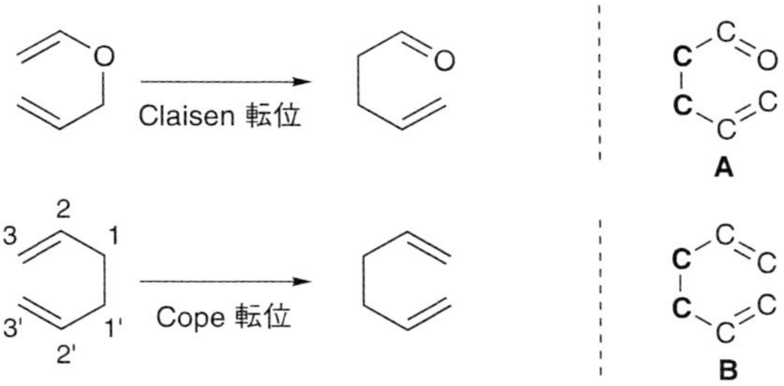

図 3.63

図3.64は具体例であるが，アリルアルコールに酸触媒下（ここではHg(II)塩）でエチルビニルエーテルを作用させ，加熱すると，系内でエーテル交換反応が起きてビニルエーテルが発生し，これが転位反応を起こす．カルボニル基が生成し，反応は非可逆的となる．

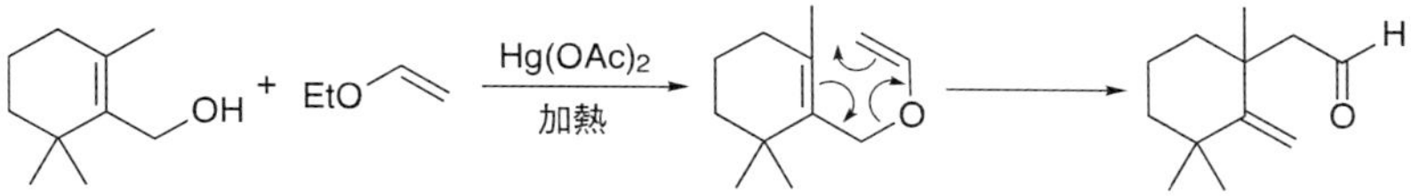

図 3.64

生合成をヒントとしたステロイドの合成(4.6節)で有名なW. S. Johnsonは，その環化前駆体の合成にオルトエステルClaisen転位とよばれる[3,3]転位反応を駆使した（図3.65）．すなわち，アリルアルコールをプロピオン酸のオルトエステルと酸触媒下で加熱すると，アセタール交換が起

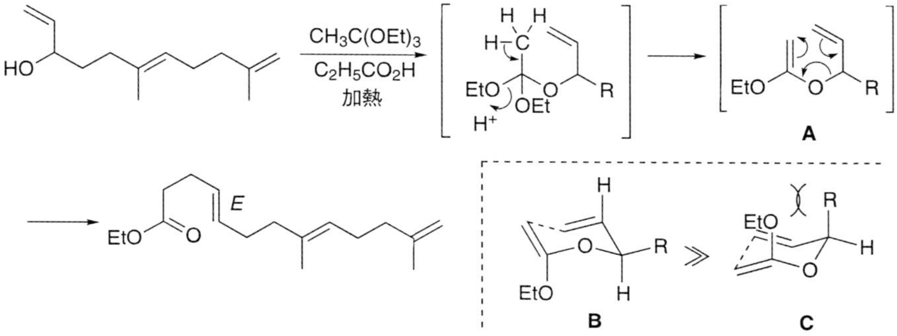

図 3.65

き，さらにエタノールが脱離してケテンアセタール A が発生する．これはまさにシグマトロピーにうってつけの構造である．生成物の γ, δ 不飽和エステルのオレフィン部は (E) 配置であるが，これはいす型の遷移状態で置換基がエクアトリアル位に張り出した B の方が，1,3-ジアキシアル相互作用のある C よりも有利であると考えれば納得できる．これは二置換オレフィンの合成例であるが，3.4 節で述べるように三置換オレフィンの合成にも有効である．

　こうした転位反応は自然界でも起きている．たとえば，セスキテルペン類であるゲルマクレン型化合物は，加熱条件でエレマン型化合物と相互変換するが，これは Cope 転位反応にほかならない（図 3.66）．こうした形式の反応を利用すると，通常は作りにくい中・大員環化合物を合成することができる．しかし，この例からもわかるように，Cope 転位は何らかの特別な要素がない限り，平衡反応となってしまうので，一工夫が必要である．

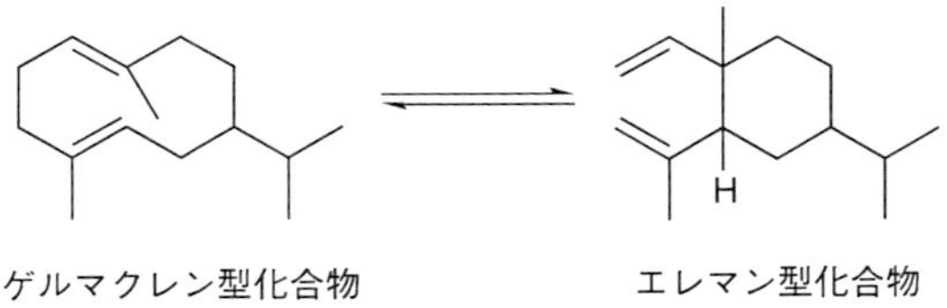

ゲルマクレン型化合物　　　　　エレマン型化合物
図 3.66

　いわゆるオキシ Cope 転位反応では一次生成物がエノールであり，これがただちに互変異性によりケトンとなるので，非可逆的となる（図 3.67）．この反応において，D. A. Evans は水酸基をカリウムアルコキシドに変換

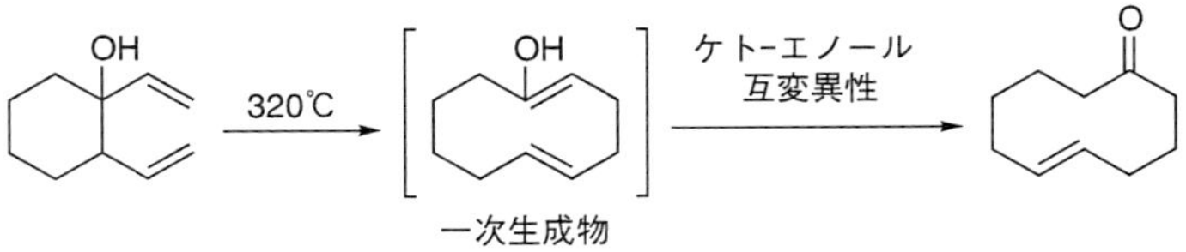

一次生成物
図 3.67

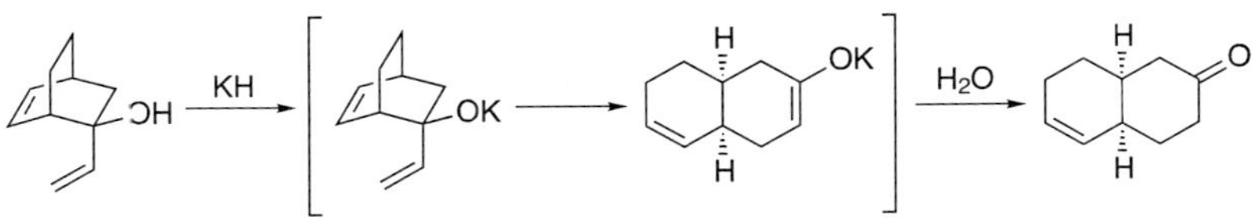

図 3.68

すると，実に 10^{12} 倍も反応が加速されることを発見した（図 3.68）.

（b）脱離反応の利用

オレフィンの合成には E2 反応のような脱離反応も有効であるが，基質分子の立体化学に注意する必要がある．一般に HX の脱離は，これらの原子（団）どうしがアンチペリプラナーな関係から起こるのが有利である．これによってオレフィンの生成位置や立体化学が決まってくるのである（図 3.69）.

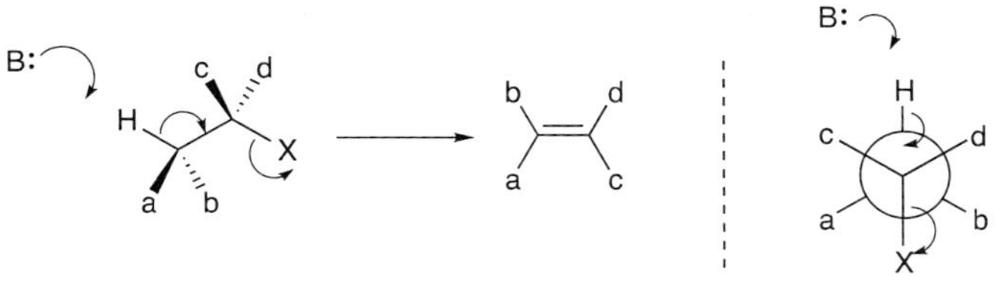

図 3.69

テルペン誘導体の脱離反応に関する有名な実験がある（図 3.70）．塩化物 A に塩基を作用させると HCl が脱離して，オレフィン C が得られる．一方，立体異性体 B を同様に反応させると，ずっと速やかに脱離が起こるが，得られるのは位置異性体 C と D との混合物である．これは，水素

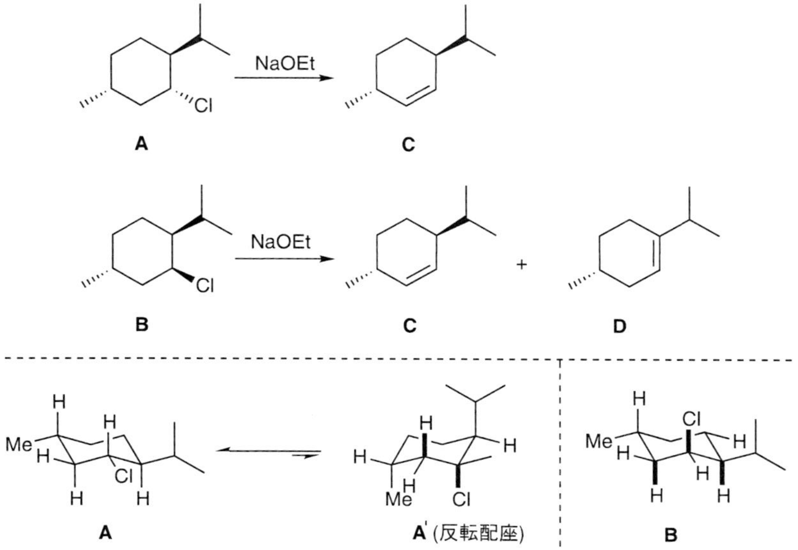

図 3.70

原子と塩素原子とがアンチペリプラナーな関係になった時に，はじめて脱離反応が起こることによる．すなわち，Aの安定配座においては上述の要件が満たされていないので，環が反転し不利な反転配座 A′ をとらなければ反応が起こらない．こうして，反応速度が遅いことも，単一の位置異性体を与えることも理解することができる．一方，異性体 B では安定配座がそのまま脱離反応を起こし得るが，脱離し得るプロトンが2種類あるため，位置異性体の混合物が生成することとなるのである．

このように反応に関わる原子(団)どうしがアンチペリプラナーな関係をとる必要があるのは，フラグメント化反応でも同様である(図 3.71)．

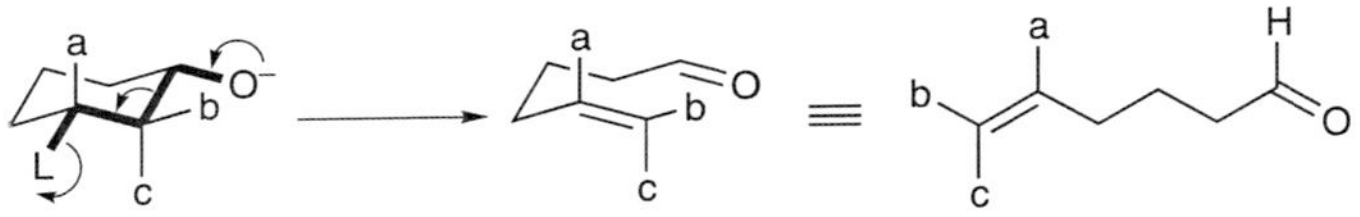

図 3.71

たとえば，Grob フラグメント化とよばれる反応(図 3.72)でも，2環式のデカリン骨格内での脱離基と切断される結合との空間的関係により，生成物の二重結合の生成位置および立体化学 (E/Z) が決まる様子を見てほしい(図 3.72)．

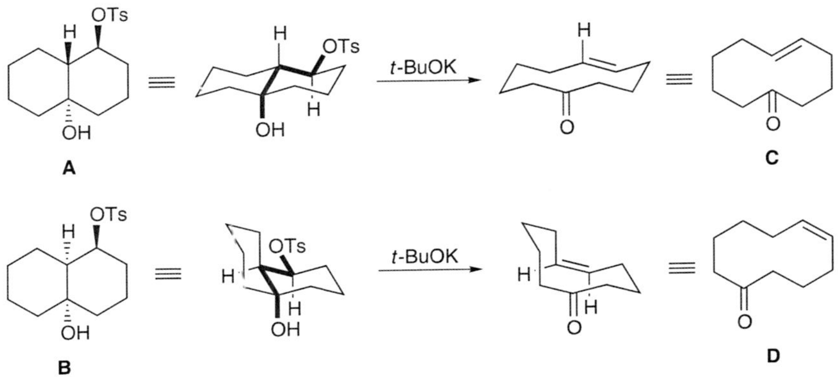

図 3.72

なお，アセタートの熱的脱離のように **syn** 脱離反応もある(図 3.73)．また，スルホキシドの脱離反応もオレフィン合成に有用であるが，実はこれは機構的にはペリ環状反応であり，脱離様式は *syn* 型である．Sと *syn*

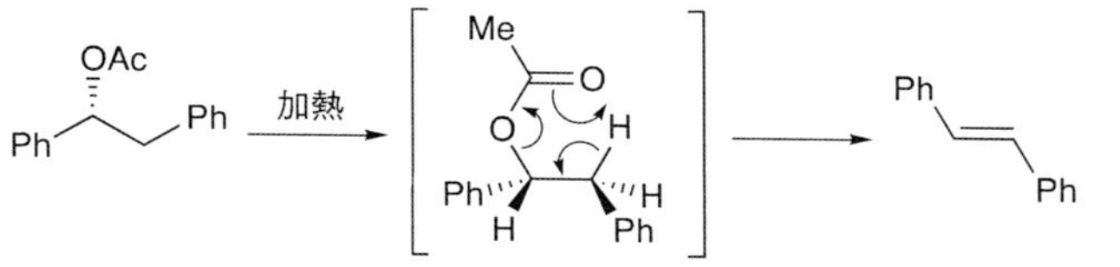

図 3.73

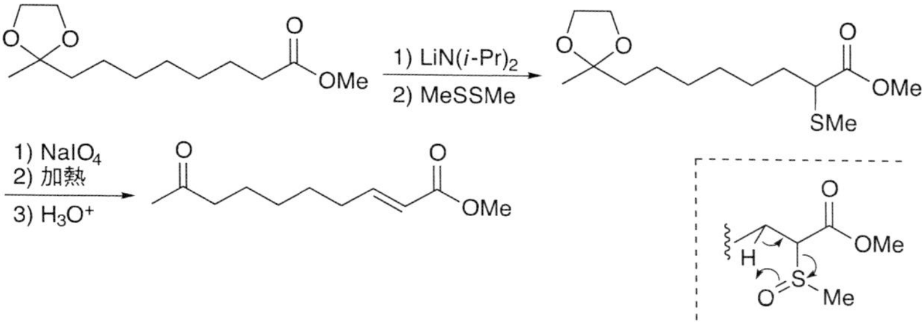

図 3.74

の関係にある水素が脱離する（図 3.74）．

　種々の出発物質からのオレフィン合成法として，Corey-Winter 反応というジオールの脱離反応を紹介する（図 3.75）．これはカルベン経由の反応であり，立体化学的にはやはり syn 脱離である．反応の駆動力はリン原子の硫黄に対する高度な親和性にあり，こうした硫黄を奪い去っていく反応剤を**親硫黄剤**（thiophile）とよぶ．

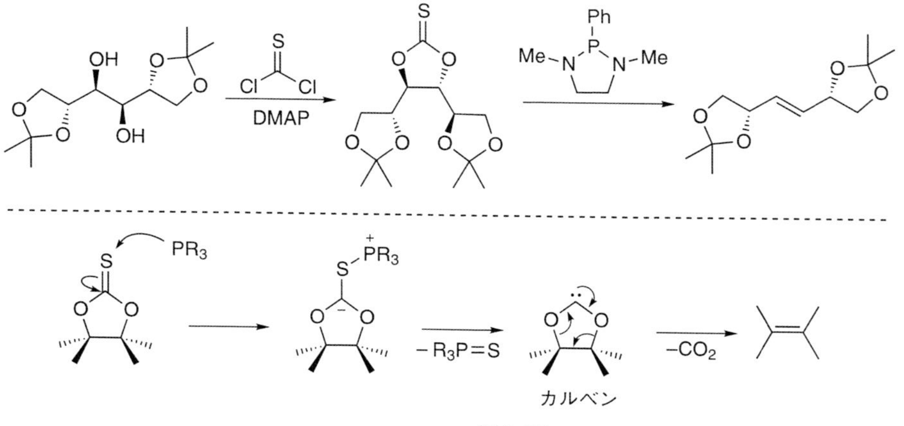

図 3.75

3.8 三置換オレフィンの立体選択的構築：かつての智恵のみせどころ

　標的化合物を何らかの制限下で合成しなければならないとしよう．不自由には違いないが，その一方でさまざまな工夫が生まれる．1960年代から70年代にかけて盛んに研究された**昆虫幼若ホルモン**（juvenile hormone，以下 JH と略記，図 3.76）の合成は，まさにそうした例であった．現在では，この JH の合成はさほど困難に見えないだろうが，かつて多くの合成研究が競われたのは，その当時，**三置換オレフィンの立体選択的構築**が容易でなかったためである．さまざまな工夫から，個性的で魅力ある合成法が数多く編み出された．

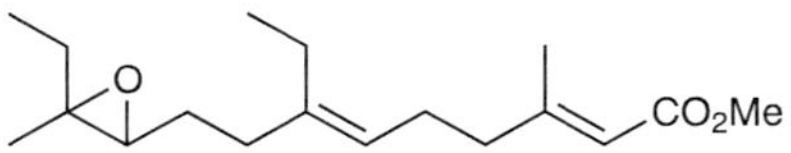

昆虫幼若ホルモン

図 3.76

(a) 脱離反応，フラグメント化反応の利用

　まず，先述の脱離反応の立体特異性を利用したアプローチを紹介する．適切な立体化学を備えた化合物を E2 脱離させると，新たに生じるオレフィンの配置が決まる．こうして sp^3 の立体化学が sp^2 の立体化学に反映されることとなるが，それには出発物質の隣接不斉中心の関係を定めておく必要があり，これはそう簡単ではない．

　J. W. Cornforth（1975年ノーベル化学賞）はこの問題に先鞭をつけた．Cornforth 則は Cram 則（5.1 節参照）の α-クロロケトン版である．カルボニル基とクロロ基との双極子反発を考慮し，求核剤の攻撃方向を予測す

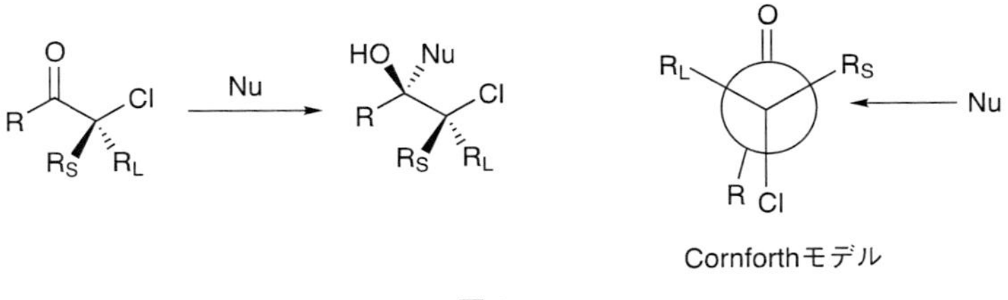

Cornforth モデル

図 3.77

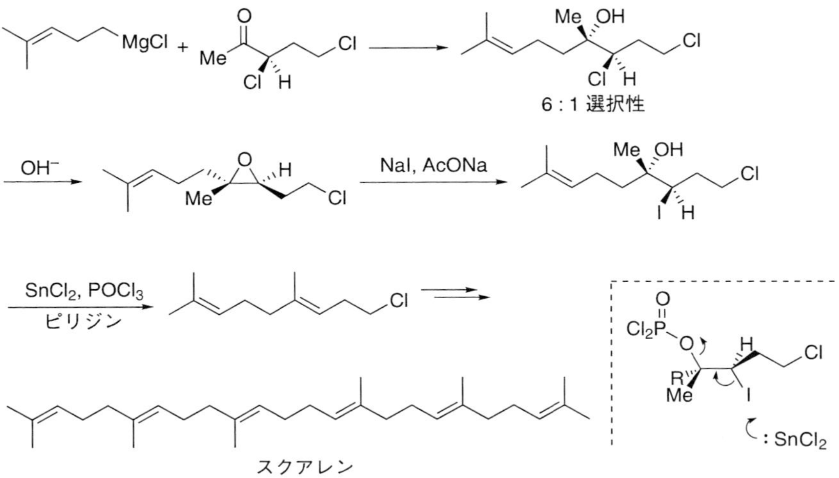

図 3.78

る(図 3.77).実際,図 3.78 のようにクロロヒドリンを立体選択的に合成し,これを塩基処理すると,トランスのエポキシドが主に得られる.これをヨウ化物イオンで開環し,二塩化スズで還元的に脱離させれば,目的の三置換オレフィンが得られる.これを用いてスクアレンの合成が行われた.

M. Julia の開発したシクロプロピルメチルアルコールの酸触媒開環反応も,森謙治や W. S. Johnson により図 3.79 に示すように,三置換オレフィンの立体選択的合成に利用された.この選択性を理解するには,シクロ

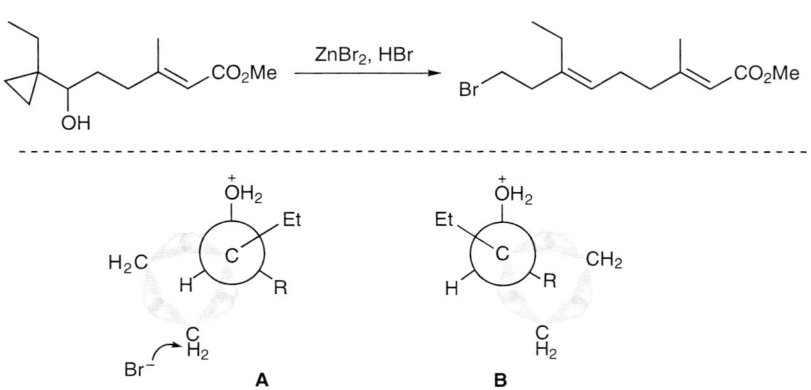

図 3.79

プロパンの開環の際の配座を考慮してみるとよい．すなわち，プロトン化により脱離能の高まった水酸基に対し，アンチの位置にシクロプロピル基の結合が来たときに，脱離反応が起こる．この時，2つの可能な配座 A, B のうち，立体障害の少ない A から望む三置換オレフィンが得られる．

立体制御に出発物質の環状構造を利用し，フラグメント化反応の下準備をした例もある（図 3.80）．J. A. Edwards らは Robinson 環形成反応を利用して 2 環構造 A を作り，これをもとに立体制御を行っている．すなわち，2 環構造の核間エチル基の立体障害を利用した立体選択的アルキル化反応（B→C），水素結合を活用した立体選択的エポキシ化反応（D→E）によって中間体 F を合成しておく．これを先述の Grob フラグメント化反応にかけると，環状構造の制約で，立体化学（E/Z）が定まった三置換オレフィン G が得られる．この時，図 J に示した太線部分が，生成物 G におけるオレフィンの 3 つの置換基となる様子を味わってほしい．もう 1 つの三

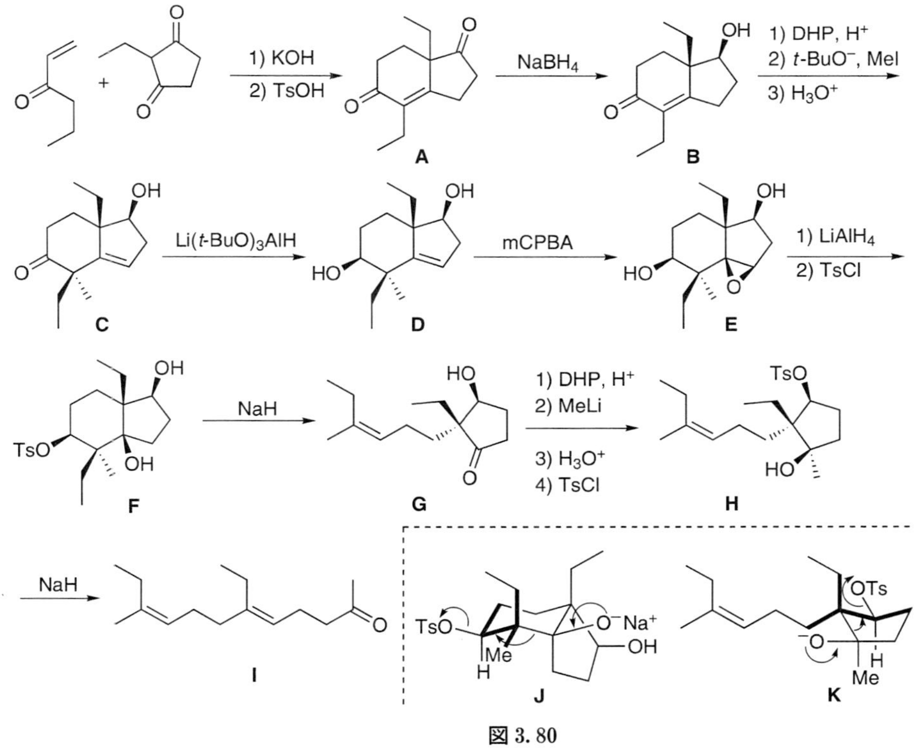

図 3.80

置換オレフィンの立体選択的構築に向けては、残りの5員環上で必要な立体化学を整え、反応基質Hを合成する。2度目のフラグメント化反応を行うとKのように選択的に三置換オレフィンIが合成でき、ここからJHを合成している。JHの構造と出発物質とだけを見せられたとして、両者の関連が想像できるだろうか？

(b) 環状テンプレートの利用

三置換オレフィンを環構造の枠内で作り、後で環を切断する方法もある。CoreyのJH合成の第1段階では、p-メトキシトルエンをBirch還元し（章末問題3.2）、得られるジエンをオゾン分解して三置換オレフィンを生成させている。2つのC=C結合のうち、電子豊富なエノールエーテルの側がオゾンと反応するため、切断される（図3.81）。

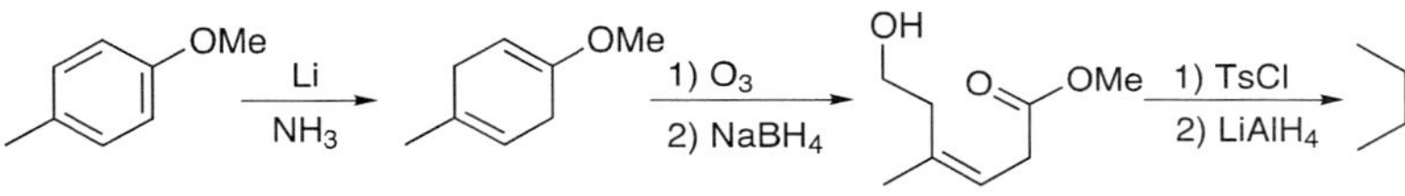

図 3.81

1970年代には有機硫黄化合物を用いた有機合成が盛んに研究された。なかでも含硫黄環を巧みに用いた近藤聖のJH合成法はおもしろい（図3.82）。すなわち、不飽和チオピランAをBuLiと反応させると硫黄のα位が脱プロトン化され、これに活性なアルキル化剤Bを作用させると、対応する置換生成物Cが高収率で得られる。同様にしてEを得た後、硫

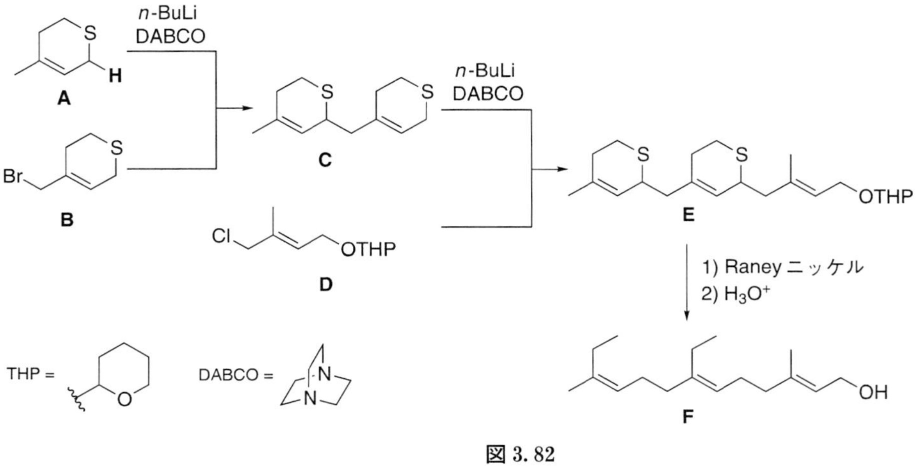

図 3.82

黄を Raney ニッケルで還元的に除去すると，F が単一生成物として得られる．

　先にオレフィン合成の切り札と述べた Wittig 反応でも，目標が三置換オレフィンとなると立体化学（E/Z）の制御は容易ではない．しかし，この場面で先述のオキシドイリド法を利用し，プロトン化の代わりにパラホルムアルデヒドと反応させると，選択的に（Z）アルコールが得られる（図 3.83）．

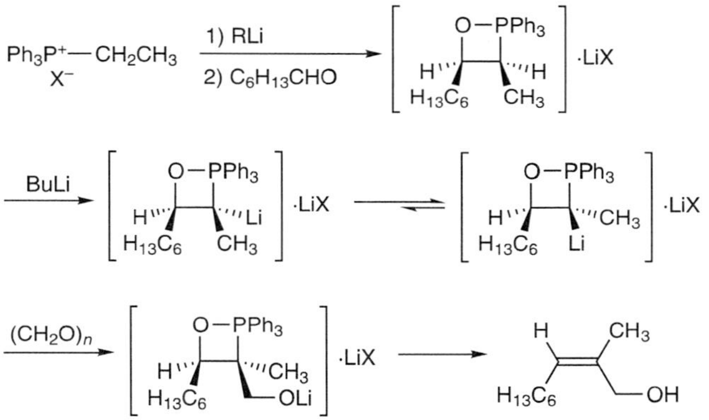

図 3.83

　Claisen 転位反応も利用できる．この [3,3] 転位（Johnson 転位）では，（E）体の三置換オレフィンを持つ生成物を立体選択的に合成することができるが，その起源は先述のいす型遷移構造にある（図 3.84）．

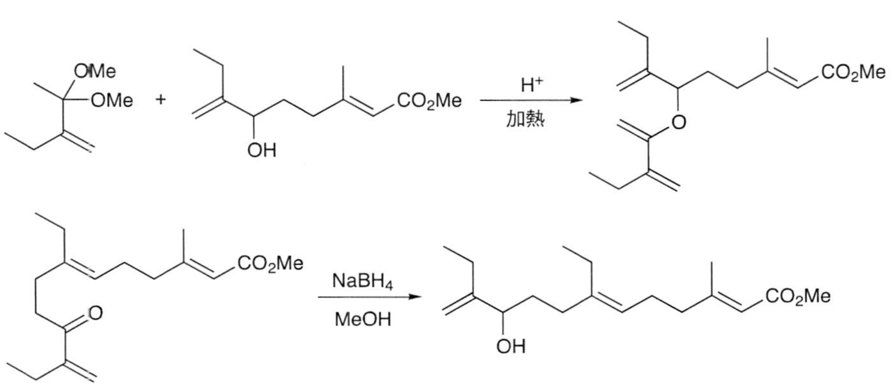

図 3.84

(c) クロスカップリング反応の芽生え

　　　　向山光昭，小林進は有機銅化合物の共役付加と脱離反応を利用する三置換オレフィンの合成法を報告した．β位にチオ基の置換したα,β不飽和エステルに対し有機銅化合物を作用させると，立体保持で置換反応が起きて三置換オレフィンが選択的に得られる．出発物質のβ-チオエステルは，β-ケトエステルに対するチオールの反応（A→B）やアセチレンエステルへのチオールの共役付加（C→D）を利用し，立体選択的に得ることができる（図 3.85）．

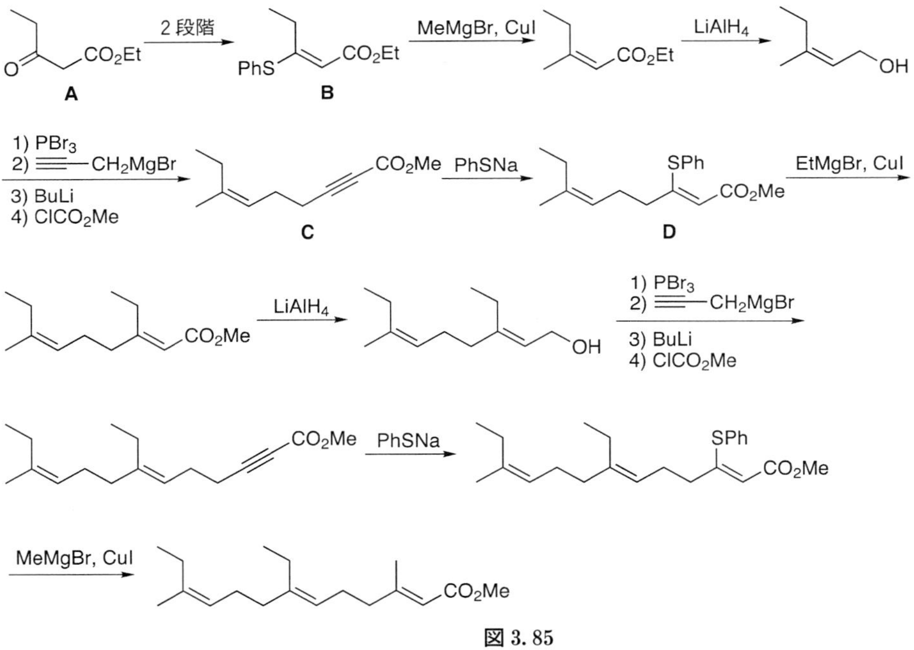

図 3.85

　　次は，再び Corey の合成の一幕である．第 1 段階は先に図 3.81 に紹介したが，ここでは第 2，第 3 のオレフィンの構築のための sp^2 炭素上の置換反応にふれる．すなわち，プロパルギルアルコールのヒドロアルミニウム化反応に続いて，ヨウ素化を行う．こうして，立体配置の定まったヨードオレフィンを合成し，これを Et_2CuLi と反応させて三置換オレフィンに導くのである．次節に述べるように，近年，**遷移金属触媒を用いたクロスカップリング反応**が著しく発展し sp^2 炭素上での結合形成の機会が増えているが，この例はその幕開けであった（図 3.86）．

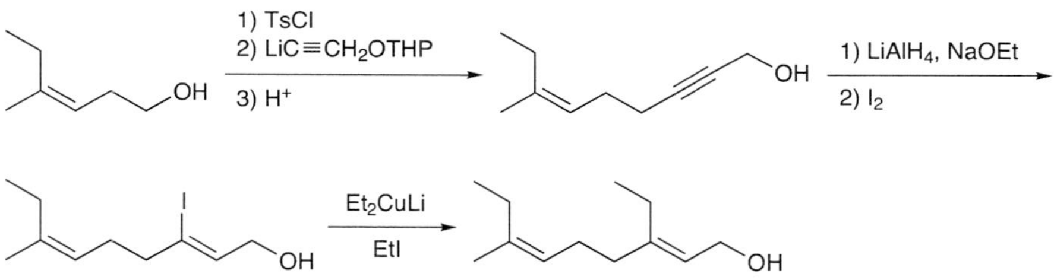

図 3.86

3.9 遷移金属からの贈りもの 1

　この四半世紀の間の有機合成の進歩は，その多くを**有機金属化学**の進歩に負っている．実際，**OMCOS**(**O**rganometallic **C**hemistry directed toward **O**rganic **S**ynthesis：有機合成指向有機金属化学)は，近年，最も急速な進歩を遂げた学問分野の1つである．典型金属に加え，さまざまな遷移金属を用いた反応の登場により，かつては想像もできなかったような，ユニークな分子変換が可能になってきた．

(a) クロスカップリング

　基礎有機化学の教科書では，ハロゲン化ビニルやハロゲン化アリールなどの sp^2 炭素上での直接的な置換反応は起こらないとされている．したがって，図 3.87 のように"化合物 A の合成を計画せよ"という問題に対し，この B と C との組み合わせは不正解である．すなわち，メチル Grignard 反応剤を作用させても反応しないし，反応条件を厳しくすると，むしろ塩基として働いて脱離反応が起こってしまうのがおちであろう．

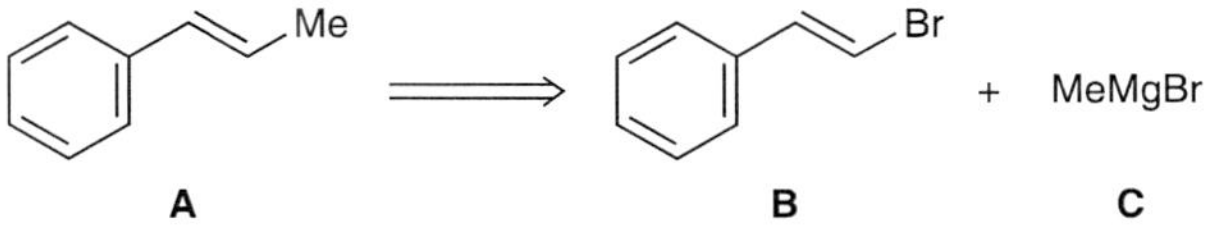

図 3.87

　しかし，前節の最後(図 3.86)にあったように，有機銅反応剤を用いると，こうした置換反応が可能となった．さらに，1970 年代に遷移金属触媒を利用した反応が数々登場し，この事情が一変した．1972 年，熊田誠と玉尾皓平，R. J. P. Corriu は独立に Grignard 反応剤とハロゲン化アルケニルとのニッケル触媒によるクロスカップリング反応を報告した．すな

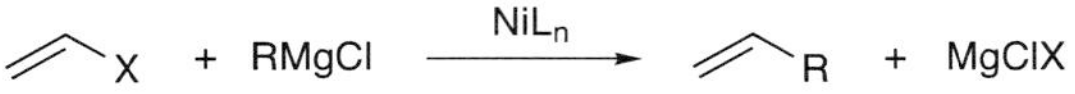

$$\text{CH}_2=\text{CHX} + \text{RMgCl} \xrightarrow{\text{NiL}_n} \text{CH}_2=\text{CHR} + \text{MgClX}$$

図 3.88

わち，上の問題の不正解が，ひとたび**遷移金属触媒**があれば正解となったのである(図 3.88).

また，J. K. Stille はパラジウム(Pd)触媒を用いた有機スズ化合物とハロゲン化アルケニルとのクロスカップリングを報告した(Stille 反応). その後も数多くの研究が行われ，適用範囲の広い方法が数々開発され，オレフィン合成が大きく変化を遂げた(図 3.89).

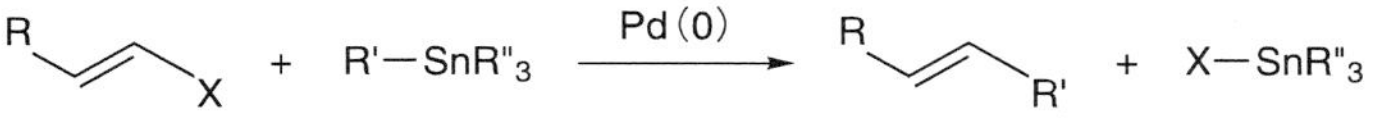

$$\text{RCH=CHX} + \text{R'}-\text{SnR''}_3 \xrightarrow{\text{Pd(0)}} \text{RCH=CHR'} + \text{X}-\text{SnR''}_3$$

図 3.89

これらの反応に共通する機構を示す. すなわち，ハロゲン化アルケニルにパラジウムが割り込む(酸化的付加反応). パラジウムの価数は 0 価から 2 価となっていることに注意したい(Grignard 反応を思い出してみるとよい). こうして生じたパラジウム錯体 A に他の有機金属反応剤から配位子が移動し，ハロゲンと置き換わって B となった後，C に異性化する. ここからパラジウム上の 2 つの配位子が結合して生成物 D となる(還元的脱離反応). パラジウムの側は 0 価に戻っているので，再び触媒サイクルに入っていく(図 3.90).

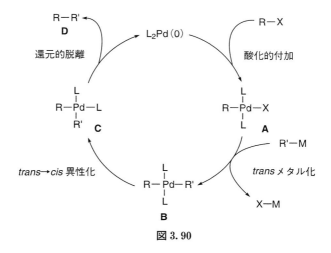

図 3.90

このようにパラジウム触媒の有無により，反応の様相が全く変わってしまう．その反応効率は触媒や有機金属反応剤の種類等により大きく異なるものの，こうした反応様式はオレフィン類の合成に革新的変化をもたらした．すなわち，前述(3.3節参照)のようにさまざまな方法で立体化学(E/Z)の定まったハロゲン化アルケニルを用意し，そのC−X結合の位置に自由に求核剤(R')を導入することができるようになったのである(図3.91).

$$R\diagup\diagdown X + R'M \xrightarrow{\text{遷移金属触媒}} R\diagup\diagdown R'$$

図3.91

アルケニル金属をこうした反応に組み込むと，オレフィンのsp^2炭素同士の結合によりジエン，より一般的にはポリエン構造を簡潔に構築できるようになった．たとえば，アセチレンのヒドロメタル化反応(3.3節参照)で得られるアルケニル金属は総じてこの目的に用いることができる(図3.92).

図3.92

鈴木章，宮浦憲夫による有機ホウ素化合物のクロスカップリング法は，Suzuki-Miyaura反応として多用されており，たとえばボンビコールの合成を簡単に行うことができる(図3.93).

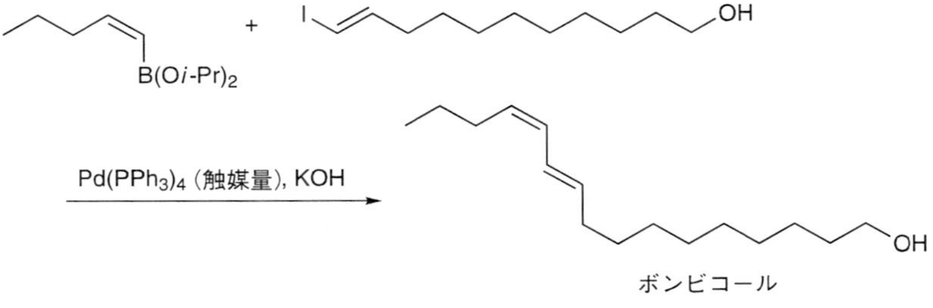

図3.93

しかし，この反応のハイライトは何といっても岸義人によるパリトキシンの全合成であろう．この巨大分子の構築では，大きなフラグメントどうしをいかに結合させるかが課題であったが，この反応は見事にそれを解決した．その要点は，(1)水が存在してもよい，(2)さまざまな官能基があっ

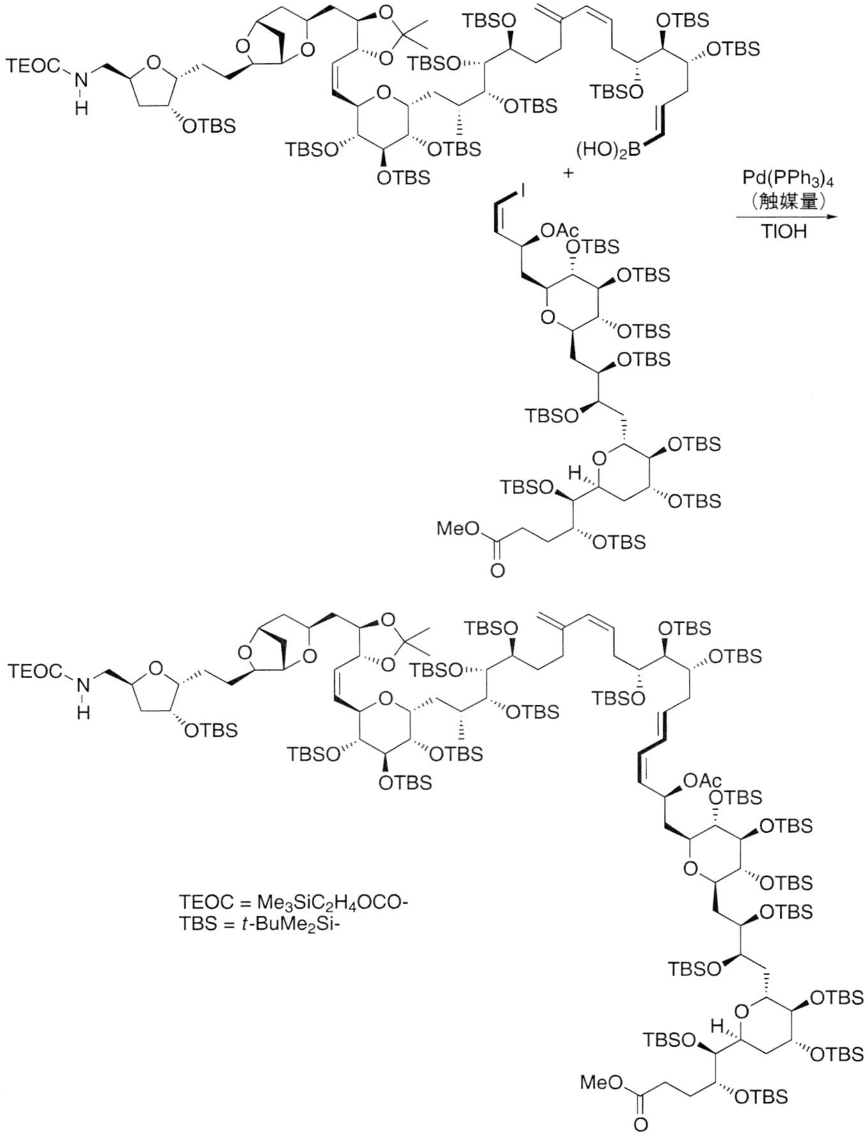

TEOC = Me₃SiC₂H₄OCO-
TBS = *t*-BuMe₂Si-

図 3.94

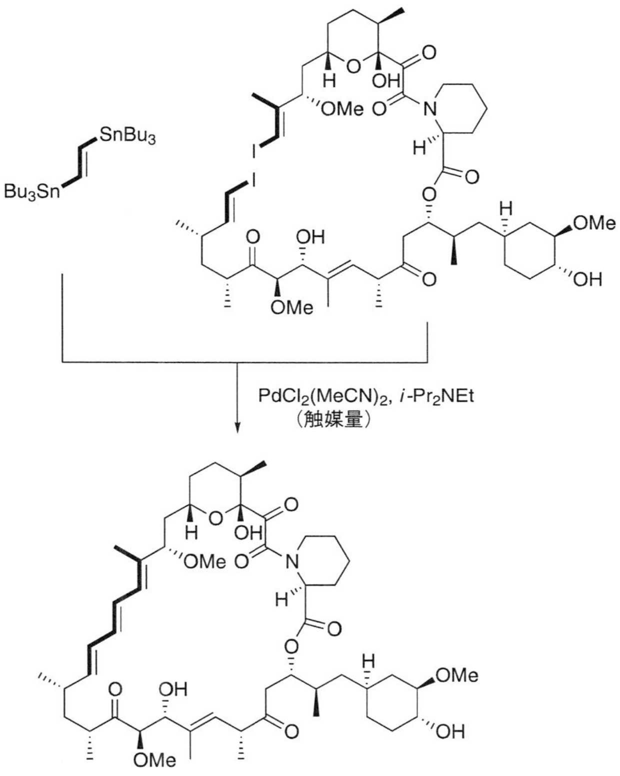

図 3.95

ても進行する，等の特徴にある（図3.94）．

これ以外に，**Stille 反応**（図3.89）も天然物合成に多用されている．図3.95 は，K. C. Nicolaou の免疫抑制物質ラパマイシンの合成におけるおもしろい利用例である．すなわち，（E）体のジビニルスズ化合物を用いてワンポットで2度の Stille 反応を活用して29員環を構築している．また，図3.96 は S. D. Burke によるインダノマイシンの合成の最終段階であるが，多官能性の化合物に対して Stille 反応が有効に働いている．

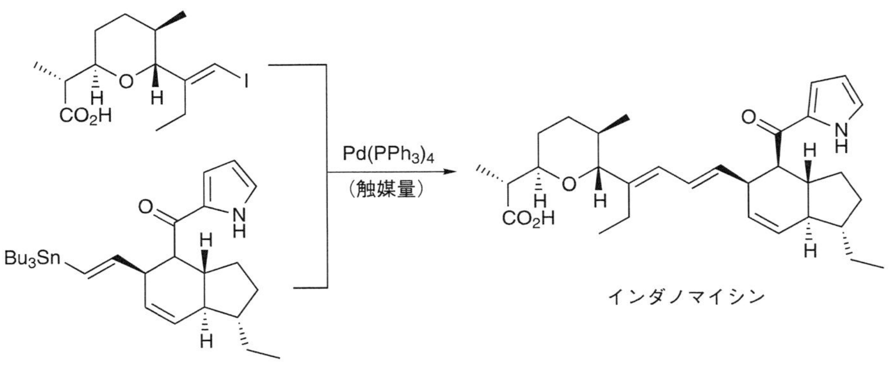

図 3.96

このクロスカップリング反応の進歩に対し，根岸英一の貢献は見逃せない．ヒドロアルミニウム化反応(3.3節参照)で発生するアルケニルアルミニウムを直接このようなクロスカップリングに利用できることを最初に報告した(図3.97)．図3.98は，アセチレンのヒドロアルミニウム化反応で生じたアルケニルアルミニウムをそのままヨウ化アルケニルと反応させ，1,3-ジエンを合成した例である．ヨウ化アルケニルの(E)体，(Z)体の反応例を示した．

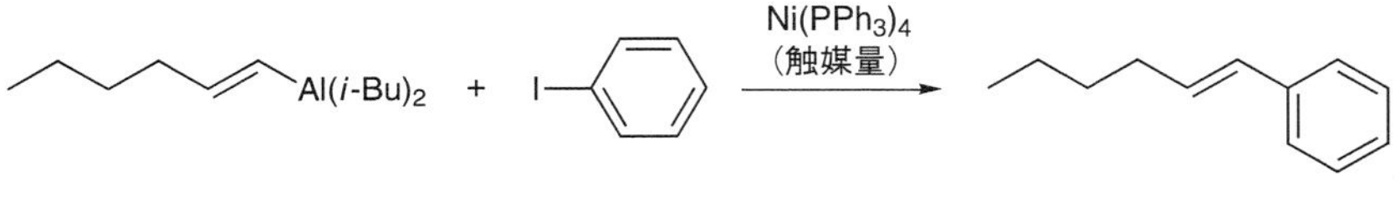

図 3.97

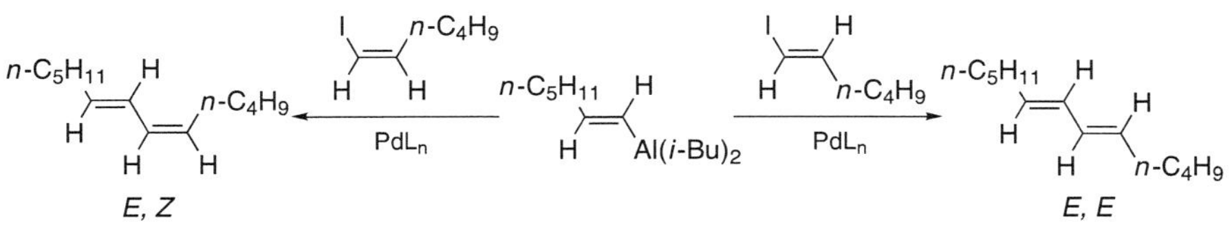

図 3.98

(b) ヒドロメタル化からカルボメタル化へ

クロスカップリング反応の進展による遷移金属からの恩恵について述べたが，これに加えてアセチレンのカルボメタル化反応も大きく進歩した．カルボメタル化反応とは聞き慣れない言葉だろうが，これは先述のヒドロ

メタル化反応に対応し，水素と金属ではなく，炭素(有機基)と金属とが多重結合に付加する反応形式を指す．こうした反応は，これまであまり注目されてこなかったが，うまくすればC–C結合を作りつつ，さらに結合形成に使えるビニル金属種が発生するので利用価値が高い(図3.99)．

2つの有用な反応例を挙げる．1つはJ.-F. Normantによる，アセチレンに対する有機銅化合物の付加反応である(図3.100)．これは，その後種々のカルボメタル化反応の原型となった．

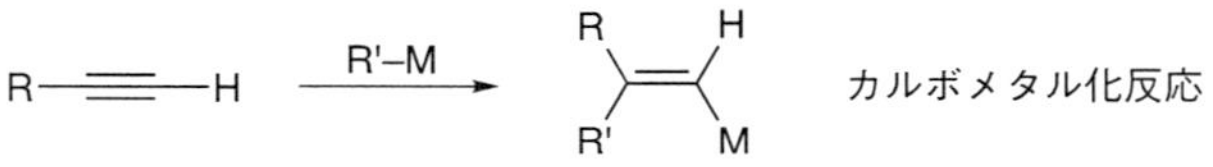

図 3.99

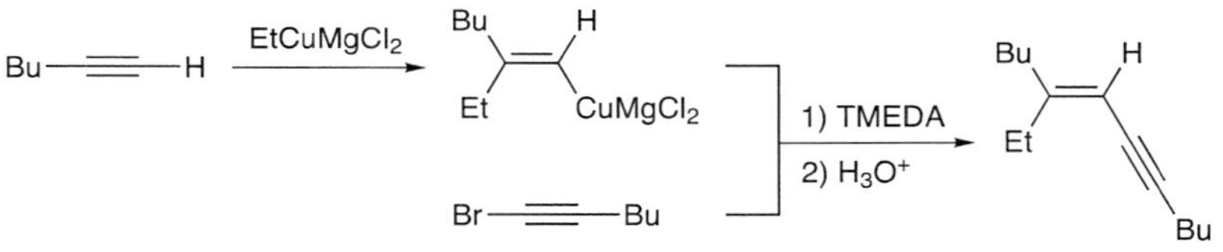

図 3.100

合成的に重要なカルボメタル化反応のもう1例は，根岸英一によるアセチレンのメチルアルミニウム化反応(Negishi反応)である(図3.101)．二塩化ジルコノセンの存在下でMe$_3$Alを作用させるというこの反応は，事実上，メチル化反応に限られるものの，天然物合成に数多く利用されている．

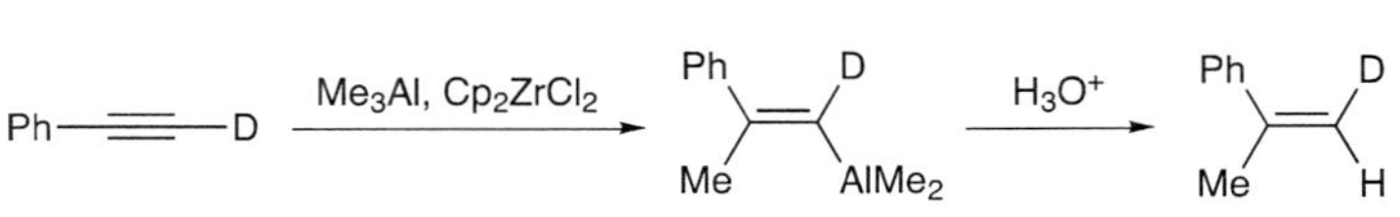

図 3.101

(c) アセチレン類のカップリング

最後に，もう1度クロスカップリング反応に戻る．1975年に薗頭健吉によって報告された**Sonogashira反応**は特筆される(図3.102)．Pd(0)とCu(I)の組み合わせを触媒として用い，アセチレンとハロゲン化アルケニルとを反応させることにより，sp^{2}炭素とsp炭素とを効率的に結合させることを可能にした．

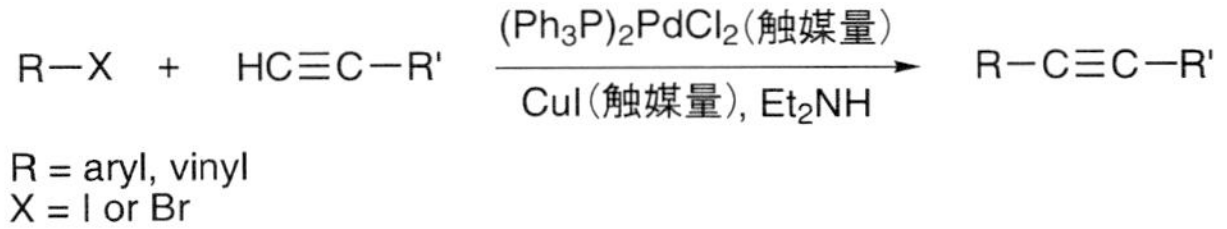

$$R-X \; + \; HC\equiv C-R' \xrightarrow[\text{CuI(触媒量), Et}_2\text{NH}]{(Ph_3P)_2PdCl_2\text{(触媒量)}} R-C\equiv C-R'$$

R = aryl, vinyl
X = I or Br

図 3.102

この反応もまた合成法の刷新をもたらし，ロイコトリエン類のような化合物の合成を大きく前進させた（図 3.103）．

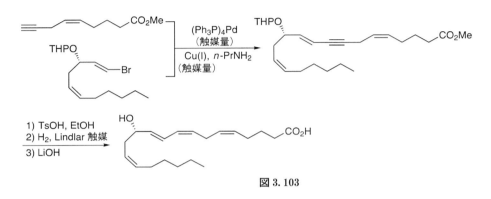

図 3.103

章末問題

3.1 アセチレン（HC≡CH）を出発物質として，下記のフェロモンの合成を計画しなさい．

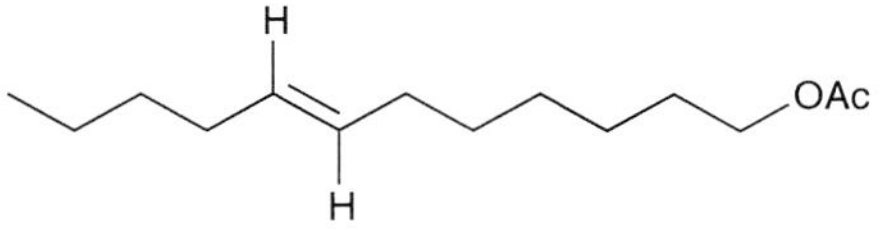

コドリンガのフェロモン

3.2 図 3.81 で述べた Birch 還元は，ジヒドロベンゼン誘導体を得るためのよい手法である．この反応では下に示すように，置換基によってその二重結合の位置の異なる生成物が得られる．その理由について考察せよ．

3.3 以下のアリルシランの反応について，位置選択性に注意しながら，説明しなさい．

3.4 上述の問題と関連し，アリルシランの位置，立体選択性について説明しなさい．

3.5 本文中に述べたように，Claisen 転位反応では，アリルビニルエーテル構造のうち，ビニルエーテル部分をどのようにうまく発生させるかが重要であり，ビニルエーテルの交換反応やオルトエステルの交換反応による系内発生法が工夫されてきた．この問題に対し R. M. Ireland は

シリルエノラートを巧みに利用した．ここで中間体 A および B は何であろうか（図示せよ，ただし平面図でよい）．

3.6 周期表でイオウのすぐ下に位置するセレンは，イオウと同様な反応性を示すことが多い．先述のスルホキシドの 1,2-脱離反応もそうした例の 1 つであり，セレノキシドは一般に加熱することなくオレフィンを与える．これをもとに以下の問いに答えなさい．2 環式ラクトンからエノラートを発生させ，メチル化反応，フェニルセレノ化ならびに酸化後のセレノキシドの脱離反応により α-メチレンラクトンを合成する際には，順番が大事である．すなわち，セレノ化，メチル化，酸化の順番を踏むと単一生成物が得られるのに，これをメチル化，セレノ化の後に酸化すると，位置異性体の混合物が得られる．この事実について説明しなさい．

炭素環モチーフ

　環状構造は，天然有機化合物の多様性の起源の1つである．自然が産生する有機化合物には，最も小さな3員環から，ムスコンの15員環などさまざまな大きさの環状構造が存在し，中にはほとんど存在理由がわからないほど巨大な環構造も見受けられる．また，こうした種々の大きさの環が複数個組み合わさることにより，実に多様な構造が出現する．ここでは炭素環を中心として，多くの環の組み合わせにより構成される，多様で複雑な構造をどのように作るかについて，考え方の基本から最近の進歩までを概説する．

4.1　さまざまな環状化合物
　環の組み合わせ構造を理解するため，その最小単位である2環系を取り上げ，その3種類の接合様式である，架橋構造，縮環構造，スピロ構造について学ぶ．

4.2　環を作ろう：閉環反応と環形成反応
　環構造を構築するための2つの基本的なアプローチ（閉環反応と環形成反応）について，いくつかの話題を紹介する．また，閉環反応の有利不利をまとめた経験則である Baldwin 則を，立体電子効果の観点から解説する．さらに，6員環構築の切り札である Diels-Alder 反応と，その幅広い応用展開についても学ぶ．

4.3　2環式化合物を作ろう
　2環式化合物の逆合成の例として，デカリンに着目し，1カ所での結合切断，2カ所での結合切断を形式的に行ってみて，そこから得られるヒントが，どのような合成のアイデアに結びつくかを学ぶ．

4.4　ステロイドの合成
　ステロイド類の4環式構造を構築しようとするための努力の中で，さまざまな有機合成法の進展が促された．Robinson 環融着反応や Diels-Alder 反応を駆使して達成された，Woodward によるコルチゾンの合成についてふれる．

4.5 分子内付加環化反応

分子内 Diels-Alder 反応をはじめとして，反応基質を適切に設計し，分子内で環をうまく形成させる方法について解説する．環状構造を持つ目標分子の構築において，反応性や立体制御などに特別な問題がある時に，こうしたやり方はその解決をもたらす時かもしれない．

4.6 連続結合形成による多環式化合物の合成

多環式化合物の構築においては，1回の反応が複数の結合形成につながるように反応設計するとよい．本節では，生合成にヒントを得たポリオレフィン多重環形成によるステロイドの合成をはじめ，カチオン種，ラジカル種，有機金属種を鍵化学とする多環式化合物の合成について述べる．

4.7 環拡大アプローチ

7員環，8員環などのように，合成しにくい大きさの環を，手に入りやすい員数の環から作る環拡大アプローチについて概説する．

4.8 架橋化合物

ロンギホレンを例として，架橋構造を含む複雑な化合物の逆合成解析を行うための指針について学ぶ．

4.9 遷移金属からの贈りもの 2

最近の遷移金属触媒反応の進歩の恩恵は，環状化合物の合成にも及んでいる．本節では，アセチレンの3量化反応を利用したステロイドの合成，Mizorogi-Heck 反応にもとづく多重閉環反応，ピナコール閉環反応をはじめとする還元的な環形成反応を用いたグラヤノトキシンの合成，オレフィンメタセシス反応の発展と，それにもとづくシガトキシンの合成を解説する．

4.1 さまざまな環状化合物

環状構造(cyclic structures)は，天然有機化合物の多様性の起源の1つである．菊酸の3員環をはじめ，グランジソールの4員環，プロスタグランジンの5員環やメントールの6員環から，フムレンの11員環やムスコンの15員環へと続き，さらに大きな環も見受けられる(図 4.1)．

こうした環状構造が複数組み合わさると，多様性はさらに増大する(図 4.2)．たとえば **2環系**(bicyclic system)を取り上げてみても，ワールブルガナールのような2つの6員環，コンフェルチンの5員環と7員環，カリオフィレンの4員環と9員環と，組み合わせは限りない．しかも構成元素を炭素に限らなければ，ますます場合の数は多くなる．

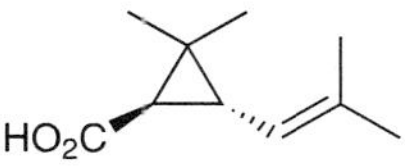

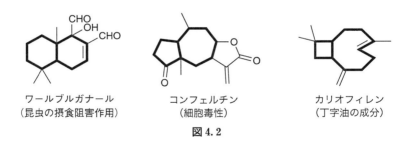

図 4.1 （上段：菊酸 [3員環]（除虫菊の成分）／グランジソール [4員環]（フェロモン）／PGE$_2$ [5員環]（胃酸分泌抑制作用）（血小板凝縮作用）／下段：メントール [6員環]（ペパーミントの香り）／フムレン [11員環]（ホップ油の成分）／ムスコン [15員環]（ジャコウ鹿の性フェロモン）（ムスク香料の香り））

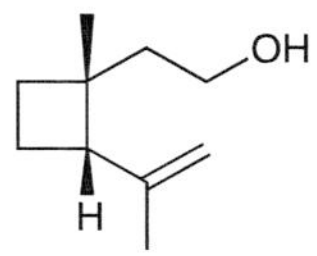

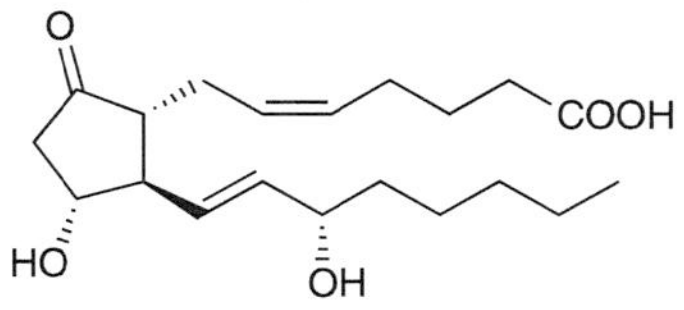

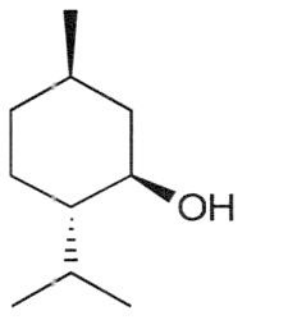

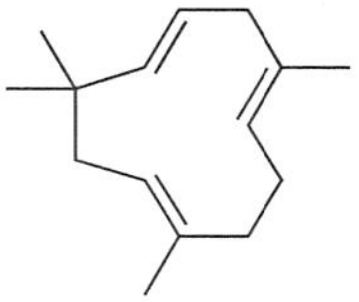

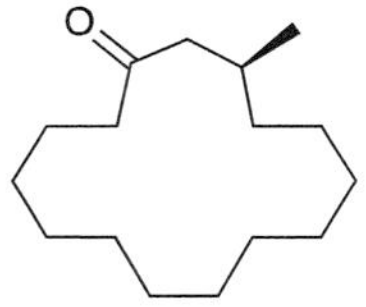

図 4.2 （ワールブルガナール（昆虫の摂食阻害作用）／コンフェルチン（細胞毒性）／カリオフィレン（丁字油の成分））

2 環系は環の組み合わせの最小単位であるが，それには表 4.1 に示す 3 種類のものがある．まず，**架橋化合物**（bridged compound）とよばれるのは，1 つの環に対して第 2 の環が"橋を架けて"いる構造のものである．その一例としてショウノウを示した．一方，**縮環化合物**（fused compound）とは，2 つの環が 2 つの隣接した原子を共有している構造である．具体例として示したバレランに加え，先に図 4.2 に示した化合物はいずれもこの類であった．これに加えて，**スピロ化合物**（spiro compound）とよばれる，2 つの環が同一の炭素原子を共有しているものがある．その一例として β-ベチボンを示した．

これらの構造の系統的命名は，次のようにする．まず，架橋化合物では，

表 4.1

	架橋化合物	縮環化合物	スピロ化合物
一般形	ビシクロ[x.y.z]系 ($x \geq y \geq z$)	ビシクロ[x.y.0]系 ($x \geq y$)	スピロ[x.y]系 ($y \geq x$)
例	ショウノウ ビシクロ[2.2.1]系	バレラン ビシクロ[4.4.0]系	β-ベチボン スピロ[4.5]系

2環系を構成する3本の鎖 $[-(CH_2)_x-, -(CH_2)_y-, -(CH_2)_z-]$ を見つけ出し，その構成炭素原子数を数え，ビシクロ $[x.y.z]$ 系 ($x \geq y \geq z$) と命名する．なお，ビシクロ (bicyclo) とは2つの環があるという意味である．縮環化合物の命名法も同様であるが，この場合には3本鎖のうち1本の構成炭素原子数がゼロなので，ビシクロ $[x.y.0]$ ($x \geq y$) となる．一方，スピロ化合物は2本の鎖によって構成されているので，スピロ $[x.y]$ 系 ($y \geq x$) と命名する．それぞれの具体例について，その命名法を確認してみてほしい．

もっと多くの環を含む構造もある (図4.3)．コリオリンのように3つの5員環が連なったもの，さらにステロイド類のように4つ，あるいはそれ以上の環から成るものもある．さらに上述の架橋系やスピロ系なども入れると，タキソールやロンギホレン，ジベレリンなどの複雑な3次元構造を持つ多環式化合物も出てくる．

当然，こうした環状構造をいかに構築するかは，天然物合成における古くからの課題であった．ここでは，単環式構造および多環式構造を構築する基本を学ぶことにしよう．

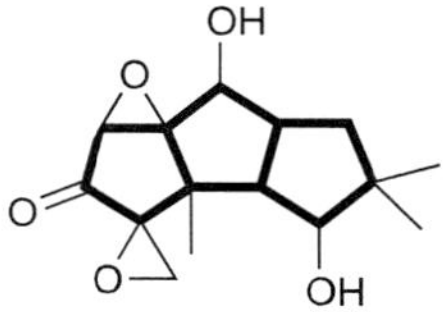

コリオリン
（抗腫瘍性）

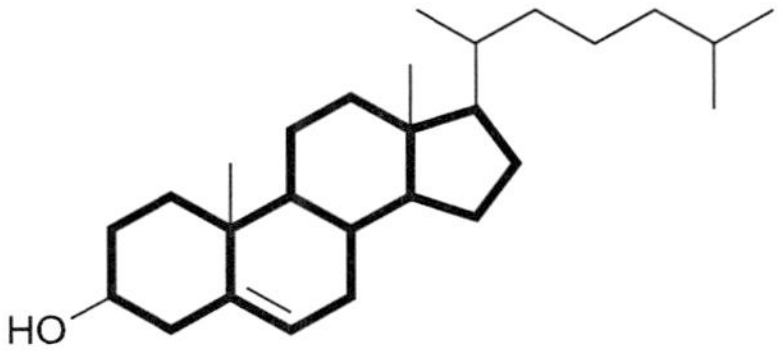

コレステロール
（細胞膜構成成分）

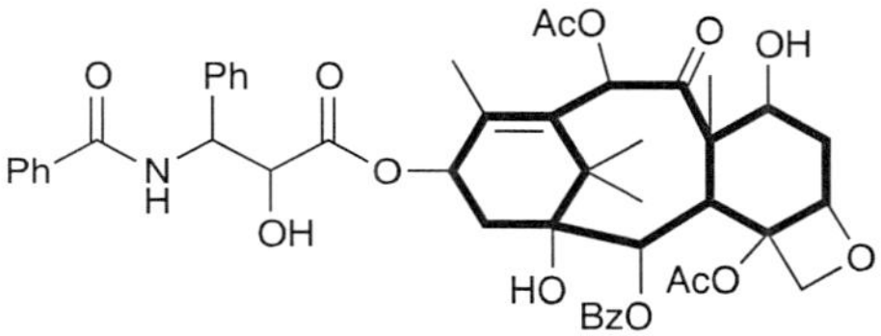

タキソール
（抗腫瘍性）

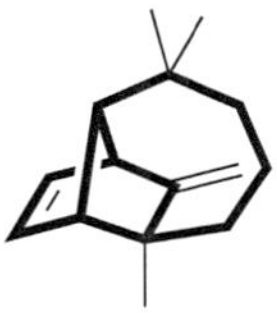

ロンギホレン

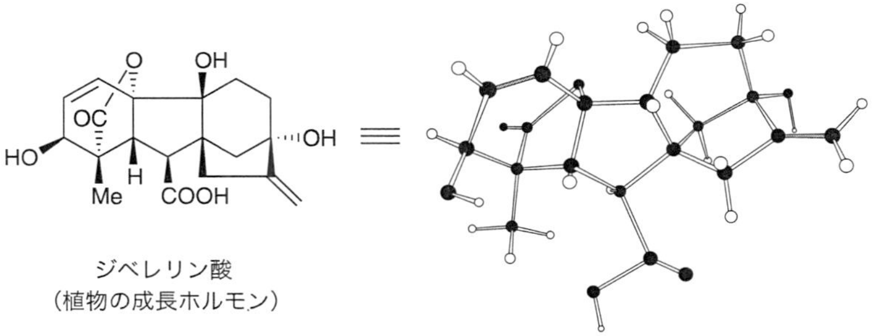

ジベレリン酸
（植物の成長ホルモン）

図 4.3

4.2　環を作ろう：閉環反応と環形成反応

　環の形成法には，大別して2種類ある（図4.4）．まず経路aの**閉環反応**（cyclization）は，炭素鎖の両端を結び合わせるものである．一方，これに対してDiels-Alder反応のように，2つの別々の炭素鎖を継ぎ合わせる経路bは，**環形成反応**（annulationまたはannelation）とよばれる．後者には，2つの結合の形成が同時に起こる場合と，Robinson環形成反応のように別々の段階で起こる場合とがある．

112　4　炭素環モチーフ

経路 a　閉環反応（cyclization）

経路 b　環形成反応
　　　　（annelation, annulation）

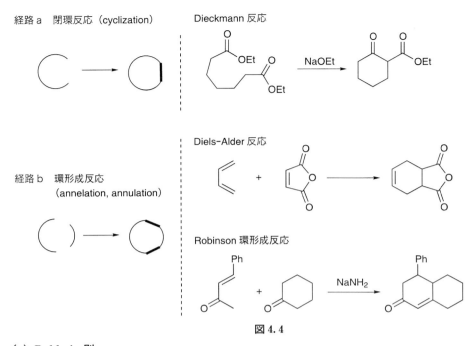

図 4.4

(a) Baldwin 則

　さて，ここで閉環反応に関して **Baldwin** 則を紹介する．いま，図 4.5 のように "化合物 A の合成を考えよ" という問題があり，それに対して "化合物 B から合成します" と答えたとしよう．図 4.5 の右式のように，分子間でアミンが不飽和エステルに共役付加する事実を見れば，迷わず "正解！" と思えるだろうが，実際にはこの反応（図 4.6，経路 b）は起こらず，その代わりに経路 a からラクタム C が生成してしまうことになる．両経路ともに電子の流れは自然なのに，なぜだろう．

　ここで Baldwin 則の出番である．表 4.2 にびっしりと暗号のように書

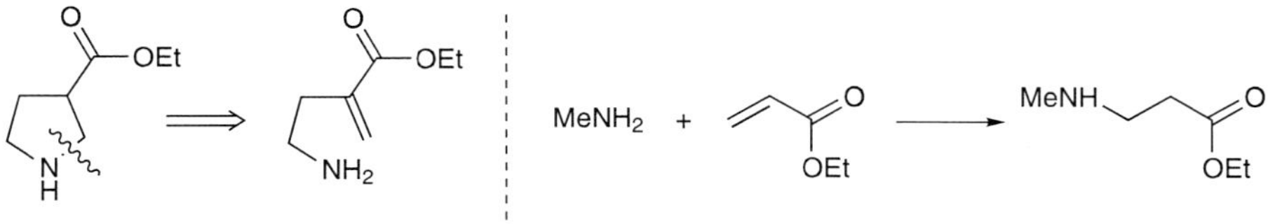

図 4.5

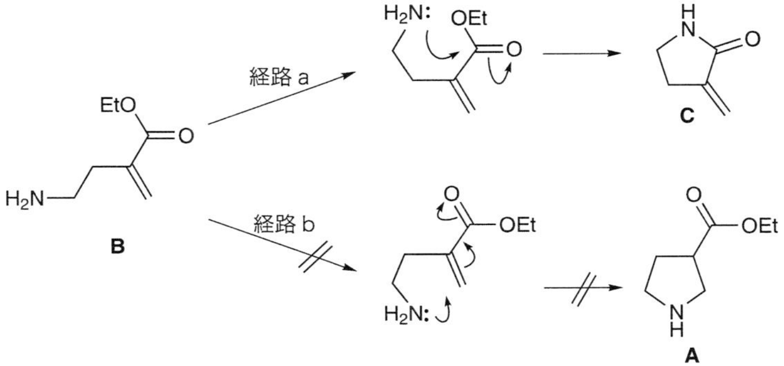

図 4.6

いてある○や×は，さまざまな閉環反応が起こりやすいかどうかを示している．しかし，そういわれても何のことだかわからないので，上述の2つの閉環経路を例として説明しよう．

表 4.2

中心炭素原子の混成状態	環化様式	環の大きさ				
		3	4	5	6	7
tetrahedral sp^3	exo	○	○	○	○	○
	endo	(×)	(×)	×	×	(×)
trigonal sp^2	exo	○	○	**○**	○	○
	endo	×	×	**×**	○	○
digonal sp	exo	×	×	○	○	○
	endo	○	○	○	○	○

図 4.7 は，上述の2つの経路 a, b の本質部分だけを抜き出したものである．●印で示したのは，カチオン，アニオン，ラジカルなどの反応活性種だと思ってほしい．上側の反応は，活性種（この場合は窒素の非共有電子対）が内側から C=C 結合を攻撃して π 電子を外に追いやるような形式なので，***exo* 型閉環**とよぶ．一方，下側の反応はこの攻撃が C=C 結合を環内に追い込む形なので ***endo* 型閉環**とよぶ．数字の5は5員環ができること，また，*trig* は攻撃される側の炭素の混成状態が sp^2 であることを示す（ちなみに sp^3 や sp 混成では，*tet*, *dig* となる）．すなわち，表 4.2 の中で経路 a は 5-*exo-trig* 環化（太線○印），経路 b は 5-*endo-trig* 環化（太線

×印)となる．表 4.2 の見方がわかってもらえただろうか．

　しかし，化合物 A はいったんできてしまえば決して不安定であるという訳ではない．すなわち，この有利不利は熱力学的な問題ではなく，経路 b の反応の進行自体に不都合があるのである．何が問題なのだろうか．

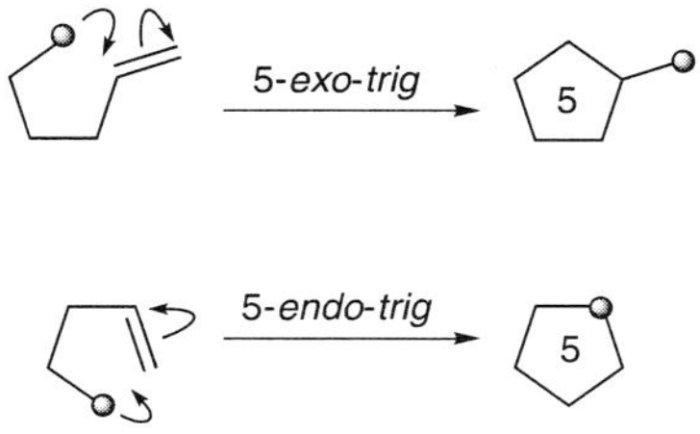

図 4.7

　その原因は，軌道の重なり具合にある（図 4.8）．sp^2 炭素への求核攻撃では，D のように二重結合の斜め上方に広がった π^* 軌道の方向から求核剤が接近する必要がある．しかし，閉環反応で 5 員環が生成するときには構成 5 原子がほぼ同一平面内に束縛されているので，上述の要件が満足されるかどうか，微妙である．分子模型を組んでみるとわかるが，実は 5-*exo* 型閉環は問題ないが，5-*endo* 型閉環ではそれが困難である．すなわち，経路 b においては，窒素の非共有電子対が π^* 軌道の横方向からしか接近できないため，結合生成に至る軌道の重なりがうまく起こらないのである．閉環反応を行う時には，この問題に遭遇するかもしれないので，この規則のことを思い浮かべてほしい．

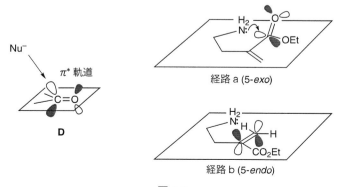

図 4.8

(b) Diels-Alder 反応

次に環形成反応の代表例として，Diels-Alder 反応を簡単に紹介する．この反応は，1928 年に O. Diels と K. Alder（2 人共に 1950 年ノーベル化学賞）により発見された．一挙に 2 つの結合を作り，6 員環を形成する強力な合成反応であり，以下の 4 つの特徴がある．

(1) 電子的要請

反応の本質はエチレンとブタジエンとからシクロヘキセンが生成する過程であるが，この反応自体は実際にはそう簡単でなく，高圧で長時間の加熱が必要である（図 4.9）．ところが，エチレンの側にホルミル基のような電子求引基を導入すると，簡単に反応するようになる．一般的には親ジエン体に電子求引基を，ジエンの側に電子供与基を導入すると，反応が速くなる．これを**電子的要請**（electronic demand）とよび，福井謙一（1981 年ノーベル化学賞）のフロンティア軌道論により，それぞれ LUMO の低下，HOMO の上昇という形で説明される．

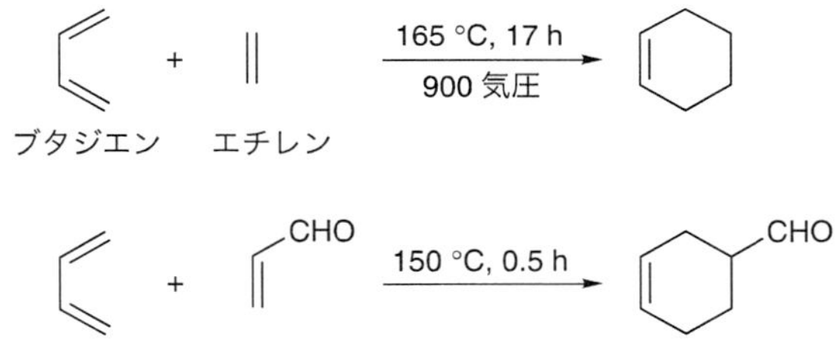

図 4.9

(2) cis 付加

フランとマレイン酸イミドとの Diels-Alder 反応を見てみよう（図 4.10）．太線で示した 2 本の新たに生成した C−C 結合は，それぞれの反応基質の分子面の同じ側にあることに注意してほしい．これを *cis* 付加とよび，あたかも数学の公理のように常に守られる．

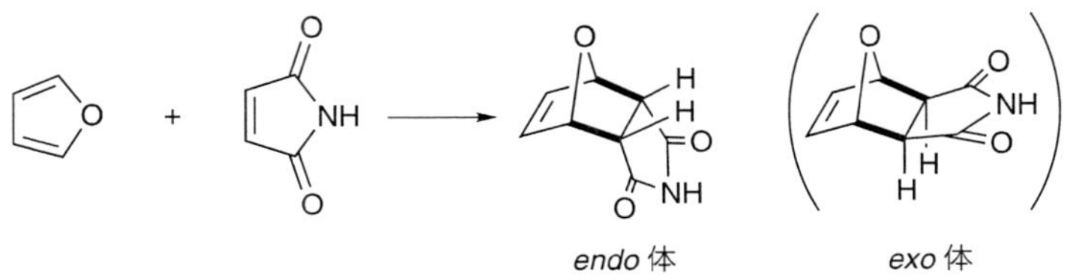

図 4.10

(3) endo 付加

さらに、もう一度図 4.10 を見てほしい。同じ cis 付加でも、基質分子どうしの重なり方に 2 種類(endo 付加と exo 付加)あり、別々の生成物を与えることに注意したい。一般に前者の経路が優先し、**endo** 則(endo rule)とよばれる。この傾向もまたフロンティア軌道論で説明されるが、上の cis 付加とは違い、必ず守られるという訳ではない。逆反応が起こりやすい系では、立体障害の点で有利な exo 体に落ち着くことがある。また、後述の分子内反応でも、分子骨格全体からの制約により、exo 体が優先することもある。

これらの 2 つの立体化学的特性は、Diels-Alder 反応の合成的重要性を際立たせている。

(4) 位置選択性

ジエンと親ジエン体にそれぞれ置換基がある場合、可能な 2 種類の位置異性体のうち、"オルト付加体" が得られる傾向がある(図 4.11)。詳細は巻末の参考書を参照されたい。

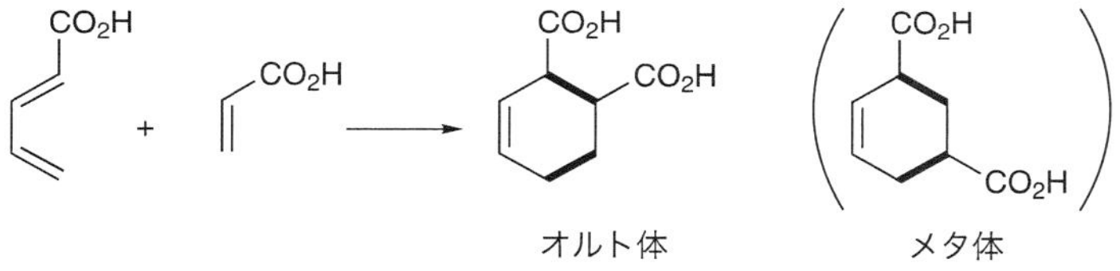

図 4.11

(c) 環の大きさと閉環反応

この項では、閉環反応を行う際に、"環の大きさによって難易度が異なる"ということを述べる。

まずは、閉環反応の一般論からはじめよう。図 4.12 は、二官能性の化合物 A の反応性を示した模式図である。両端にある ○ と ● は反応性の官能基を表し、これらが反応すると新たな官能基 ■ へと変換されるものと思ってほしい。同一分子内で反応が起これば、環状構造 B ができあがる。しかし、当然、分子間反応が競合するので、鎖状 2 量体 C あるいは環状 2 量体 D が生成する可能性があり、しかも、2 量体以上の段階でもそれぞれ分子間反応、分子内反応が起こり、大きな環や鎖状ポリマーが生成しうるので、話はややこしい。

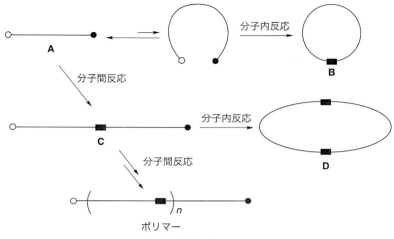

図 4.12

　ここで閉環体Bをうまく得るにはどうしたらよいだろう．考慮すべきことは，分子内反応は概して1次反応であり，これとは対照的に分子間反応は2次反応である，ということである．すなわち，分子間反応は相手あってのことなので，高濃度条件で反応させると，他の分子と出会う確率が高くなる．したがって，ポリマーの生成を助長してしまう結果となる．そこで，分子内でうまく閉環させたい時には，なるべく低濃度で反応させる方がよい．

　この目的で，**高希釈法**(high-dilution technique)というテクニックが用いられる．図4.13は，その概念図である．反応容器内は，あらかじめ

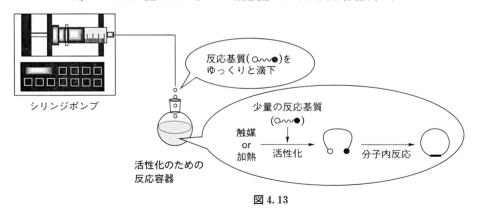

図 4.13

加熱したり，触媒を用意したりしておく．ここに反応基質が入ってくると，ただちに活性化され，速やかに目的の反応が起こるようにしておくのである．ここでシリンジポンプという装置を用い，長時間かけて，この反応基質をゆっくりと反応容器に滴下していく．滴下のたびに閉環反応が十分速く起これば，反応系中の基質濃度は常に低く保たれるので，分子間反応を回避しながら，目的の閉環体を得ることができる，という訳である．

余談ながら，このポリマーの生成を抑制する方法の草分けは，ポリマー合成の大家 K. Ziegler（1963年ノーベル化学賞）だったというのはおもしろい．この研究はシベトンやムスコン等の大環状構造を持つ香気成分の合成に関連してのことであった（図 4.14）．

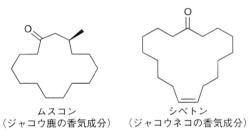

ムスコン　　　　シベトン
（ジャコウ鹿の香気成分）（ジャコウネコの香気成分）
図 4.14

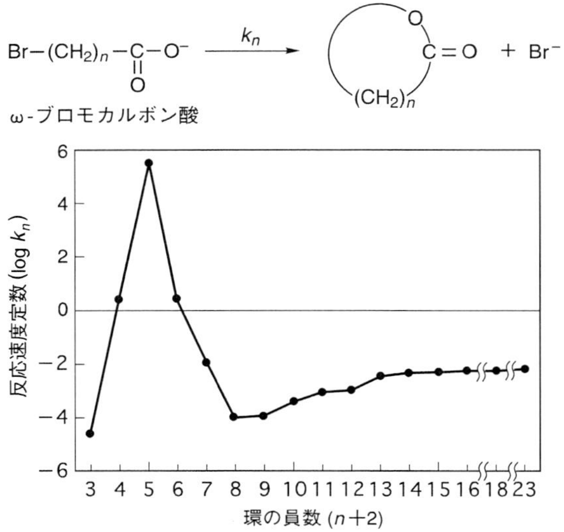

図 4.15

さて，この項のテーマである"環の大きさによって，作りやすさが異なる"ということに戻ろう．どれくらいの大きさの環がむずかしいのだろうか．

ここで例として，末端に臭素原子を持つカルボン酸（ω-ブロモカルボン酸）を塩基性条件下で閉環させることを考えよう．図 4.15 のグラフは，生成するラクトン環の大きさとその生成速度との関係を示したものである（縦軸は対数目盛りであることに注意）．まず，5 員環の閉環反応が圧倒的に速いことに気がつく．これを頂点として，4 員環や 6 員環が続く．さらに，7, 8 と環のメチレン鎖が 1 つ増えるごとに，閉環反応の速度は約 1/100 になっている．8, 9 員環あたりで最も遅くなるが，ここから再び盛り返して 13 員環以降はほぼ一定の速度となる．

図 4.16 は，この様子を生成物の収率によって表現したものである．残念ながら，8 員環，9 員環のデータは欠けているが，その前後の 7 員環，10 員環の閉環反応の収率が悪く，それに代わって環状 2 量体が相当量副成していることに注目してほしい．なぜ，このように環の大きさによって，様相が異なるのだろう．もちろん，その鍵は閉環反応の遷移状態にある．これをエントロピーとエンタルピーの両側面から考えてみよう．

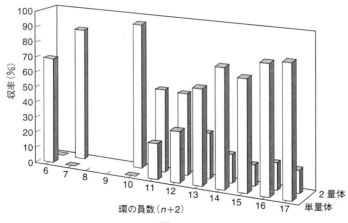

図 4.16

まずは図 4.17 を見てほしい．そもそも閉環反応が起こるには，反応点どうしが接近しなくてはならない．このことは，C のように小さな環を生成させる時には，何ら問題にならない．しかし，G のような大きな環を生

成させようとする時には，直鎖状分子 D が閉環可能な形 E へと大きく姿を変えなければならない．これは，分子が最も安定な立体配座（すべての結合がアンチ形，後述）から，エンタルピー的に不利な折りたたみ構造（一部の結合はゴーシュ形，後述）へと移行しなければならないことを意味している．また，この過程はエントロピー的にも不利である．なぜなら，D のような分子は，本来，さまざまな立体配座をとることができるにもかかわらず，その自由度を減少させながら，閉環可能な配座 E へと変形することを強いられるからである．

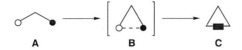

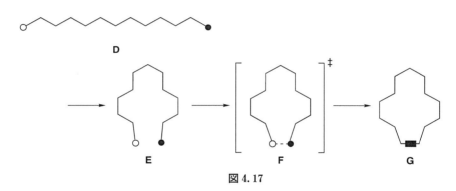

図 4.17

それでは，環が大きければ大きいほど，閉環反応は難しくなるのだろうか．上で考えた 2 つの要素のうちの後者，すなわち活性化エントロピーの減少は，確かに環の員数が多いほど顕著になる．その限りにおいては，閉環反応は環が大きいほど難しいと予想される．しかし，実際にはそう単純ではないことは，先に図 4.15 に示したラクトン形成反応の相対速度からもうかがえる．なぜだろうか．

実は，作ろうとする環の大きさとエンタルピーとの関係がポイントである．具体的には，閉環反応の遷移状態に対し，生成物である環状化合物の性質がかなり反映してくるということである．仮に，生成物の環構造 G に何らかのエネルギー的な不都合がある，としよう．そうすると，その不

都合は，それに先立つ環状の遷移状態 F にも反映され，したがって環構造 G は生成しにくくなるに違いない．

例としてシクロアルカンを取り上げ，その環の大きさとエンタルピーとの関係を考えてみよう．その前に，下準備として燃焼熱の考え方を紹介しておきたい．図 4.18 はプロパン，ブタン，ペンタンを完全燃焼させ，CO_2 と H_2O とに変換したときの発熱量を示している．これには規則性があり，メチレン基（$-CH_2-$）が 1 つ増えるごとに，約 157 kcal mol^{-1} だけ余分に発熱量が増加している．

$CH_3CH_2CH_3$ (気体)　-530.6 kcal mol^{-1} ⎫
$CH_3CH_2CH_2CH_3$ (気体)　-687.4 kcal mol^{-1} ⎬ -156.8 kcal mol^{-1}
$CH_3CH_2CH_2CH_2CH_3$ (気体)　-845.2 kcal mol^{-1} ⎭ -157.8 kcal mol^{-1}

図 4.18

これをもとに，シクロアルカンの燃焼熱について考えよう．シクロアルカン $(CH_2)_n$ がメチレン基を n 個連ねたものであるとみなすと，その燃焼熱は $n \times 157$ kcal mol^{-1} であると予測される．図 4.19 は，実際の燃焼熱とその予測値との差を示したものである．ここで注目すべきことは，シクロヘキサンを唯一の例外として，それ以外の大きさの環では，上記の予測よりも大きな発熱がある，ということである．すなわち，これらのシクロアルカンには何らかの "ひずみ" があり，余分なエネルギーを内包していたと考えることができる．これを**ひずみエネルギー**（strain energy）とよぶ．一般に，n 員環のひずみエネルギーは次のように算出する．

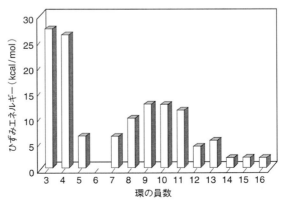

図 4.19

n 員環のひずみエネルギー
　　$= n$ 員環のシクロアルカンの燃焼熱 $- n \times 157$ (kcal mol^{-1})

　図 4.19 からは，いくつかの傾向を見てとることができる．まず，小員環であるシクロプロパンやシクロブタンでは，予測よりもかなり発熱量が大きい．また，シクロヘキサン(6員環)がひずみエネルギーを持っていないのに対し，シクロペンタン(5員環)が 5 kcal mol^{-1} 程度ひずんでいることにも気づく．さらに，7員環から 11 員環あたりの，いわゆる中員環化合物とよばれる化合物群が大きなひずみエネルギーを持っており，また，それ以上大きな環ではこのひずみエネルギーが小さくなる，という傾向が

環の員数	Baeyerの仮定した平面的構造	仮想的な結合角	3次元モデル
3	△	60°	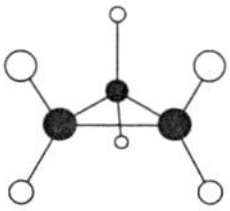
4	□	90°	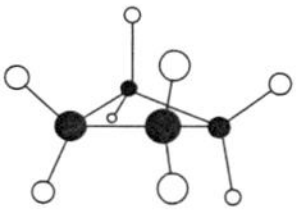
5	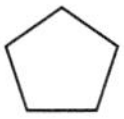 ⬠	108°	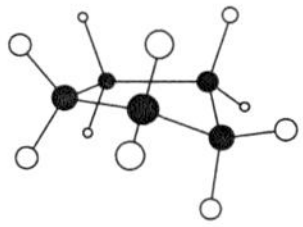
6	 ⬡	120°	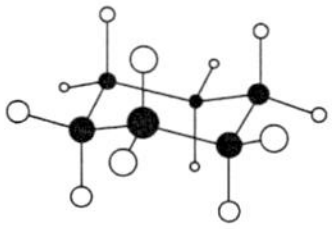
7	 (七角形)	129°	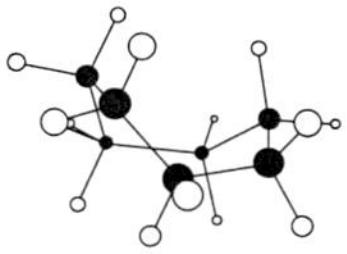
8	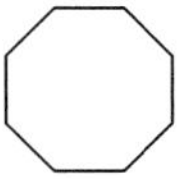 (八角形)	135°	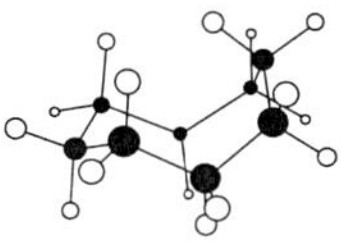

図 4.20

読み取れる.

どう考えればよいだろう．このようなひずみエネルギーを生み出すもとには，3つの因子がある．

まず，第一に**張力ひずみ**（angle strain）である．古く19世紀末にA. von Baeyerの提唱したその考え方は，"分子は正4面体角（109.5°）からずれた結合角をとるほど，大きくひずんでいる"というものである．この説は3員環や4員環のひずみを説明するには適切であるものの，より一般的には矛盾がでてくる．たとえば，以下の2点はこの説では説明できない．

(1) 環が大きくなるほどひずみが増すはずなのに，実際にはそうではないこと．

(2) 最もひずみが小さいのは5員環であるシクロペンタン（結合角108°で，最も正4面体角に近い）であるはずなのに，実は6員環であるシクロヘキサンであること．

言うまでもなく，これは"前提が間違っていた"のである．すなわち，Baeyerはすべてのシクロアルカンを平面構造であると考えていたが，実際にはシクロプロパン以外のシクロアルカンは平面ではない．それぞれ図4.20の3次元モデルのように折りたたまれた構造をとり，できるだけ無理のない結合角を確保するのである．

次に，こうした折れ曲がった構造の有利不利がどのように決まるか，を考えたい．ここで支配的なのが，第2の因子である**ねじれひずみ**（torsional strain）である．その本質は，n-ブタンの配座に凝縮されている（図4.21）．すなわち，重なり形配座はとにかくエネルギーが高く，不利である．このことは，Newman投影図Aにおいて各置換基どうしが重なり合わさっている様子を見れば納得できるだろう．一方，これを避けるように，C_2-C_3結合が60°回転したねじれ形配座はエネルギー極小となる．それ

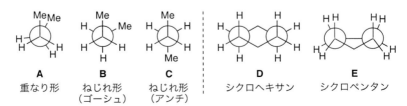

A	B	C	D	E
重なり形	ねじれ形 （ゴーシュ）	ねじれ形 （アンチ）	シクロヘキサン	シクロペンタン

図 4.21

にはゴーシュ形 B とアンチ形 C とがあるが，メチル基どうしが互いに 180° 離れて位置した C は B よりも有利である．

　この考えをもとにすると，上で説明できなかった 6 員環と 5 員環との安定性の差についても説明することができる．すなわち，D と E は，それぞれシクロヘキサン（いす形配座）とシクロペンタン（封筒形配座）の Newman 投影図であるが，前者ではすべての結合が理想的にねじれ形であるのに対し，後者では重なり形の相互作用をどうしても避けることができない，というわけである．

　なお，8 員環から 10 員環あたりの，いわゆる中員環がエンタルピー的に不利であるという事実については，また別の理由がある．すなわち，図 4.22 に見られるように環の内側で van der Waals 反発が大きいのが問題であり，これを**渡環ひずみ**（transannular strain）とよぶ．環状構造の内側で分子鎖の一部が強くぶつかり合い，分子エネルギーの上昇を招いている様子を感じてほしい．これが，中員環化合物において燃焼熱が大変大きいことの原因である．

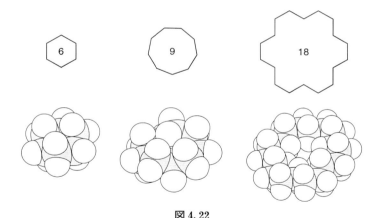

図 4.22

　一方，さらに環が大きくなると，こうした環の内側での立体障害をうまく回避することができるので，大環状化合物はいったんできてしまえば，決して無理のない構造となる．したがって，その燃焼熱は中員環ほど大きくなく，ある程度の一定した値を示す．

　以上述べてきたように，環の大きさによって作りやすさが異なる，ということがわかってもらえただろうか．

4.3 2環式化合物を作ろう

本節では 2 環式化合物の**逆合成**を考えよう．デカリン骨格が標的構造であるとし，仮に図 4.23 のように結合をどこかで切断してみる．そうすると，A から D の 4 つの可能性が出てくる．

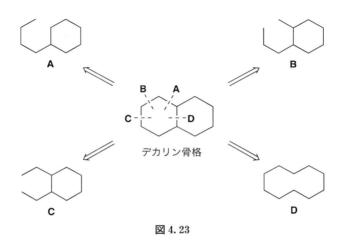

図 4.23

"一体，何のため？"と思うかもしれないが，案外こんな思考実験が合成計画のヒントとなるのである．ためしに図 4.24 のように A の両端に符号をつけてみよう．ここでそれぞれの極性にふさわしい官能基を配置することを考えると，たとえばエノラートの分子内アルキル化反応による閉環反応を思いつく人もいるかもしれない．無論，可能性は無数にあり，これはその 1 つにすぎない．B や C についても，いろいろと可能性を考えてみてほしい．

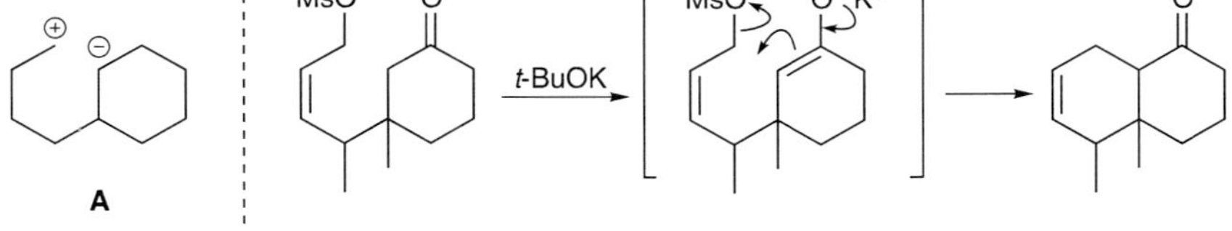

図 4.24

図 4.25 は D の例を示している．10 員環の不飽和ケトンを加熱するだけで，エン反応による 2 環式構造ができあがるのがおもしろい．なお，エン反応とは下の一般式で示されるようにアリル水素を持つアルケン（エン，ene）が多重結合を持つ化合物（親エン体）に付加し，不飽和結合の両端で新たな結合が形成されるような形式のものである．反応機構は Diels-Alder 反応のそれに関連しており，また発見者の名を冠して Alder のエン反応ともよばれる．図中でこの反応が起きている様子を確認してほしい．

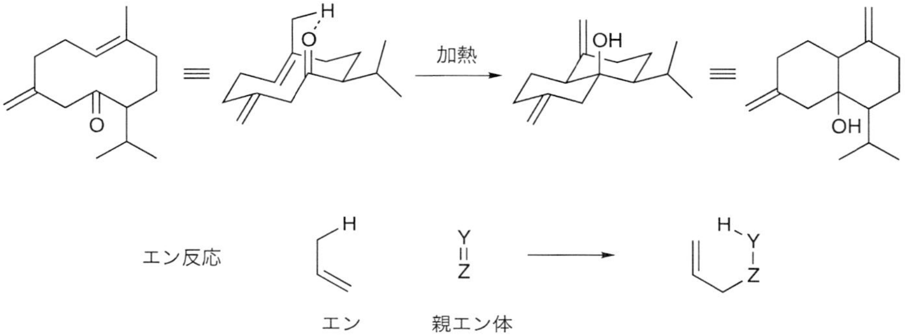

図 4.25

今度は 2 カ所で結合を切断してみよう．その結果，図 4.26 のように結合切断の場合の数が増え E〜V の 18 種類となる．何ともたくさんあるが，これらの多くからは，環形成反応の可能性が見えかくれしている．

表 4.3 を見てほしい．たとえば，結合切断 F や H は Diels-Alder 反応を示唆してくれるし，Q から**分子内** Diels-Alder 反応が発想されるかもしれない．なお，ここでは炭素骨格に着目しただけなので，実際の合成計画では標的の構造に存在する官能基を意識しておかなければならない．さらに，Diels-Alder 反応に関して言えば，先述の電子的要請を満たすために，標的構造には存在しない官能基を補助的に導入することもある．切断 N に相当するのは，後述するポリオレフィンの多重閉環反応である（4.6 節参照）．

なお，Diels-Alder 反応と並ぶ 6 員環形成法として，Robinson 環形成反応がある．詳細は次節に譲るとして，ここでは反応形式のみを示しておくことにしよう（図 4.27）．

4.3 2環式化合物を作ろう 127

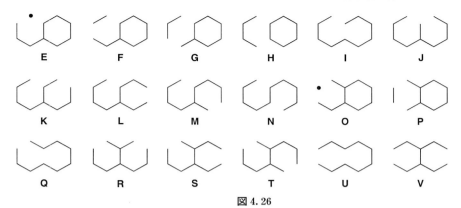

図 4.26

表 4.3

結合切断	実際の反応例
F	
H	
Q	
N	

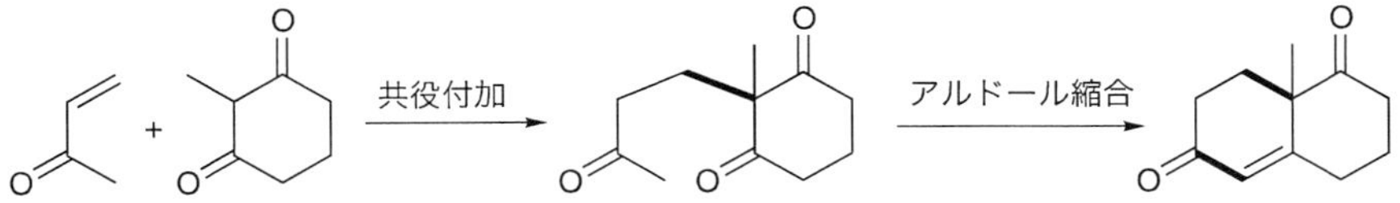

図 4.27

E の切断にもとづく構築法もある．マロン酸エステルが 1 炭素のジアニオンの等価体であることに注目したい（図 4.28）．

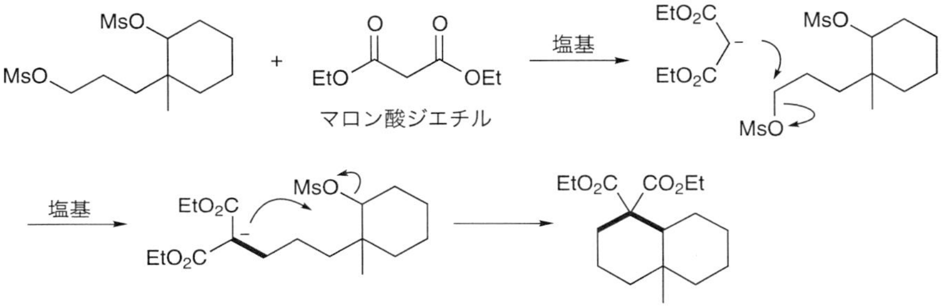

図 4.28

4.4　ステロイドの合成

D. H. R. Barton
1918-1998
© The Nobel Foundation

　　ステロイド類には，図 4.29 に示すようにホルモン等の重要な生理活性物質が多い．20 世紀前半，これらの複雑な立体構造を持つ化合物の構造研究が盛んに行われたが，それらは現代の有機化学や物理化学の基礎となったものも少なくない．たとえば，D. H. R. Barton（1969 年ノーベル化学賞）による**立体配座解析**（conformational analysis）あるいは各種スペクトル解析法の発展等は，もともとステロイド研究に端を発していることが多い．また，1930 年代以降は合成研究も活発化し，全合成の達成や各種の新反応の開発につながった．ここではステロイドに注目し，その基本骨格の構築を論じる．なお，これらに共通する 4 環式構造を左下からそれぞれ A, B, C, D 環とよぶ（図 4.29）．

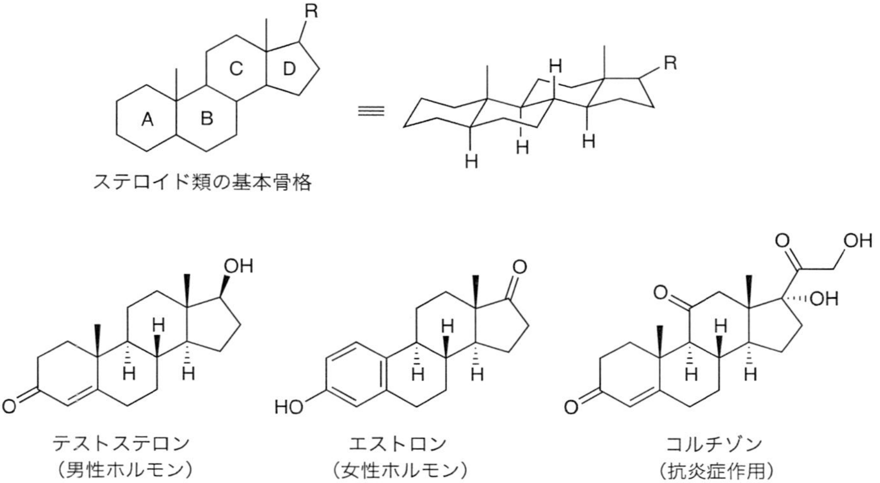

4.4 ステロイドの合成

ステロイド類の基本骨格

テストステロン
（男性ホルモン）

エストロン
（女性ホルモン）

コルチゾン
（抗炎症作用）

図 4.29

（a）Robinson 環形成反応

まず，この関連で早くから発展した **Robinson 環形成反応**を取り上げる（図 4.30）．この反応は，（1）環状ケトン B から生じるエノラートのメチルビニルケトン A に対する共役付加，（2）付加体 C のアルドール反応，（3）脱水反応，の 3 段階から成る．実験的には，中間体であるアルドール D を単離するやり方でもよいし，そのまま系内で脱水縮合まで行う方法もあ

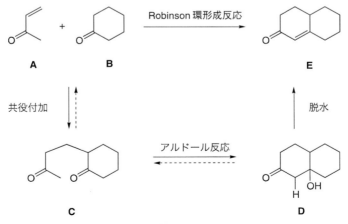

図 4.30

る．いずれにせよケトン C のメチル側に出たエノラートが分子内のカルボニル基を攻撃し，非可逆的な脱水が起きれば完成である．これが Robinson 環形成反応である．

こうして，もともとあった 6 員環に新たに 4 炭素鎖を貼り付けるようにして，2 つめの 6 員環を形成させることができる．

これは大変に有用な分子変換であるが，いずれの段階でもエノラート（エノール）が鍵を握っていることに注意したい．これらの活性種が正しい位置とタイミングで発生し，反応してくれる必要があるので，ことはなかなか容易ではない．この問題を契機として研究が進められ，1960 年代にエノラートの化学が大きく進歩した．その立役者の代表は G. Stork である．

まず，エノラート発生の位置選択性の問題を見てみよう．図 4.31 は 2-メチルシクロヘキサノン F の Robinson 環形成反応である．"先の例と比べてメチル基が 1 つ増えただけ"と思うかもしれないが，最初の共役付加の段階には異性体への分岐点がある．

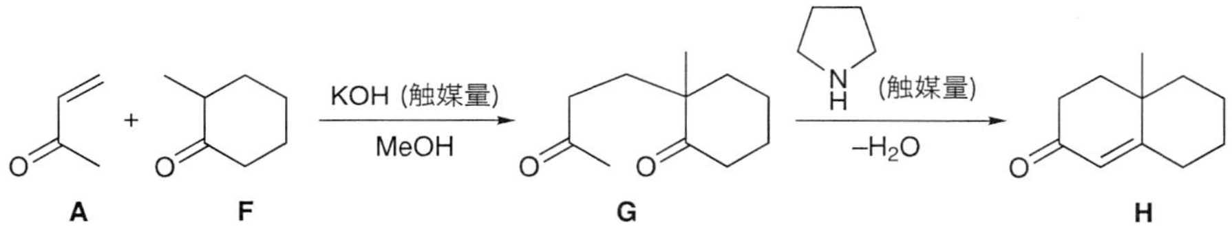

図 4.31

この例ではエノラート I が共役付加したのであるが，エノラート J が反応したとすれば，生成物は異性体 K だったはずである．しかし，上述の条件のようにプロトン性溶媒（メタノール）中で平衡的に発生するエノラート I は，内部オレフィンの安定性を反映し，より熱力学的に有利なのである（図 4.32）．

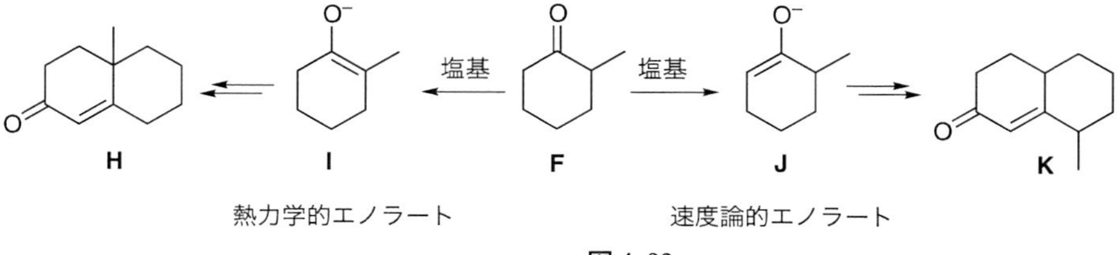

図 4.32

4.4 ステロイドの合成　131

では逆に速度論的エノラート J から反応させたいとしたら，どうだろう．ここで，Stork は**エナミン**(enamine)という化学種を工夫した．ケトンと第 2 級アミンとを脱水条件で反応させると，主としてエナミン L が得られる．重要なことは，これが上述の速度論的エノラート J の等価体であることである．実際，このエナミン経由での Robinson 環形成反応では異性体 K が得られる(図 4.33)．

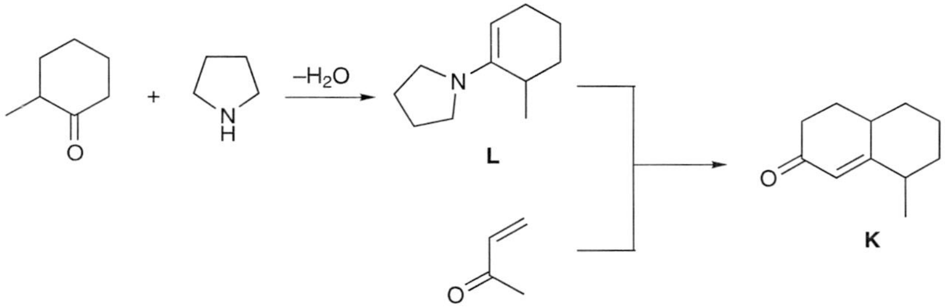

図 4.33

さらに Stork は単離可能なエノラートとしてエノールシリルエーテルを利用することに先鞭をつけた(図 4.34)．これは，エノラートを発生させた時の異性体比を反映して捕捉した形に相当するものである．

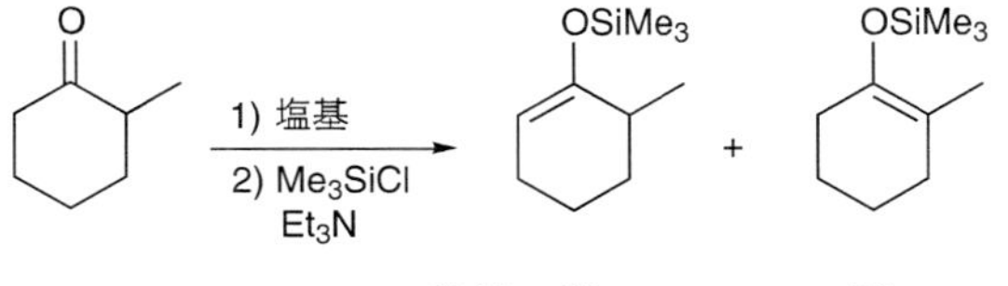

NaH	27 :	73
LDA	99 :	1

図 4.34

図 4.35 に示すようにメチルリチウムでトリメチルシリル基を"叩いて"，リチウムエノラートを再生させることもできる．

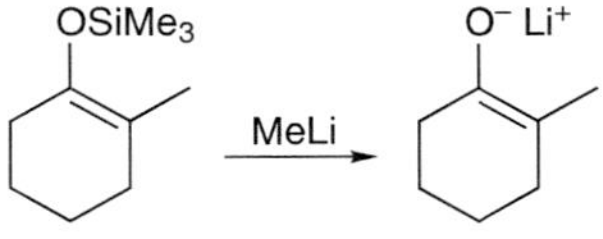

図 4.35

また，エノールシリルエーテルを用いて TiCl₄ 等の Lewis 酸を用いた条件で共役付加反応を行う方法も向山光昭，奈良坂紘一によって開発された（図 4.36）．

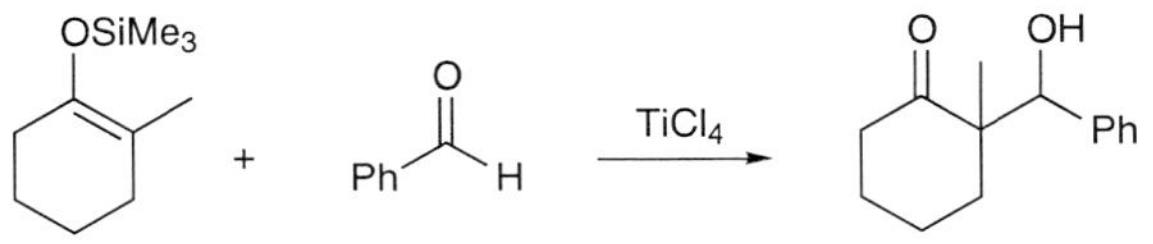

図 4.36

なお，エノラートを位置選択的に発生させるために，不飽和ケトンから出発する手もある（図 4.37）．すなわち，エノンをプロトン源の存在下で Birch 還元し，系内で発生したエノラートを共役付加反応に用いることにより，環の生成する位置を定めることができる．

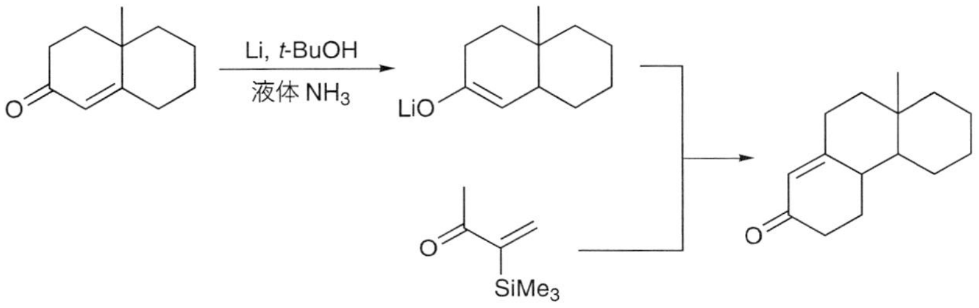

図 4.37

なお，この反応に用いられるエノンにはトリメチルシリル基がついているが，これは次のような理由によるものである．すなわち，メチルビニルケトンは反応性が極めて高く，重合しやすい．ここで，シリル基を持つエ

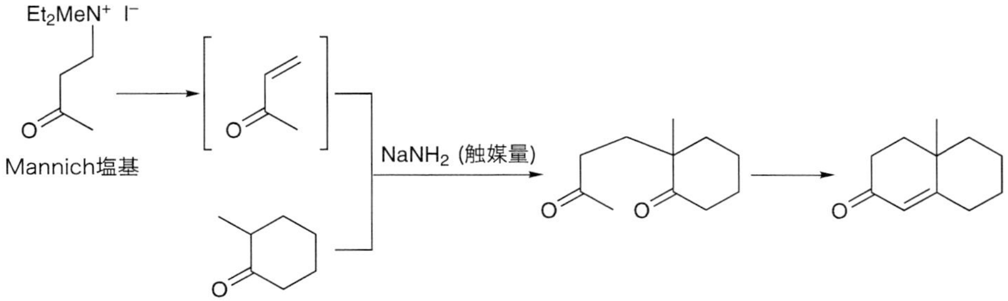

図 4.38

ノンを使うと，共役付加が起きた時に，ケイ素によりアニオンが安定化され，重合を回避することができるという訳である．これまた Stork のアイデアである．

また，Mannich 塩基から徐々に系内で発生させる方法がある．これはRobinson 自身による 1937 年の報告である（図 4.38）．

なお，図 4.39 の Robinson 環形成反応の生成物は **Wieland–Miescher ケトン**とよばれ，ステロイド類に限らず，さまざまな化合物の合成に有用な中間体である．ここでは，L-プロリンを触媒とした不斉合成法を示した．

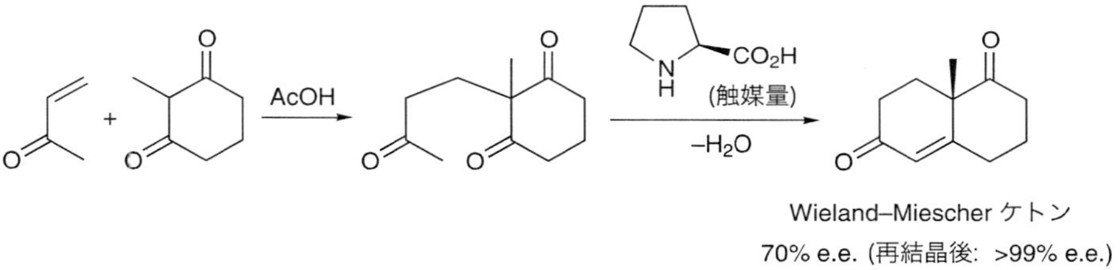

図 4.39

(b) Woodward によるコルチゾンの合成

以上，6員環の標準的構築法として Diels-Alder 反応や Robinson 環形成反応を学んだ．この項では，ステロイド合成の古典ともよぶべき，R. B. Woodward によるコルチゾンの合成を紹介する．これらの反応が活躍し，4つの環が構築されていく様子を味わってみよう（図 4.40）．

合成の出発点は，キノン 1 と 1,3-ブタジエンとの Diels-Alder 反応である．先述のように cis 付加なので，核間位のメチル基と水素原子との関係が cis の付加環化体 2 が得られるが，これを塩基で trans 体 3 へと異性化させる．この 3 の酸化度を落としてエノン 5 とし，ここから B 環の構築のために Robinson 環形成反応を行う．すなわち，このエノン 5 にホルミル基を導入して活性メチレン化合物とする．このように，エノラート活性種が温和な条件で発生するようにしておき，エチルビニルケトンへの共役付加反応を行って付加体 6 とする．続いて，アルドール縮合とともに脱ホルミル化反応も起こり，B 環部の備わったジエノン 7 が生成される．

ここで 7 の非共役の C=C 結合を選択的にオスミウム酸化し，得られたジオールを保護した後，位置選択的な水素化反応によりエノン 8 とする．これにホルミル基を導入して，再び活性メチレン化合物とした後，N-メ

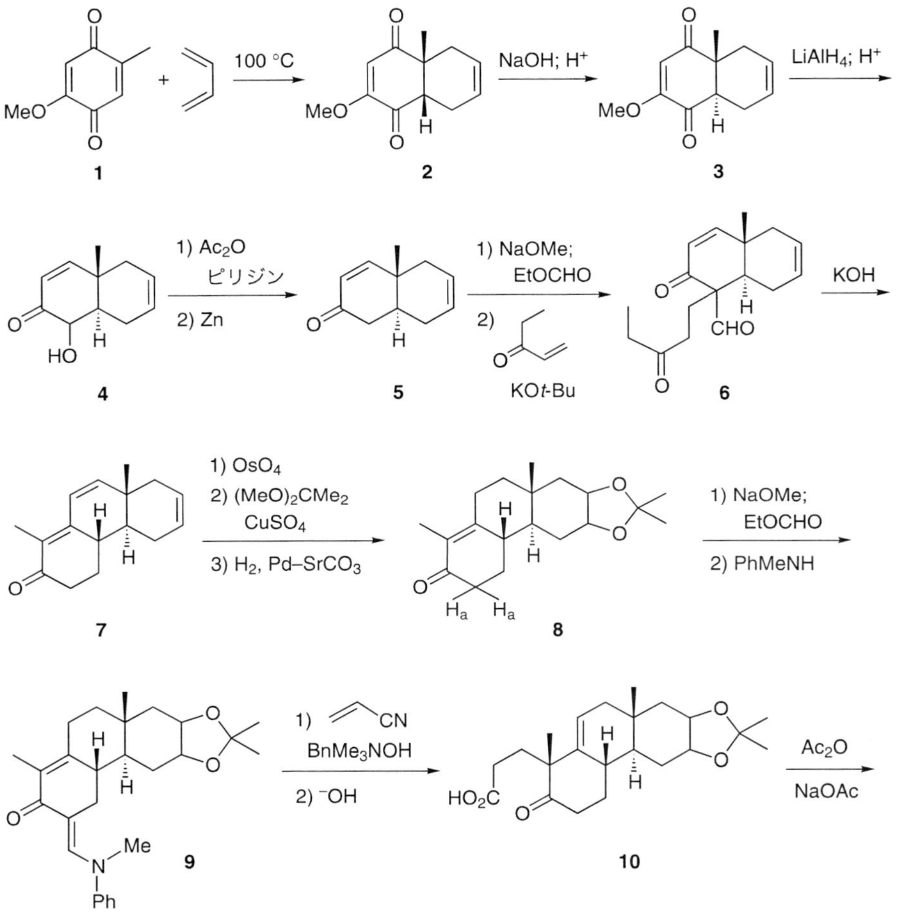

図 4.40

チルアニリンと反応させてエナミノン 9 とする．この操作は，エノン 8 において塩基によって引き抜かれやすい側の活性プロトン（H_a）を"つぶした"ことに相当する．先にエノン 5 に活性化基を導入し，そちら側でのエノール化を促進した例と比較してほしい．実際，この 9 に塩基性条件でアクリロニトリルと反応させると，A 環部を融着させるために必要な 4 炭素のうちの 3 炭素分に相当する部分が導入され，引き続いてアルカリ加水分解するとカルボン酸 10 が得られる．

　この 10 を無水酢酸と反応させると，ラクトン 11 が得られ，これにメ

チル Grignard 反応剤を作用させるとエノン 12 となる．この 12 を過ヨウ素酸と反応させると，アセタール部分が酸加水分解されて生じたジオールが酸化開裂されることによって，ジアルデヒド 13 となる．これにアミンの酢酸塩を作用させて，分子内アルドール反応を行うと，ステロイドの 4 環式構造を持つエナール 14 が生成する．このアルドール反応の位置選択性はおもしろい．アルデヒドの酸化に続き，メチルエステルへ変換し，水素化によってケトン 15 とし，コルチゾンへと導いている．

ここでもう一度，この合成をふり返ってみよう．図 4.41 は，コルチゾ

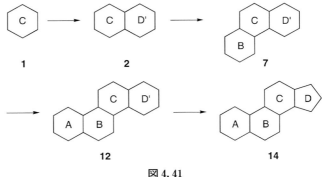

図 4.41

ンの 4 つの環がいつどのようにつくられたかを示した模式図である．すなわち，出発物質のキノン 1 はコルチゾンの C 環に相当し，まずこれに行った Diels-Alder 反応は，D 環部分を導入したことに相当する．ただし，D 環は 5 員環であることに注意してほしい．続いて，Robinson 環形成反応により，B 環部を融着している．A 環部については，既存の B—C—D′ 環に対して，3 炭素（アクリロニトリル）と 1 炭素（メチル Grignard 反応剤）を分けて導入しているが，全体としては Robinson 環形成反応の変法と見なすことができる．最後に D 環を完成するために，あらかじめ導入してあった 6 員環（D′ 環）の酸化開裂と分子内アルドール反応を利用して，5 員環への巻き直しを行っている．

　1950 年代の限られた反応剤を巧みに組み合わせ，こうした複雑な骨格を組み立ててみせた Woodward の仕事が往々にして芸術とよばれるのも不思議ではない．まして，こうした環の形成の仕方を工夫する中に，実は立体化学の制御の "仕掛け" も組み込まれていることを考えると，彼は多段階合成の中で "何手先まで読み切っていたのか?!" と考えたくなるほどである．

(c) ［4+2］付加環化反応

　　先述のように，Diels-Alder 反応は "6 員環合成法の王様" である．その合成的な利用範囲をさらに拡大するため，ジエンや親ジエン体にさまざまな工夫が加えられた．また，この反応様式を 6 員環以外の環の合成に活かす手法も発展した．

　　図 4.42 に示したシロキシジエン A（いわゆる Kitahara-Danishefsky

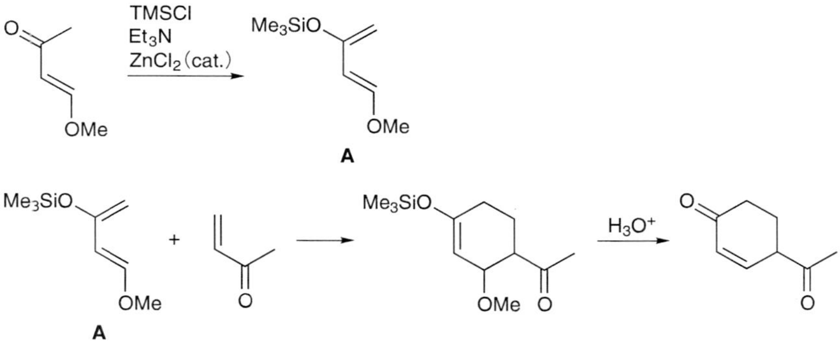

図 4.42

ジェン)は，エノンから容易に合成することができる．この電子豊富なジエンは Diels-Alder 反応における反応性に優れ，多くの場面で用いられる．反応後，酸処理すると，多彩な変換が可能なシクロヘキセノンが得られる．

この Diels-Alder 反応などの反応を [4+2] 反応とよぶことがある．4 炭素＋2 炭素と思うかもしれないが，本質的に重要なのは反応に関与する電子の数(4 つと 2 つ)である．すなわち，Woodward-Hoffmann 則によれば，このように総電子数が $4n+2$ である場合には熱的な条件で反応が進行する(これを許容という)．一方，この電子数の総和が $4n$ であるときには，[2+2] 付加環化反応(後述)は光化学的な条件での反応が許容となる．この関連の化学については，本講座 8 巻『有機化合物の反応』(櫻井英樹)第 7 章を参照されたい．

さて，このように "4 と 2" が電子数であることを了解すると，おもしろい可能性が出てくる．すなわち，電子の数は変化させずに，それを収容する分子骨格の炭素数を変えると，この反応様式を 6 員環以外の合成にも展開できるのである．たとえば，図 4.43 のようにアリルアニオン(4π 系)とアルケン(2π 系)との組み合わせ(式(1))，ジエン(4π 系)とアリルカチオン(2π 系)との組み合わせ(式(2))，そしてペンタジエニルカチオン(4π 系)とオレフィン(2π 系)との組み合わせ(式(3))は，これに相当する．しかし，それぞれ，出発物質のアニオン種，カチオン種は共役安定化されたものであるため，こうした反応を正方向に進むようにするには，生成系のイオン種が特別な安定化を受けるか，何らかの形で消費されるかするかなど，工夫する必要がある．

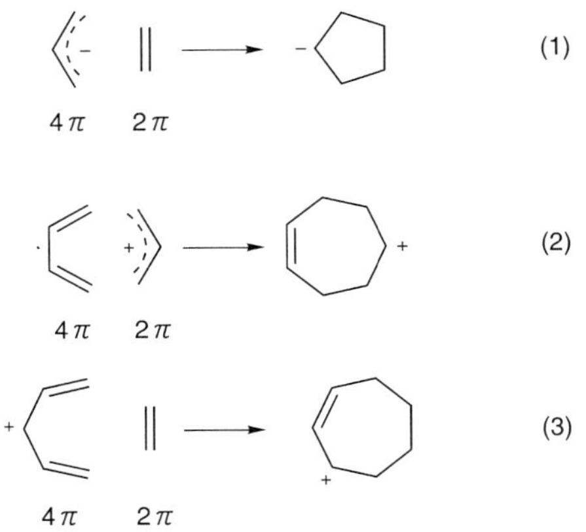

図 4.43

そうした工夫の例として,中村栄一によるメチレンシクロプロパンのアセタールを用いる5員環の生成反応を挙げる(図 4.44).反応形式が上の式(1)に相当することを確かめてほしい.平衡的に生じた双性イオン A から付加環化反応が起きるが,そこからただちに二重結合を生じる仕掛けになっている.

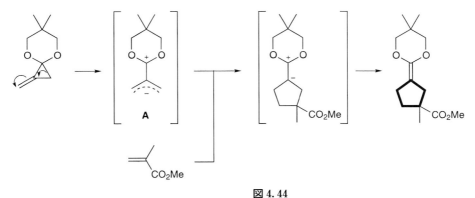

図 4.44

また,野依良治,早川芳宏は,ジブロモケトンの還元により発生させたオキシアリルカチオン(2π 系)とジエンとの付加環化反応による7員環の形成法を報告している(図 4.45).これは式(2)の形式に相当する.

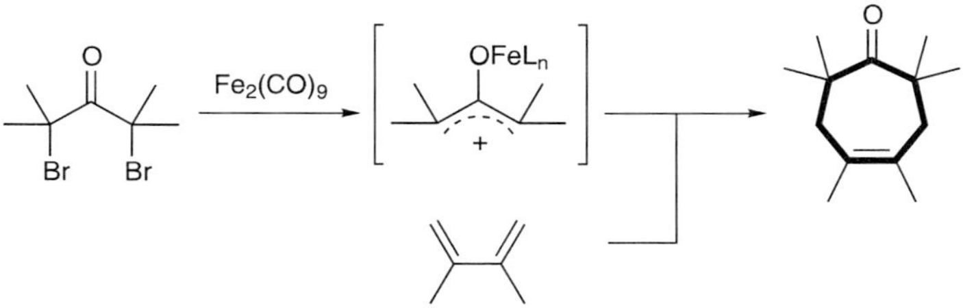

図 4.45

さらに，G. Büchi は図 4.46 に示すように，キノンモノアセタールを Lewis 酸で活性化し，それにより生じるカチオン種（4π 系）をジメチルシクロペンテンと付加環化させ，ギムノミトロールの短段階合成を達成している．

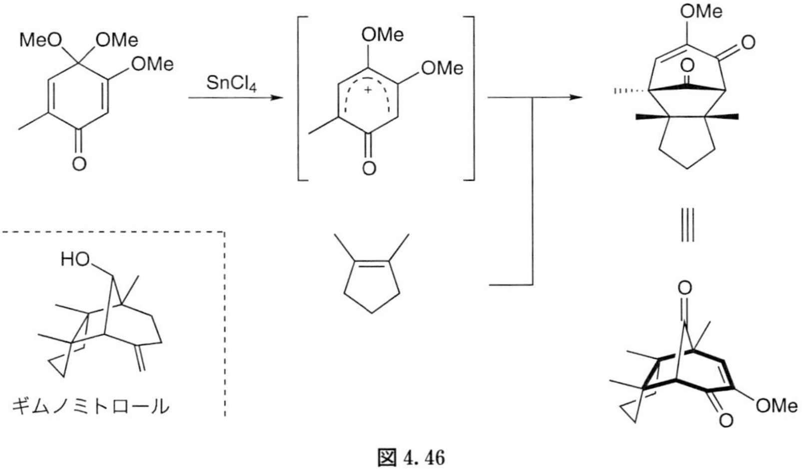

ギムノミトロール

図 4.46

4.5 分子内付加環化反応

複雑な多環構造を構築する際には，分子内付加環化反応が効力を発揮する．分子内の適切な位置に反応性の部分を含む反応基質を設計し，系内で高反応性の化学種を発生させる．こうしたアプローチの利点としては，(1) 分子間反応ではとても期待できない反応がエントロピー的な効果によって進行することがある（反応点どうしが分子内で近接しており，局所濃度が高

いため），(2)特異な立体化学が実現される（後述：分子内 Diels-Alder 反応）ことがある．本節では，ステロイド骨格の構築を中心に，分子内付加環化反応を利用した多環式化合物の合成について述べる．

最初に，高反応性化学種**キノジメタン**(quinodimethane)の利用による反応を紹介する（図 4.47）．キノジメタンの発生法としては，ジブロモキシレン A の還元的 1,4-脱離反応，ベンゾシクロブテン B の電子環状反応，スルホレン C から SO_2 が脱離するキレトロピー反応を用いるものがある．D のようにオレフィンを分子内の適切な位置に配置した反応基質を用い，ステロイド合成などに利用されている．図 4.48 の例からもわかるように，分子内反応であるため電子的要請が緩和され，活性化されていないオレフィンでも十分に反応が起きる．

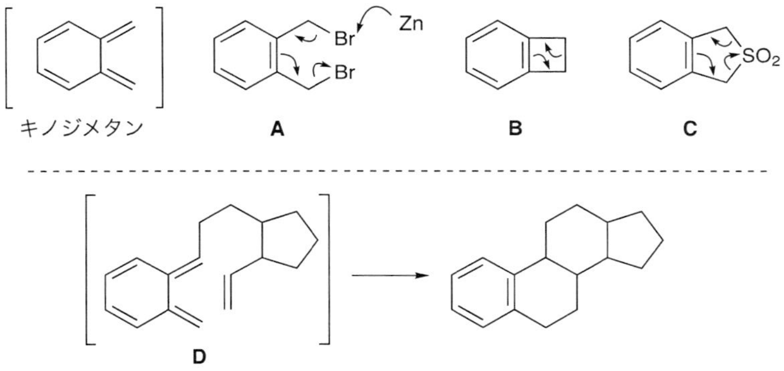

図 4.47

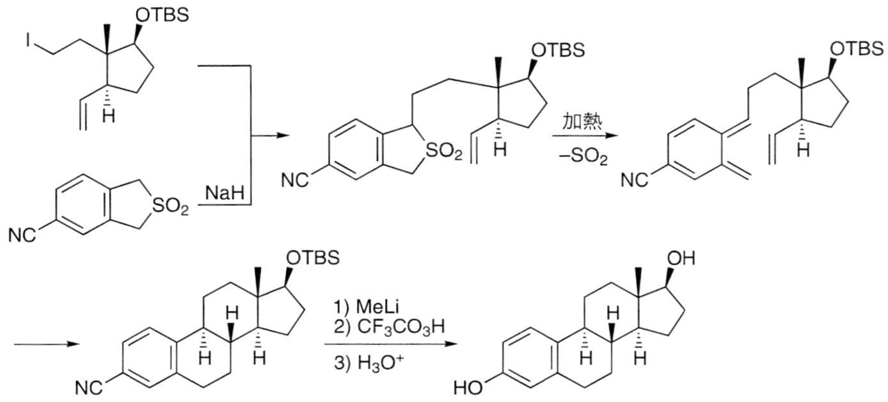

図 4.48

4.5 分子内付加環化反応　*141*

　図 4.49 には亀谷哲治，福本圭一郎によるベンゾシクロブテンの開環反応を利用した例が示してあるが，ここでも D 環部分の立体化学をきっかけとして，すべての立体化学が決定されることが注目されている．

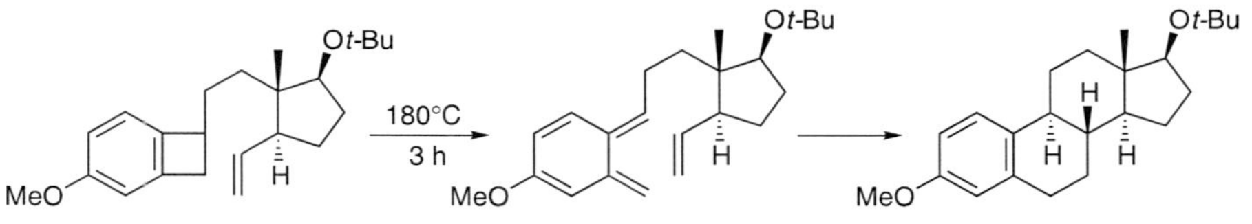

図 4.49

　また，図 4.50 に示す例は，伊藤嘉彦によるフッ化物イオンのケイ素への攻撃を引き金としたアンモニウム塩の 1,4-脱離により発生するキノジメタンを利用した方法である．

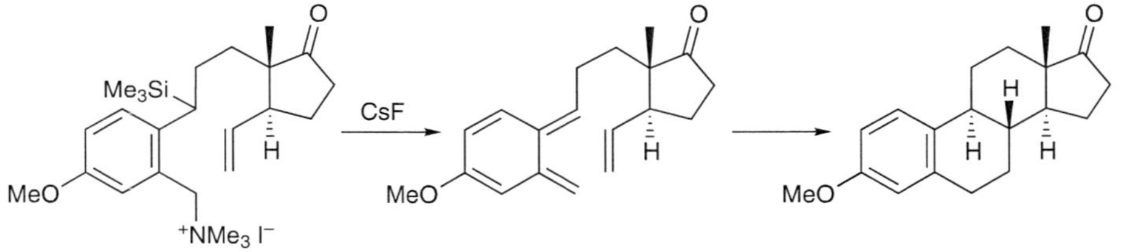

図 4.50

　分子内 Diels-Alder 反応の利用に関しては，P. Deslongchamps や高橋孝志の報告もおもしろい．A 環と D 環とを 2 つの炭素鎖でつないでおき，分子内 [4+2] 付加環化で 4 環式構造を構築している（図 4.51）．

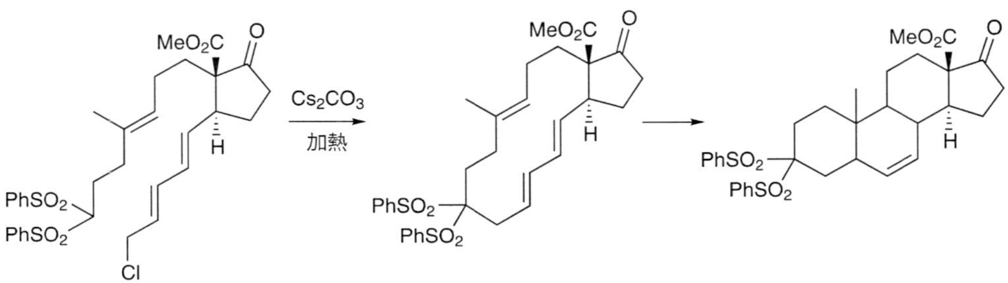

図 4.51

こうした分子内反応が威力を発揮する場面は，何もステロイド合成に限らない．たとえば，インダノマイシンの合成は，この反応がヒドロインデン環の構築にも有効であることを示している．長い直鎖状前駆体の中に3炭素をはさんで配置されたジエン部と親ジエン部が見事にDiels-Alder反応を起こしている．なにより，1つの不斉中心の影響ですべての不斉中心が決定されるのがすばらしい（図4.52）．

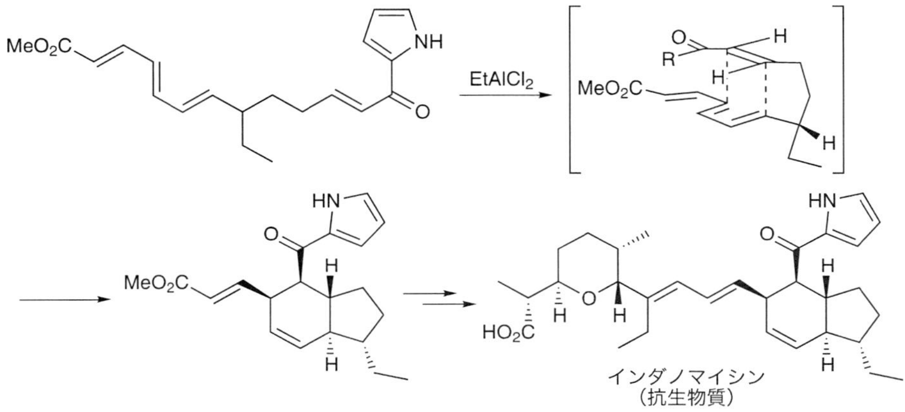

図 4.52

ここで，分子内反応に用いられる反応は何もDiels-Alder反応だけに限らない．β-ベルガモテンの合成では，酸塩化物にアミンを作用させて発生したケテン分子内のC=C結合と[2+2]付加環化反応を起こすことが

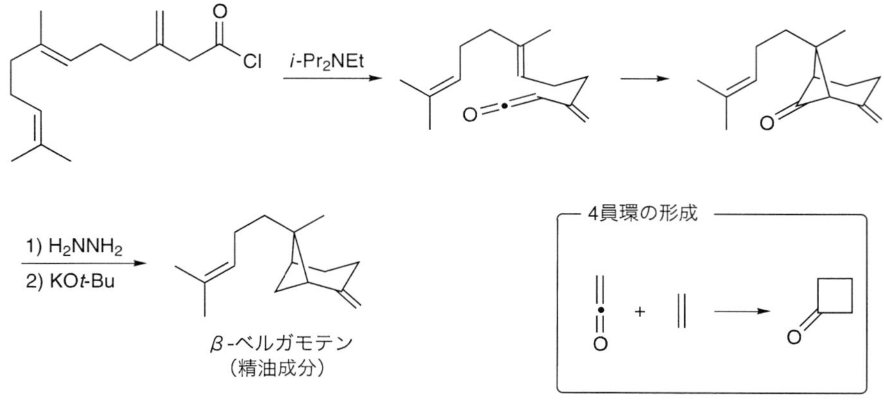

図 4.53

利用されている(図 4.53). なお, ケテンは特殊なオレフィンで, 光の助けを借りずに [2+2] 反応を起こす.

同様にして, ここに分子内の適切な位置に C=C 結合を有するジアゾケトンを Cu(I) 塩の存在下で分解させることにより, 発生するカルベノイドからシクロプロパン環を形成させる反応例も挙げておこう(図 4.54).

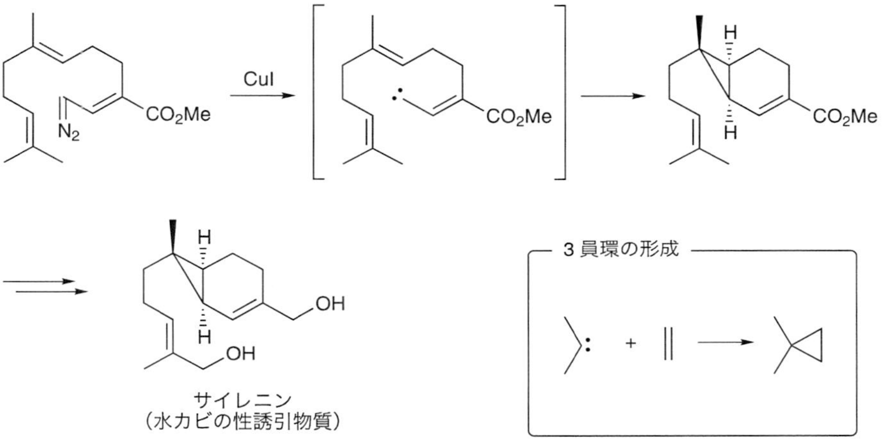
CuI
N2
CO2Me
CO2Me
H
H
CO2Me
H
H
OH
OH
サイレニン
(水カビの性誘引物質)
3 員環の形成
+

図 4.54

4.6 連続結合形成による多環式化合物の合成

1 度に, いくつもの結合を次から次へと生成させることを, あのドミノ倒しのイメージから**ドミノ反応**(カスケード反応とよぶこともある)とよぶ. ある活性種から結合形成が起き, それと同時に新たな活性種が生じ, 次の結合生成につながるように工夫する. うまくいけば, 簡単な出発物質が一挙にいくつもの結合が形成され, ぐっと複雑さを増した分子に変貌する.

こうしたやり方は, 多環式化合物の構築には特に有効である. うまく工夫すれば, 一挙に目的物に迫ることすらでき, 魅力的である. 通常のように, 1 つの反応をやっては, 生成物を精製・単離し, あらためて次の反応を行い, 精製・単離といったことを繰り返すのと比べると, 効率的で, 副生成物も少ない. したがって, 環境負荷の少ない合成という意味でグリーンケミストリーの視点からも重要である.

ただし，相当にうまく反応を設計する必要があることは繰り返し指摘しておきたい．なぜかを以下イラストで説明したい．うまく多段階反応が起こるということは，あたかもスキーヤーが間違いなく目的地まで滑り降りるようなものである．高い山の上から，いくつかの尾根づたいに，C村まで滑り降りていきたいとしよう．しかし，一歩間違えば，身の危険のあるA谷やB森に滑り降りてしまうかもしれない．いくつも落とし穴が用意されており，すべての段階を切り抜けて，うまく次へと移って行く必要があるのである．

(a) 生合成類似経路

最初に紹介するのは，**生合成類似型**(biogenetic-type)のステロイド合成である．ステロイド類の生合成経路には，スクアレンオキシドからダマラジエノール(植物起源のトリテルペン)が生じる過程において，鎖状ポリエン構造の多重閉環反応が鍵段階となっている(図4.55)．

これに関連し，1955年，G. Stork と A. Eschenmoser は次の仮説を提案した．"生成する4環構造の縮環部がすべて *trans* の立体化学となるのは，この多重閉環においてAのような立体配座から反応するためであろう"．これを **Stork-Eschenmoser 仮説** (Stork-Eschenmoser hypothesis)とよぶが，そのもととなったアイデアは，実に親しみやすい．すなわち，臭素のエチレンに対する付加反応を思い出してほしい(本講座8巻の4.2節(b)参照)．C=C結合の π 電子が Br_2 を攻撃して，Br^- を追い出して，環状ブロモニウムイオンを生じ，これを Br^- が逆側から攻撃する．ここ

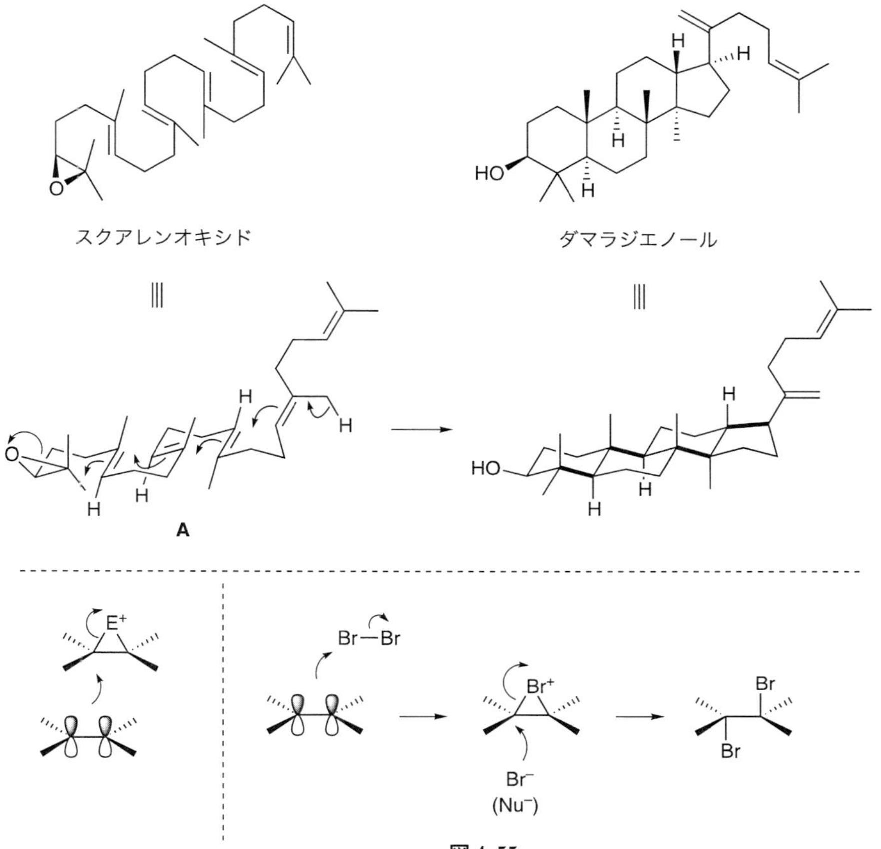

4.6 連続結合形成による多環式化合物の合成 145

スクアレンオキシド

ダマラジエノール

図 4.55

で，反応系内に Br⁻ 以外の求核剤があればもちろんこの 2 段目の反応に参加するが，それが分子内の C=C 結合の π 電子であるとすると，上の A の図式となる，というわけである．

"こうした構図はフラスコの中でも有用ではないだろうか？" この考えを W. S. Johnson や E. van Tamelen は実行に移した．図 4.56 を見てほしい．ポリオレフィンのアセタール部位を Lewis 酸で活性化すると，連続閉環反応により，確かに 4 環式構造が得られる．ただし，残念ながら収率は低い．なぜだろうか．理由を考えてみよう．

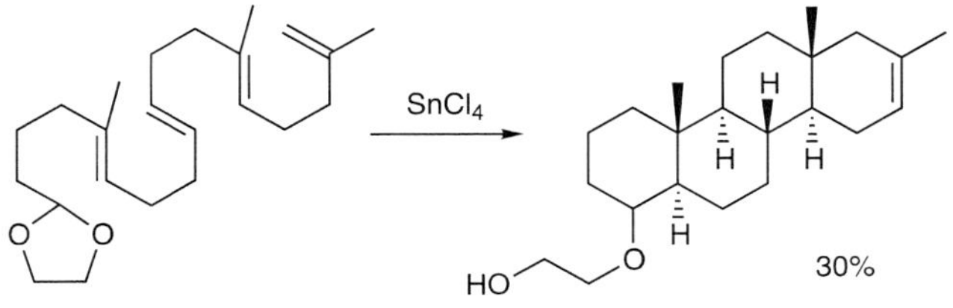

図 4.56

上述の例を全く形式的にたどっていくと，図 4.57 のように 5 種のカチオン A〜E が関与していることに気づく．ここで重要なことは，カチオンは本質的に反応性が高いので，常に副反応を起こす危険性があるということである．すなわち，I のようなプロトンの脱離，あるいは II のような転位反応を起こす可能性がある．A〜E の全てのカチオンにおいて，いつもこれらの副反応が起こり得るのである．

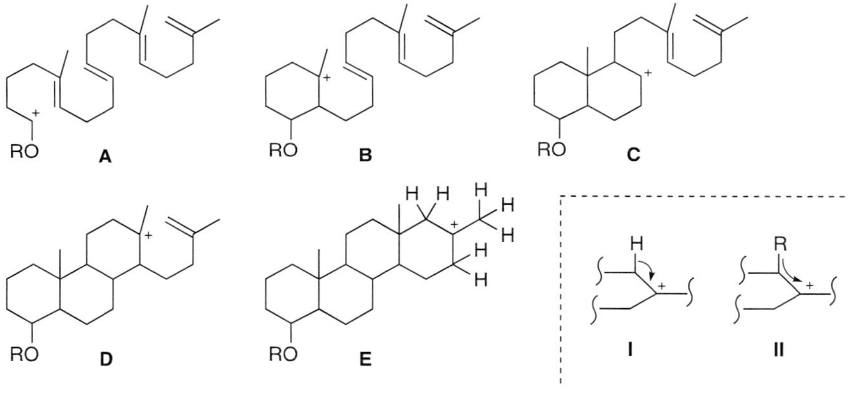

図 4.57

このポリエン環化の中で，もっとも問題が深刻そうなのが，カチオン C の振舞いである．すなわち，カチオン B, D, E の 3 種は第 3 級なので比較的安定化されている．またカチオン A はアルコキシ基がついているので，やはり安定化されている．しかし，C だけは相対的に不利な第 2 級のカチオンなのであり，B からこの C へ円滑に移行するかどうかが問題であり，この間に副反応が起こりやすいのである．さらに，停止段階にも問題があり，仮に首尾よくカチオン E までたどりついたとしても，プロトンの脱離の可能性が 3 種類もあり，本質的に異性体を生じ得るからである．

したがって，このような多重閉環反応が収率よく起こるには，きちっとした反応設計が必要である．中間に生じたカチオンが，次の反応を正しく起こすように，(1)カチオン種の発生法，(2)連続閉環のタイミング，(3)停止反応，の3つの段階に工夫が必要である．

1990年，W. S. Johnson はポリエン環化反応の集大成ともよぶべき，β-アミリンの合成を報告した(図4.58)．そのポイントは，上述の解析でもっとも問題があるとしたカチオン C を安定化するために**フッ素原子**を使ったことである．"カチオンの安定化にフッ素?!" という疑問を持つだろうが，−I 効果で強烈に電子を求引するフッ素原子も，隣接位に生じたカチオンに対しては +M 効果で電子を供与し，安定化させるのである．この共役効果が強力に発揮されるのは，周期表で炭素原子とフッ素原子とが同一周期にあるからであり，塩素原子以降ではこうした効果は見られない．また，最終的に生じるカチオンをきちっと捕捉するために，プロパルギルシランが用意されている(その有効性については，3.4節(b)を参照)．ともかく，こうして1度の反応で一挙に4つの結合を生成させるとともに，アミリンにある8つの不斉中心のうちの6つまでを確定することに成功し

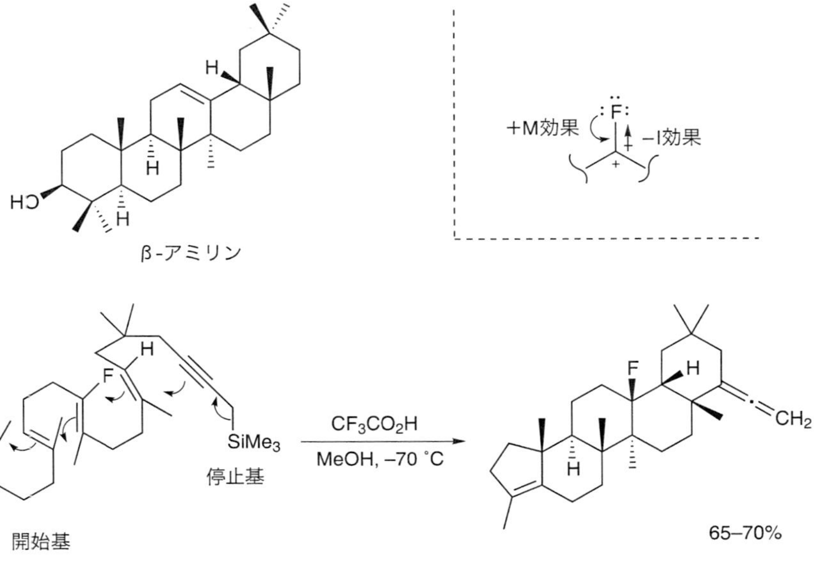

図 4.58

た.

　こうした成果に刺激され，生合成を模範とする分子構築法が盛んに研究されるようになった．この関連から種々の天然物に見られるポリエーテル構造の生合成でも，ポリエポキシドの連続閉環反応が活躍している（図4.59）.

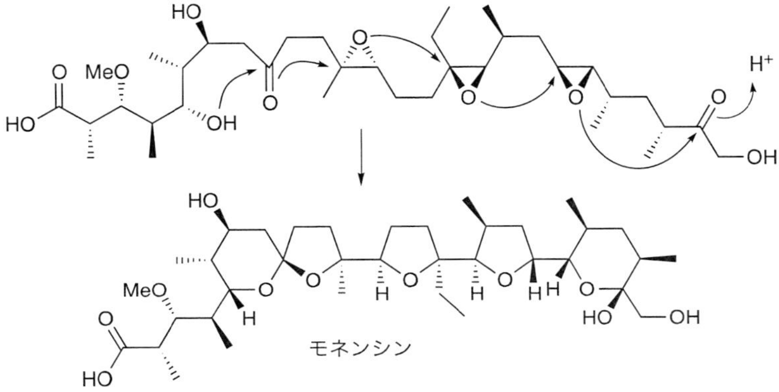

図 4.59

(b) ラジカル反応の利用

　以上の多環形成反応では，**カチオン種**が主役であった．この節では，**ラジカル種**が鍵を握る例を紹介する．ラジカル種は極めて反応性に富み，あたかも暴れ馬のようなものであるため，かつてはこれを"飼い慣らして"合成に用いることなど，到底無理だと思われていた．しかし，D. H. R. Barton, G. Stork, D. P. Curran らの貢献により，その発生法，反応性や選択性等への理解が進み，適切な設計の下では，ラジカル種が斬新な分子構築の機会を提供することがわかった（ラジカル反応については本講座8巻の第6章参照）.

　ラジカル種を利用した連続結合形成の代表例として，D. P. Curran のヒルステンの全合成を挙げる（図4.60）．すなわち，エノン 17 から出発し，数段階を経て環化前駆体 18 を合成する．さて，いよいよ見せ場である．すなわち，ラジカル反応開始剤 AIBN の存在下，このヨウ化物 18 を Bu₃SnH と加熱すると，見事にラジカル種による 5-*exo* 型閉環反応が連続して起き，ヒルステンが高収率で得られた．第 4 級炭素を含む分子骨格が一挙に形成されているのが印象的である．

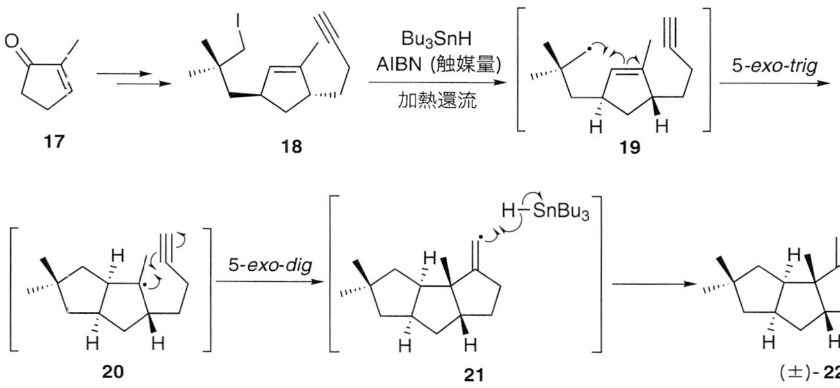

4.6 連続結合形成による多環式化合物の合成　149

図 4.60

図 4.61 は，反応機構のまとめである．まず，AIBN による開始反応により Bu₃Sn• が生じる(開始反応については，本講座 8 巻 6.3 節(b)，(d)を参照)．これが出発物質 18 からヨウ素原子を引き抜いて Bu₃SnI となり，こうして初期的なラジカル 19 が生成する．この 19 が閉環反応によりラジカル 20 となり，さらにこれが 2 度目の閉環反応によってラジカル 21 となり，これが Bu₃SnH から水素原子を引き抜いて 3 環式化合物 22 を与える．ここで Bu₃Sn• が再生されるので，触媒サイクルが成立するというわけである．

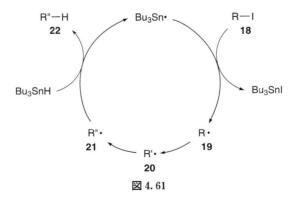

図 4.61

繰り返しになるが，ラジカル種はきわめて反応性に富んでいる．したがって，初期的に生じたラジカル 19 にせよ，2 次的に生じたラジカル 20 にせよ，同様に水素原子の引き抜きを行うチャンスがあったはずである．し

かし実際には，19→20→21 と 2 度の 5 員環形成が起きて，目的の骨格が完成してから，水素原子の引き抜き反応が起きている．なぜ，こんなに都合よく行くのだろうか．

その秘密は，ラジカル種が 5-*exo* 型閉環反応をきわめて起こしやすいことにある．図 4.62 を見てほしい．すなわち，3 炭素分はさんだ位置に C＝C 結合があると，ラジカル種はいとも簡単に 5 員環を巻く．このいわゆる 5-ヘキセニルラジカル閉環反応はきわめて速やかであり，その反応速度定数 $1.0 \times 10^5 \, \mathrm{s}^{-1}$（25 ℃）はしばしばラジカル反応の速度研究の基準として用いられる（ラジカル時計法）．一方，アルキルラジカルが $\mathrm{Bu_3SnH}$ から水素原子を引き抜く反応の速度定数は，$10^5 \sim 10^6 \, \mathrm{l \, mol^{-1} \, s^{-1}}$ の範囲にある．しかしこの過程は 2 次反応なので，濃度条件を適宜低く設定すれば，上述の環化反応よりも十分遅くなるように調節することができるというわけである．

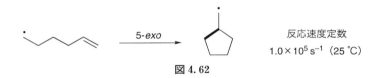

図 4.62

ここで連鎖型のラジカル反応を利用する上で，もう 1 つ重要なことを確認したい．それは，"ラジカルの反応相手として，ラジカルではないものを想定する"ということである．なぜなら，ラジカルどうしが反応してしまえば肝心の反応活性種が消滅し，一巻の終わりとなってしまうからである．この点，同じ高反応性化学種といっても，電荷を帯びているのでカチオンどうしあるいはアニオンどうしが反応しないのとは対照的である．実際，ラジカルどうしの反応はきわめて速く，その速度定数 $10^9 \sim 10^{10}$ $\mathrm{l \, mol^{-1} \, s^{-1}}$ は拡散律速（出会えば必ず反応する）のレベルにある．したがって，ラジカル連鎖反応においては，ラジカル種の濃度を常に低く保つ必要がある（$10^{-7} \sim 10^{-8} \, \mathrm{mol \, l^{-1}}$）．このように，うまくラジカル反応を行うためには，目的の反応を起こすように反応基質や触媒サイクルを正しく設計し，鍵となるラジカルを極微量だけ発生させ，連鎖反応の引き金を引くことが必要である．

なお，ラジカル反応の大きな特徴に，上述のヒルステンの例でもみられ

たように，周囲の立体障害が大きい場所でも結合形成を行うことができる，ということがある．これは，ラジカル種がイオン種と比べて溶媒和の影響を受けにくいことによる．すなわち，電荷を持つカチオンやアニオンは溶媒和により安定化されており，これらが反応を起こすためには，前もって"溶媒の衣"を脱ぎ捨てなければならない．これに対し，電気的に中性なラジカルははじめから"むきだし"で反応性に富んでいるからである．

　本項で述べたように，ラジカル環化反応は，特に5員環の形成に威力を発揮する．これは，前項のカチオン環化反応が"6員環の形成を得意とする"のとは対照的である．その基礎となるのは，図4.63に示すような5-ヘキセニル系において，ラジカル種では5-exo型閉環反応が，カチオン種では6-endo型閉環反応が優先的に起こるという，一般的な傾向に根ざしている．なぜだろうか．Baldwin則(4.2節(a))とからめながら考えてみてほしい．まず，カチオン環化反応では，Aのようにカチオンとオレフィンのπ軌道との相互作用から反応が始まり，ここからより有利な第2級のカチオンが出る方向に反応が進行するので，6-endo型閉環反応となる．一方，ラジカル環化反応では，ラジカルとオレフィンのπ*軌道との相互作用がポイントとなる．ここでπ*軌道の広がりが二重結合からやや外側

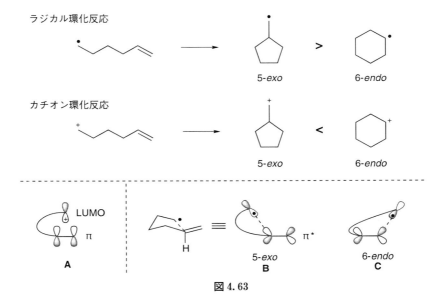

図 4.63

に向いているので，6-*endo*型閉環反応(C)よりも，5-*exo*型閉環反応(B)が速度論的に有利なのである．こうして，熱力学的に不利な第1級のラジカルが生成するにもかかわらず，5員環の形成が支配的となる．

4.7 環拡大アプローチ

環構造をつくるためのおもしろいアプローチとして，入手しやすい環に手を加え，新たな環構造へと変化させる方法がある．そのために，転位反応やフラグメント化反応などの骨格変換反応を用いるが，場合によっては反応の前後で分子の見た目ががらりと変化し，何が起きたのかがわからないようなこともある．本節では，この"変化球"ともいうべきアプローチを紹介する．

既存の環の員数を拡大する**環拡大アプローチ**には，いくつかの種類がある(図4.64)．まず，アプローチ a は 2 環式化合物の 3 本の鎖のうちの 1 本を切るものである．一方，アプローチ b は既存の環に適切な"仕掛け"を備えた側鎖を用意し，これに向けて環を拡大させていくものである．アプローチ c は上述のような"仕掛け鎖"を 2 本使った環拡大である．

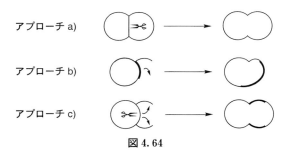

図 4.64

まず，アプローチ a について述べる．図4.65 に示したのは，シクロプロパンを含む 2 環系を用意しておき，電子環状反応を利用して中央の結合を切断することによって，比較的作りにくい 7 員環を生成させるというア

図 4.65

プローチである．一種の"シクロプロパントリック"といえるかもしれない．また，図4.66に示したデカリン誘導体から作りにくい10員環へと変換するのも，このアプローチの一例である．この反応の出発物質の立体化学と生成物のオレフィンの幾何配置との関係については，3.3節(b)を参照してほしい．

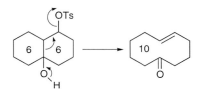

図 4.66

次にアプローチbの例として，アミノアルコールのジアゾ化からそれに続く Tiffeneau-Demjanov 転位反応にもとづいた7員環から8員環への環拡大反応を示した（図4.67）．また，4.8節において述べるロンギホレンの合成も見てほしい．

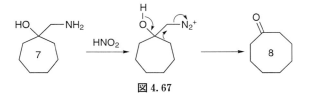

図 4.67

また，デカリン誘導体から同様な1,2転位反応を行うと，5員環と7員環とから成る縮環系（ビシクロ [5.3.0] 系）ができる（図4.68）．一方で環拡大，一方で環縮小が起きているのがおもしろい．この反応は抗腫瘍性化合物ヘレナリンの合成にも利用された．

光化学的な [2+2] 付加環化反応を用いると，種々の4員環化合物が得

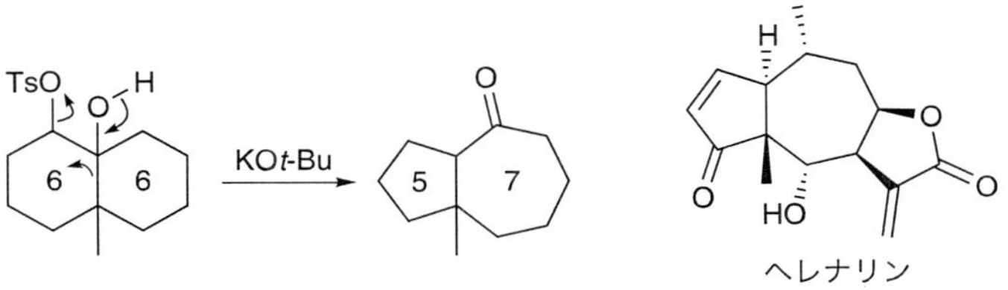

図 4.68

られる．目標化合物が4員環を含む場合もあるが，むしろ，ひずみエネルギーの開放を利用して環拡大反応に利用されることが多い．竜田邦明によるコリオリンの合成は，その美しい例である（図 4.69）．まず，2つの環状オレフィン 23 と 24 とを光化学的に [2+2] 付加環化させて，6員環，4員環，5員環から成る3環式化合物 25 を合成する．ここから数段階を経て化合物 26 を合成し，これを塩基性条件で処理すると環の組み替え反応が起きて，すべて5員環から成る3環式化合物 27 を構築している．

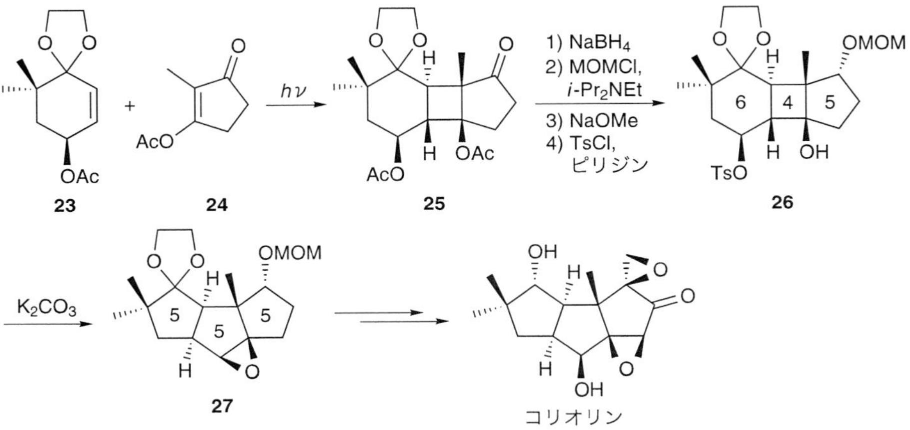

図 4.69

最後に，アプローチ c の例として**オキシ Cope 転位反応**を示す（図 4.70）．通常の Cope 転位の系にアルコキシド（対カチオンとして K^+ が特によい）があると，著しく反応性が向上することが D. A. Evans により見出された．

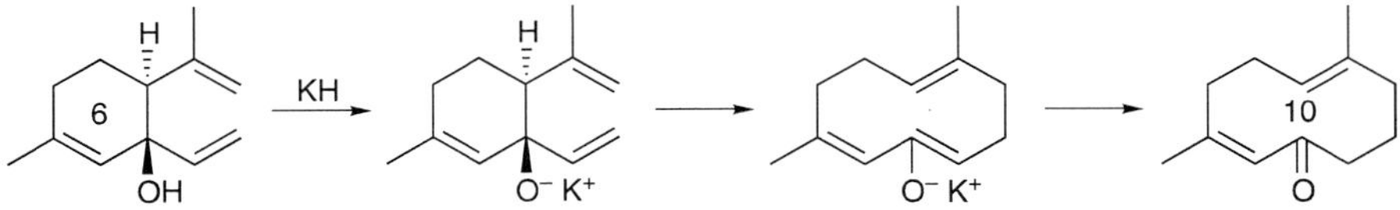

図 4.70

また，[3,3] 転位を2度用い，連続して環拡大を行って15員環をつくった例として，P. A. Wender によるムスコンの合成を示した．すなわち，オキシ Cope 転位から連続的に Cope 転位へつなげることにより，7員環から15員環への環拡大が起きる．最後に水素添加すれば，香料ムスコンの完成である（図 4.71）．

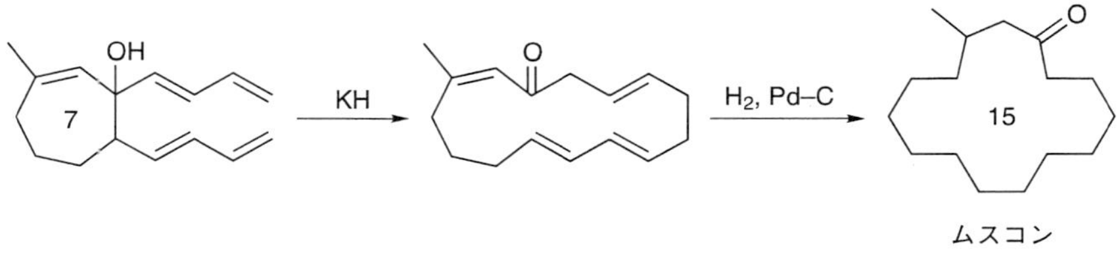

図 4.71

4.8 架橋化合物

　架橋構造や縮環構造を含み，複雑に入り組んだ多環式化合物は，見ただけで敬遠したくなるかもしれない．しかし，ここではあえてその合成を学ぶために，ロンギホレンの合成を考えてみよう．このセスキテルペン化合物は，この話題における象徴ともいえる化合物である（図 4.72）．なぜなら，E. J. Corey が**ネットワーク解析**という多環式化合物の合成計画法を提案し，その考え方を説明する題材として用いたからである．

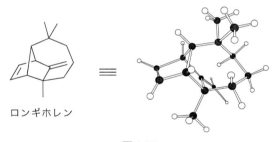

図 4.72

　そもそも，この分子の骨格はどうなっているのだろうか．図 4.73 を見てほしい．環を構成する炭素鎖だけに着目し，交点に相当する**橋頭位**を境に"解体"してみると，A のように 6 本の鎖となる．これらの鎖のうちどれか 1 本を取り去り，それ以外をもう 1 度つなぎ合わせてみよう．ここで 6 種類の **2 環式構造**が出現するが，なくなった点線部分に，もう 1 度"橋わたし"してやれば，分子骨格が**再構築**できるというわけである．

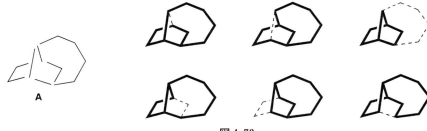

図 4.73

ここで前にもやったように,目標化合物に含まれたさまざまな結合を切断してみて,その様子を比べてみよう.図 4.74 を見てほしい.ここで,ある結合を切った時に,複雑だった構造がぐっと簡単になることがある.こうした結合を合成全体を左右するという意味で**戦略結合**(strategic bond)とよぶ.ロンギホレンの場合には,どの結合がそれに相当するだろうか.

たとえば,C_1-C_8 結合を切断してみると骨格 a となる.平面図に展開してみると,これは 6 員環と 7 員環との縮環構造であり,構造がかなりすっきりしたことがわかる.一方,C_1-C_{11} 結合を切断した時には架橋構造

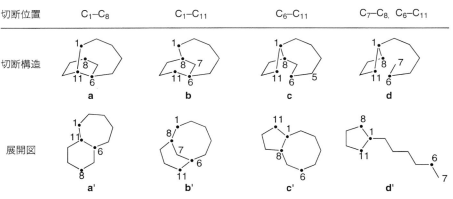

図 4.74

bとなる．本章の最初に述べたように，2環式化合物には3種類（架橋系，縮環系，スピロ系）あるが，一般に，それらのうち"架橋系が最も作りにくい"とされている．したがって，このbは分子構造の簡単化の程度が少ないと言えよう．同じく，C_6-C_{11}結合の切断による2環式化合物cは，作りにくい8員環を含んでいる点で難がある．また，dは，C_7-C_8結合およびC_6-C_{11}結合の2カ所で結合切断を行った例である．何となく，"分子内Diels-Alder反応が利用できないか"と思えてくる．

　実際の合成を見てみよう．3つの例を取り上げるが，まずE. J. Coreyの合成（図4.75），およびJ. E. McMurryの合成（図4.76）を比べてみよう．どちらも縮環系aを骨格構築のための鍵として選択している．すなわち，上述のC_1-C_8結合切断にもとづいた合成計画であるが，実際の合成のやり方次第で，結果はまるで違うこととなることを味わってほしい．

　両者ともにWieland-Miescherケトン28の6員環と6員環とから成る縮環系から出発し，片側の環を7員環へと拡大する作戦である．しかし，7員環の構築時期は対照的であり，Coreyは架橋系の**構築前**に，McMurryは架橋系の**構築後**に行っている．

　まず，Coreyの合成を図4.75に示す．すなわち，6員環を7員環へと拡大するために，オレフィン29を位置選択的に酸化し，対応するジオールとする．続いて立体障害の少ない第2級アルコールを選択的にトシル化し，トシラート30へと導く．ここで，$LiClO_4$を活性化剤とするピナコール型1,2-転位反応による環拡大を行い，2環式化合物31を得る．さらにアセタールを加水分解し，いよいよC_1位とC_8位とで架橋結合を生成させる鍵段階に臨む．この段階は，実はかなり困難を伴うものであり，さまざまな条件が検討された．その結果，見出された最適条件は，アセタールの加水分解後，そのままアミンの存在下で長時間，高温で加熱するというものであった．こうして目的の架橋化合物33を得ることができたが，残念ながらその収率は低いものにとどまった．なぜだろうか．

　ここで，望みの反応が起こるには，以下の2つの前提条件がある．
　　（1）β, γ-不飽和ケトン32が α, β-不飽和ケトン34へと異性化すること．
　　（2）不飽和ケトン34において，核間位のメチル基と水素原子との関係が *cis* となること．

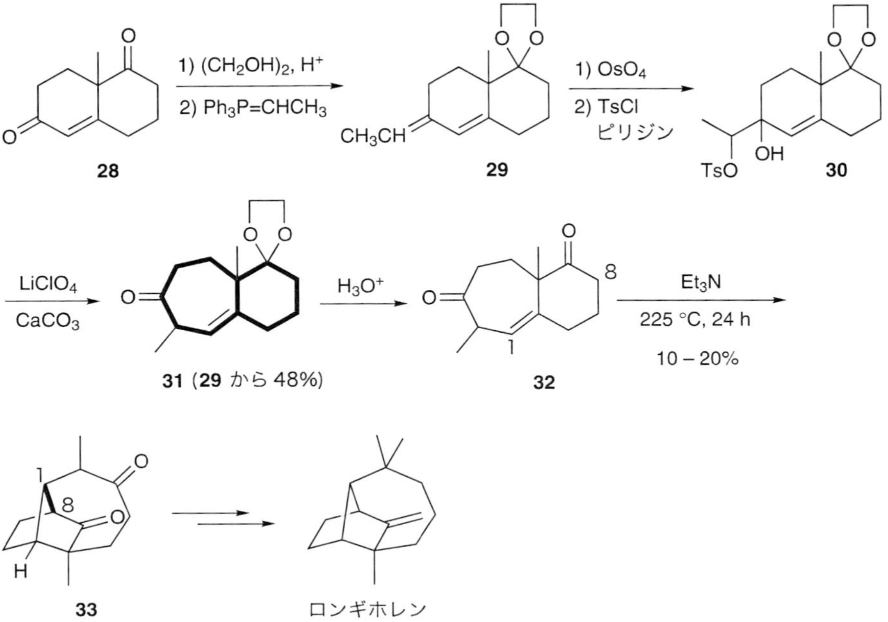

図 4.75

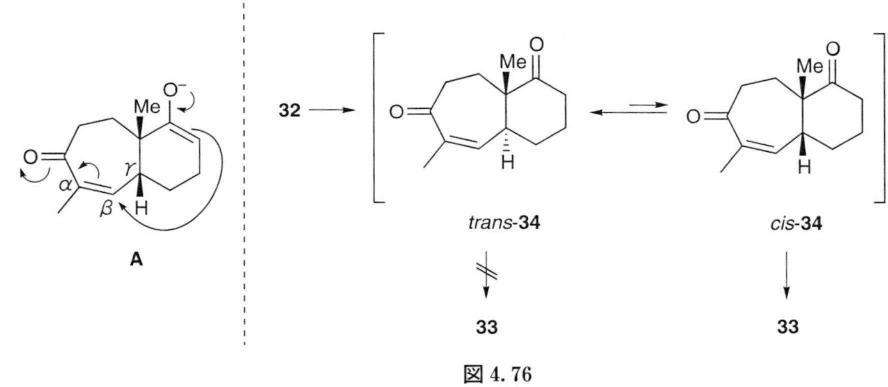

図 4.76

前者の条件は，図 4.76 に示す A のように分子内 Michael 反応が起こるために必須である．しかし，それだけでは不十分で，条件(2)の立体化学もあわせて満足される必要がある．すなわち，α, β-不飽和ケトン 34 には 2 種類の立体異性体があるが，ひずみのある cis 体と比べ，trans 体の方がエネルギー的にかなり有利である．ところが目的の反応は，この不利な

cis 体からしか起こらないので最適条件においても，高収率を達成することはできなかったのであろう．ぜひ，この *trans* 体と *cis* 体の分子模型を組んでみてほしい．

　一方，J. E. McMurry はこの戦略結合の形成を 6 員環と 6 員環から成る縮環化合物の段階で行い，その後に 6 員環の片方を 7 員環に拡大する反応を行う作戦を採った（図 4.77）．すなわち，架橋結合の生成の段階（35→36）では，生成物が高収率で得られている．こうして得た架橋系で 7 員環を作

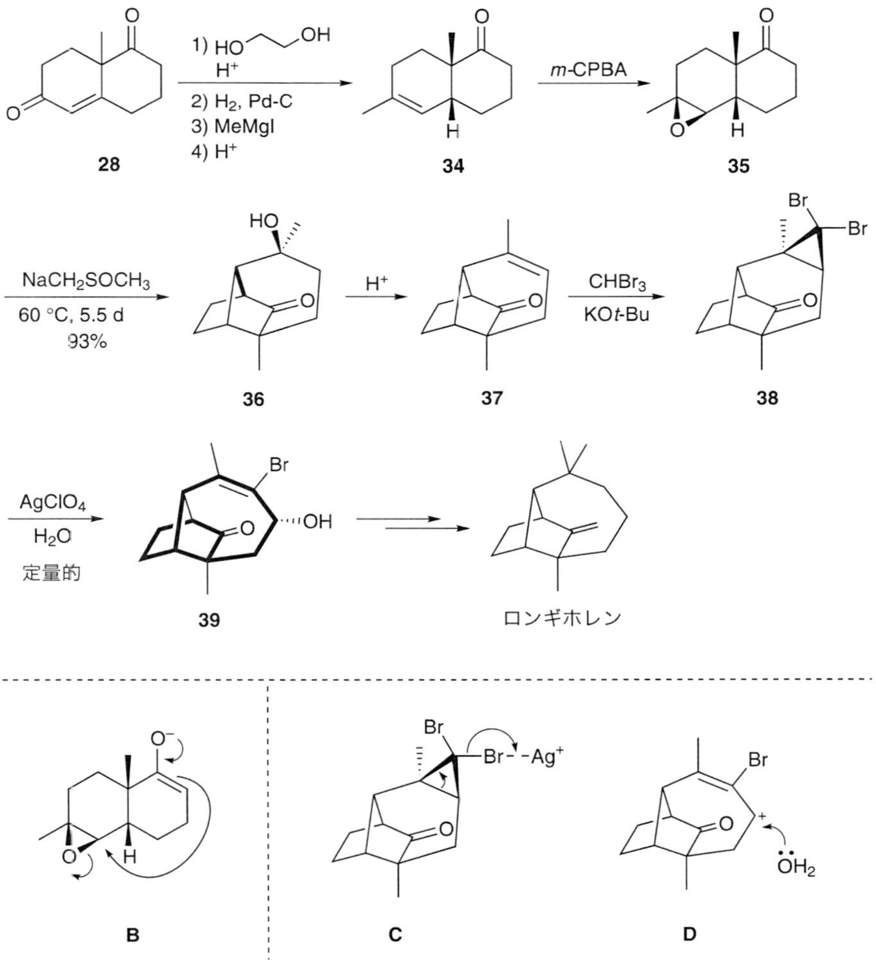

図 4.77

るために,やはり環拡大反応(38→39)を用いている.すなわち,オレフィン 37 に対してジブロモシクロプロパン化を行い,得られた 38 に対して Ag(I) 塩を作用させることにより C のように臭化物を引き抜く.その結果,シクロプロパン環が開裂し,アリルカチオン D が生じることにより,目的の骨格に至ったのである.

このように同じ戦略結合を選んで合成を企画しても,**戦術**(実際に用いる鍵反応の種類,反応基質,反応剤の選択)次第で結果が大きく異なることがわかってもらえただろうか.しかし,だからといって多環式化合物の論理的な合成解析の指針を示した Corey の功績は少しも揺るぐものではない.

W. S. Johnson もまた,ロンギホレンの短段階合成を報告している(図 4.78).すなわち,分子内にアセチレンをもつシクロペンテノール 40 に対して,トリフルオロ酢酸を短時間(3 分間)作用させ,K_2CO_3 水溶液で反応を停止することにより,目的とする 3 環式化合物 41 を一挙に,収率よく得ている.これは,お得意のポリエン環化反応(4.6 節(a)参照)の考え方を活かした見事な合成例である.3 種類のカチオン E, F, G が,次々と移り変わっていく様子を味わってほしい.

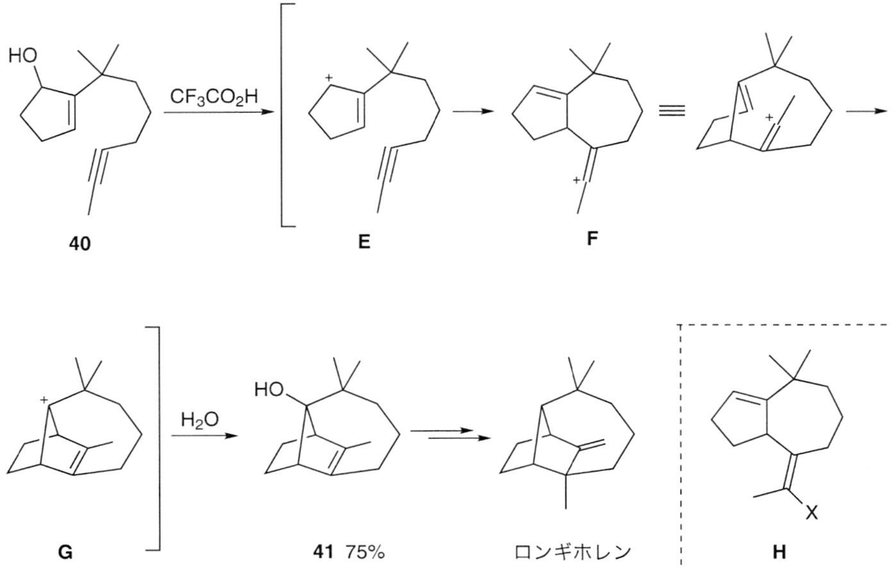

図 4.78

実は，この合成にはおもしろいエピソードがある．当初は40に類似した化合物をカチオン環化させることにより，ヒドロアズレンHを合成しようと試みていた．しかし，副生物として3環式化合物が生成することを見つけ，その知見をロンギホレンの合成に応用したのであると，彼はもとの論文で正直に告白している．偶然に見つけた反応の中に隠された，別の意義を見逃さず，優れた合成法の開拓へとつなげたという，ちょっと"よいハナシ"である．なお，この合成が，図4.74の合成解析における結合切断dに相当することを確かめてみてほしい．

4.9　遷移金属からの贈りもの 2

3.5節において既にふれたように，有機金属化学の進歩，特に遷移金属を用いた合成反応の進歩が有機合成の戦略を大きく変化させている．環の構築も例外ではなく，本節ではこの進歩について紹介する．

(a) アセチレンの環状3量化反応

1980年に発表されたK. P. C. Vollhardtによるエストロンの合成は，新時代の到来を象徴するものであった．その基礎となったのは，コバルト錯体を触媒とする**アセチレンの環状3量化反応**である（図4.79）．くわしい反応機構はさておくとして，これをもとにした，斬新な合成計画が立てられた．

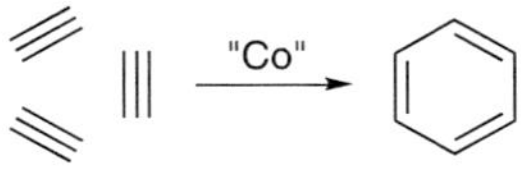

図 4.79

すなわち，先述のキノジメタンの分子内付加環化反応(4.5節)を想定し，まずB環部を2カ所で切断するとaとなる．その前駆体としてベンゾシクロブテンbを想定し，さらにA環のベンゼン環を上述の環状3量化反応に求めれば，前駆体としてcが浮上してくる（図4.80）．

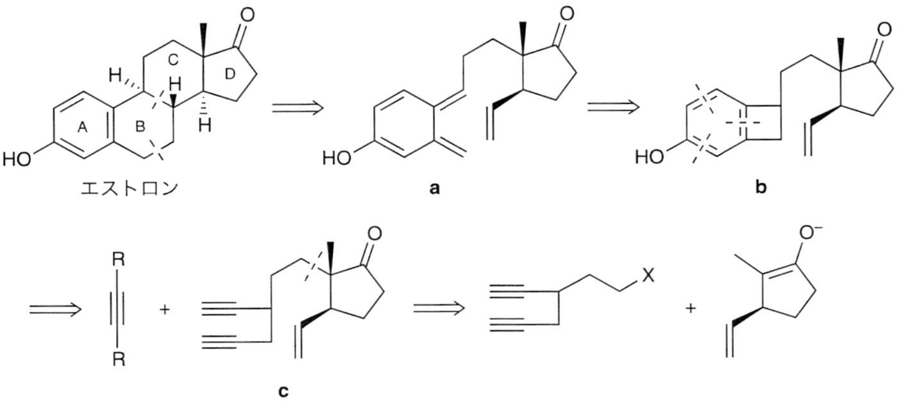

162   4 炭素環モチーフ

図 4.80

　この美しいシナリオの実行を示したのが，図 4.81 である．しかし，例によって実際の合成では，思わぬ障害が待ち受けていた．まず，鍵中間体を合成するために，エノン 42 に対し，Cu(I) 塩の存在下でビニル Grignard 反応剤を共役付加させ，そのままヨウ化物 44 で捕捉しようとしたが，金属がアセチレン部に配位してしまうためか，不首尾に終わった．そこで，共役付加で生じたエノラートを，いったんエノールシリルエーテル 43(4.4 節(a)参照)として捕捉した後，液体アンモニア中リチウムアミドとの反応によって改めて発生させたリチウムエノラートを用いてアルキル化反応を行うことにより，目的物 45 を得ている．残念ながら立体選択性は 2:1 にとどまった(理由については章末問題 4.2 参照)．

　ともかく，これらを分離し，次の段階に進んだが，そこから先はすばらしい．エンイン化合物 45 を，触媒量の $CpCo(CO)_2$ の存在下，ビストリメチルシリルアセチレンとともに加熱すると，収率 56％ でベンゾシクロブテン 46 が得られた．後はこの 46 を加熱すると，キノジメタン 47 の発生に続く分子内 Diels-Alder 反応により，4 環式化合物 48 となる．こうして，一部収率や選択性に問題はあるにせよ，ユニークなステロイド骨格の構築法が完成した．残された課題は 2 つのシリル基のうち，C_2 位のものを水素に，C_3 位のものをフェノールに導くことであったが，この変換も選択的に進行し，ここにエストロンの合成が完成した．

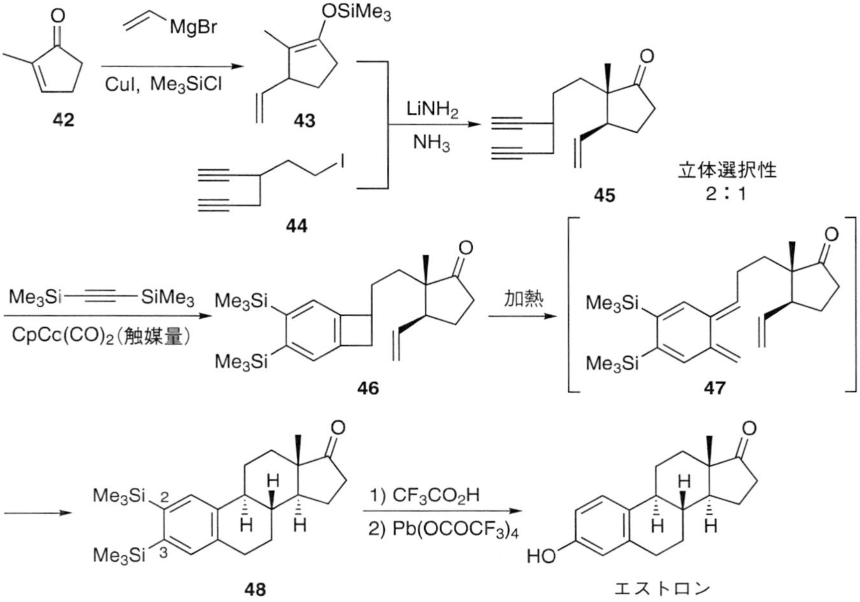

図 4.81

(b) **Mizorogi-Heck 反応**

パラジウム触媒を用い，アルケンをアリール化あるいはアルケニル化する反応は，**Mizorogi-Heck 反応**として知られている（図 4.82, 式(1), (2)）．この反応は 1970 年代初頭に溝呂木勉と R. F. Heck によって独立に発見されたが，その後数多く用いられるようになり，有機合成に新たな可能性を提供している．

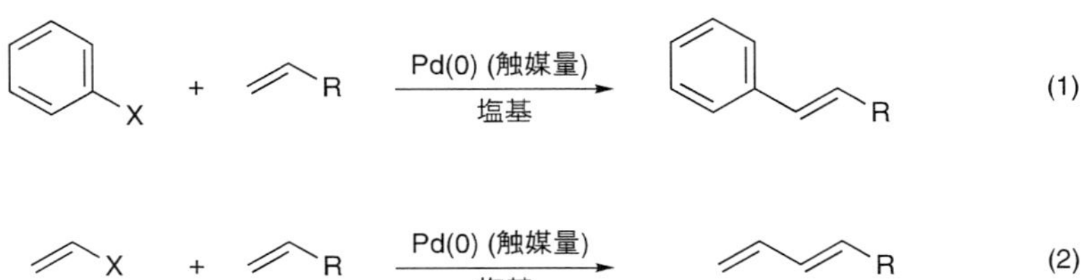

図 4.82

164 4 炭素環モチーフ

図 4.83 は,ハロゲン化アリールを例とした基本的な反応機構である.出発は Pd(0) 種 A である(ここでは配位状態は不明なので単に Pd と書くが,実際には配位子の選択が重要である).まず,ハロゲン化アリールがPd(0) 種 A に酸化的付加して,アリールパラジウム種 B となる.これが他のオレフィンに移動挿入し,アルキルパラジウム種 C となる.一般に遷移金属のアルキル錯体は syn 型の β-ヒドリド脱離を起こしやすいので,結合回転で C が C′ へと移行すると "パラジウムが β-水素を見つける" ので,この脱離反応が起きて,オレフィン D が生成する.これと同時に Aが再生され,触媒サイクルが完成する.同じような反応をハロゲン化ビニルに適用すれば,図 4.82 式(2)のようにジエンが合成できることになる.

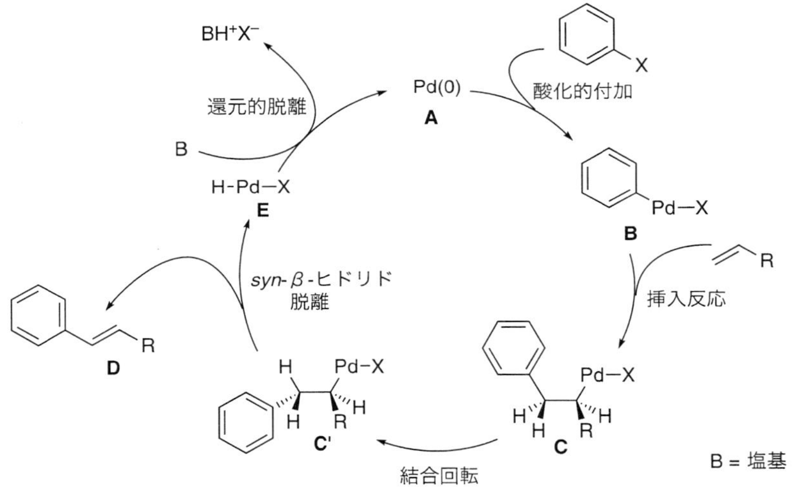

図 4.83

この反応を C=C 結合を適切に配置させた反応基質に対して応用すると,次々と移動挿入反応が起き,一挙に多くの環を形成させることができる.図 4.84 は L. E. Overman によるスコパズルシク酸の合成である.パラジウム触媒があたかも縫い針のように働き回り,分子を縫い合わせていくかのようである.特に,前節で比較的困難であると述べた,架橋系を含む環状構造が速やかに構築されていることに注目してほしい.

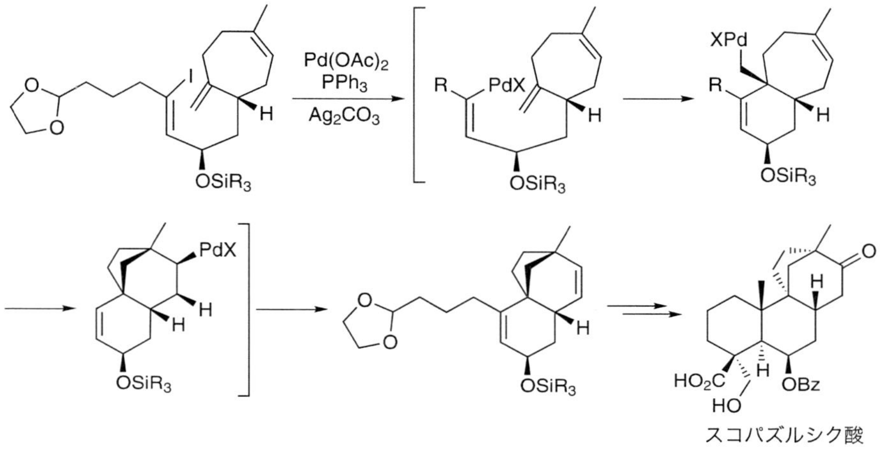

図 4.84 スコパズルシク酸

(c) ピナコール閉環反応とグラヤノトキシン合成

ピナコールとはアセトンの 2 量体のニックネームである．その生成機構は図 4.85 に示すようにアセトンの 1 電子還元で生じたケチルラジカルのカップリング反応として理解できるが，金属表面上で起こるので，なかなか制御しにくい．

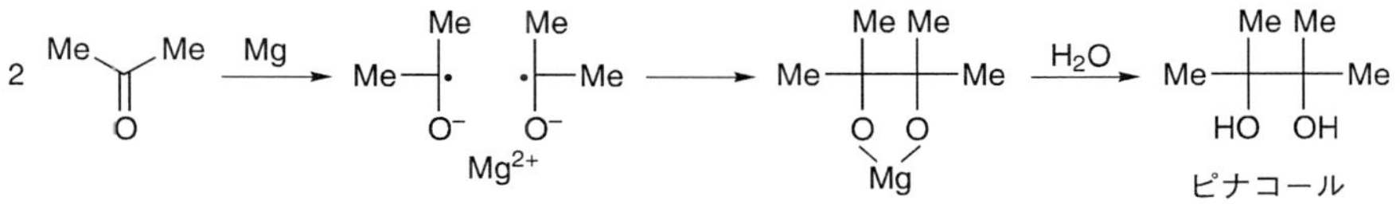

図 4.85

しかし，近年，新たに有力な還元剤が登場し，その事情が変化してきた．その代表例は H. B. Kagan が開発した二ヨウ化サマリウム（SmI_2）である（周期表上でサマリウムはどこに位置するか探してみてほしい）．その調製法は図 4.86 に示す通りである．すなわち，サマリウム金属粉末を THF に懸濁し，ヨウ素，ジョードメタン，あるいは 1,2-ジョードエタンを加えると目の覚めるような青色の SmI_2 の溶液が得られる．その特徴は，(1) $Sm(II) \rightarrow Sm(III)$ の過程による 1 電子還元力を有すること，(2) 無酸素下であれば，比較的長期の保存が可能な規定溶液として得られ使いやすいこと，などである．

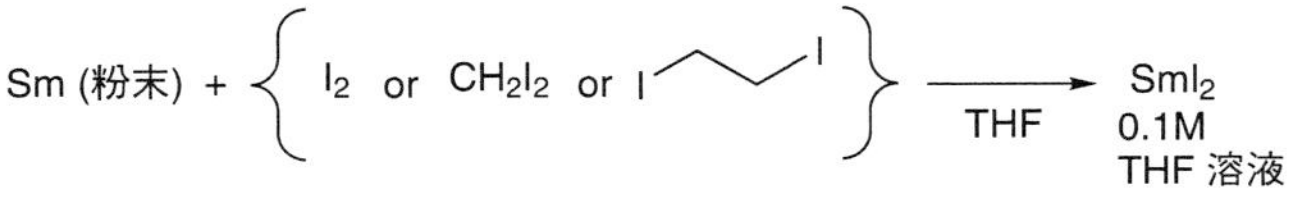

166   4 炭素環モチーフ

図 4.86

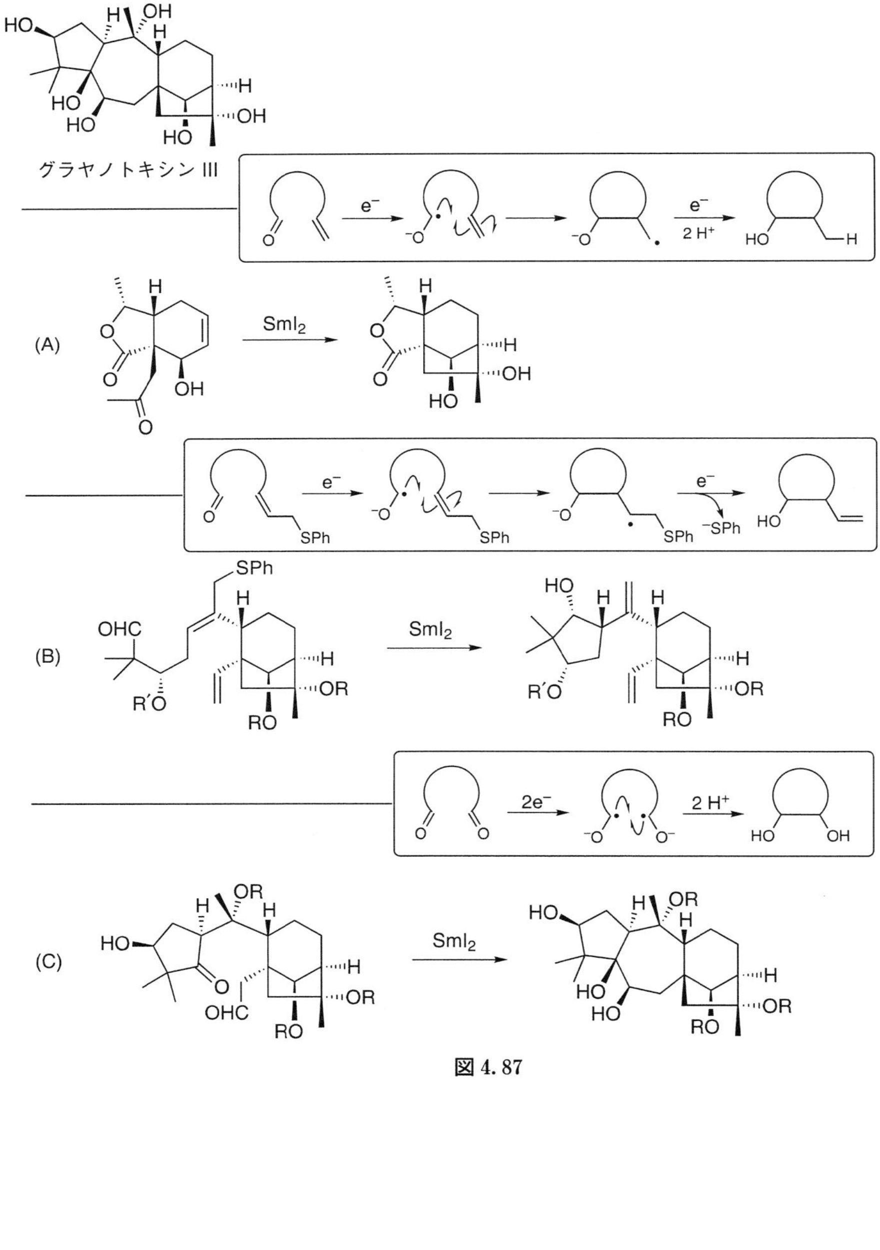

グラヤノトキシン III

(A)

(B)

(C)

図 4.87

4.9 遷移金属からの贈りもの 2　　167

　　シャクナゲの有毒成分グラヤノトキシンは，架橋構造を含む，複雑な 4 環式構造を有している．また，酸素官能基も多く見るからに合成が難しそうである．しかし，白濱晴久，松田冬彦は，SmI$_2$ を用いた還元的閉環反応をくりかえし用い，その全合成を達成した．3 つの鍵段階があるが，その本質部分は，図 4.87 の模式図にあるようにいずれも 1 電子移動過程にもとづく閉環反応である．

(d) オレフィンメタセシス反応

　　オレフィンメタセシス反応(olefin metathesis reaction)とは，図 4.88 に示したものである．オレフィンどうしが手をつなぎかえるような，このおもしろい形式の反応はすでに 1960 年代に見つかっていたが，平衡反応であることや触媒効率が低いことなどから，有機合成，中でも天然物合成の分野では，ごく最近に至るまで，あまり意識されていなかった．しかし，R. Schrock，R. H. Grubbs が，それぞれ高活性な触媒 A, B, C を開発したことを機に，ここ 15 年ほどの間に爆発的な勢いで利用例が増え，特に閉環反応においてそれが顕著である．この業績をもとに両者が 2006 年秋にノーベル化学賞を受けたことは記憶に新しい．

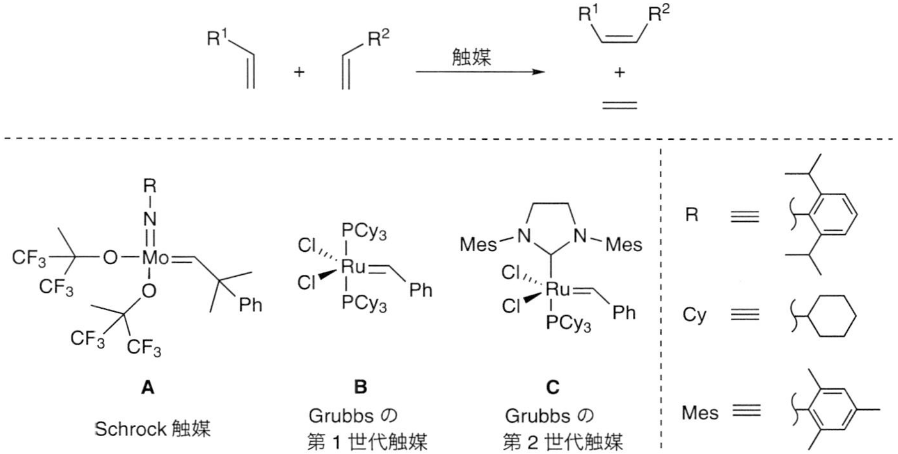

図 4.88

　　反応機構は，図 4.89 のように金属カルベン錯体とオレフィンとの [2+2] 付加環化反応とその逆反応に基づくものである．すなわち，金属カルベン錯体 D がオレフィン E と付加環化を起こして，金属を含む環状

化合物(メタラサイクル) F が生成する．これには，逆反応が存在する．すなわち，環の開裂反応が起こるのであるが，その際に，当初とは別の位置で結合切断が起これば，新たなオレフィン H が生成し，同時に新たな金属カルベン錯体 G が生成することとなる．

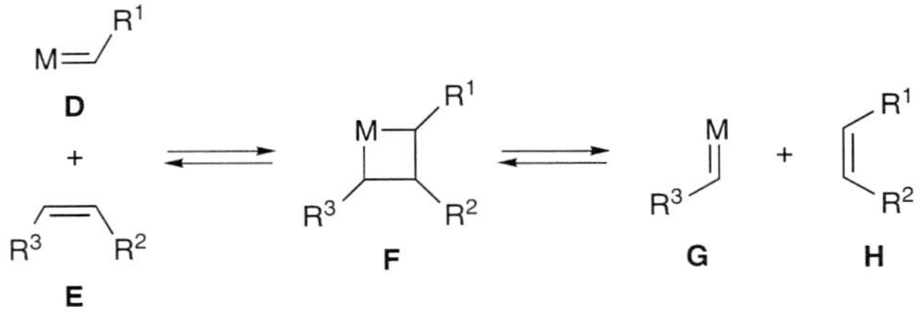

図 4.89

このように平衡反応であるため，一見，いろいろな組み合わせのオレフィンの混合物ができてしまいそうである．しかし，環を作る目的においては，図 4.90 のように分子の両端にビニル基を持つ化合物 50 を用意して，反応を行えばよい．分子内でオレフィンメタセシス反応が起き，エチレン(沸点 −104℃)が系外に抜けていくことによって平衡がずれるという仕掛けで，望みの閉環反応を進行させることができる．しかも，このメタセシス反応は中員環や大員環構造の構築にも有効であり，本来であれば問題となる分子間反応との競争や渡環ひずみの問題(4.2 節参照)を，なぜか"あっさり"と解決してくれる．そのため，最近では環状化合物の合成を計画する時に，常にこの反応が考慮されるまでになってきた．

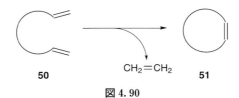

図 4.90

最後にその顕著な利用例として，平間正博によるシガトキシンの合成を挙げておきたい(図 4.91)．この巨大な海産毒の合成は最近の天然物合成における金字塔の 1 つであるが，それを可能にした一因がこのメタセシス反応の発展にある，というのは間違いない．それにしても自然はなぜ，このような巨大な化合物を作り出しているのだろうか．

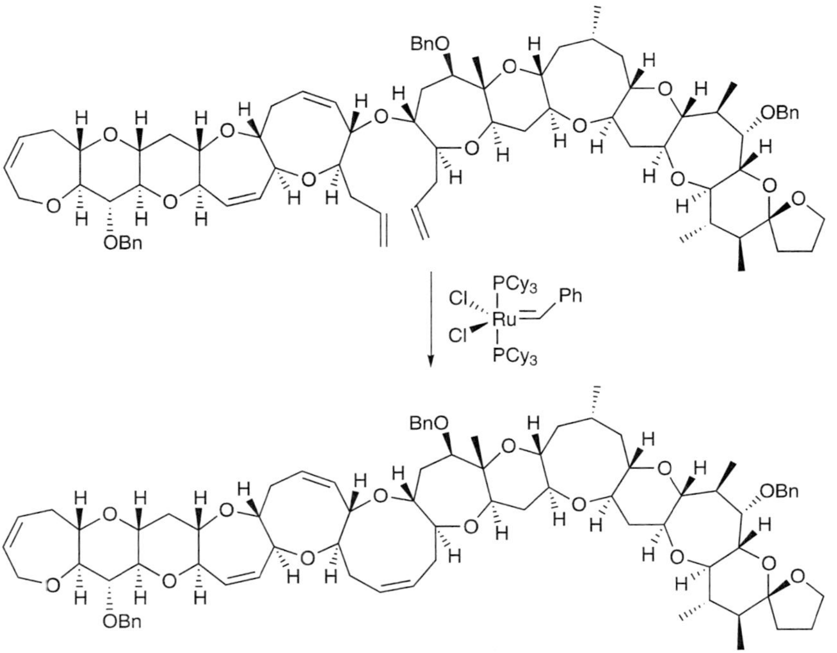

図 4.91

章末問題

4.1 Woodward によるコルチゾン合成(図 4.40)に関し,以下の段階の反応機構を示しなさい.

(1) 化合物 3 → 化合物 4
(2) 化合物 9 が生成する反応の第 1 段階
(3) 化合物 10 → 化合物 11
(4) 化合物 11 → 化合物 12

4.2 4.9 節(a)で述べたエノンに対する共役付加に続くアルキル化反応(図 4.81, 43 → 45)では立体選択性が 2:1 とふるわなかった.これは第 6 章のプロスタグランジン合成における同様な反応例での完璧な *trans* 選択性とは対照的である.その理由を考えてみよ.

5 立体制御法の進歩による合成戦略の変化

　標的化合物に1つもしくは複数の不斉中心が存在する場合を考えよう．その合成にあたっては，分子の絶対立体化学，ならびに相対立体化学をどのように制御するかが，決定的に重要である．ここでは題材として光学活性フェロモンの合成を取り上げ，有機立体化学の基礎（アノマー効果，C_2対称性，C_S対称性）について学び，さらにそうした要素を勘案しながら，標的化合物を立体選択的に合成するための，さまざまなアプローチについて学ぶ．

5.1　exo-ブレビコミンの合成：立体制御の4つのやり方
光学活性フェロモン(exo-ブレビコミン)の合成を例として，光学活性体の合成に対する4つのやり方（キラルプール法，不斉誘起法，ジアステレオ選択的不斉合成，エナンチオ選択的不斉合成）について解説する．また，不斉合成の歴史的発展の側面についても記す．

5.2　スピロアセタールとアノマー効果
スピロアセタール型の天然物の合成を中心として，重要な立体電子効果であるアノマー効果について説明する．

5.3　分子内の対称性を活かした合成戦略
標的化合物に特有の対称性を活かすと，合成経路を大幅に簡素化できる場合がある．ここでは，C_2対称性を活かした合成戦略，ならびにC_S対称性とメソトリックについて解説する．

5.1 *exo*-ブレビコミンの合成：立体制御の 4 つのやり方

図 5.1 には，不斉中心を持つ昆虫フェロモンがいくつか示してある．こうした化合物の生物活性は，その絶対立体化学，相対立体化学に依存することが多く，その合成においては立体制御が勝負となる．

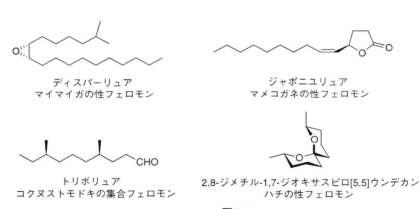

図 5.1

図 5.2 に示した *exo*-ブレビコミン 1 はキクイムシのフェロモンであるが，この化合物は昆虫フェロモンの科学において象徴的な存在である．なぜなら，1970 年代初頭，森謙治によるこの化合物に関する先駆的な研究により，昆虫フェロモンの絶対立体化学と生物活性との関係が初めて明ら

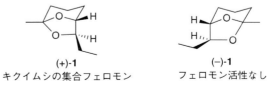

図 5.2

かにされたからである．すなわち，この1の両鏡像体を，D体およびL体の酒石酸から合成し，生物活性試験に供したところ，(+)体だけが誘引活性を示すことが判明したのである．本節では，この化合物を例にとり，標的化合物の立体選択的な合成のいろいろな作戦を紹介したい．

図5.3は，*exo*-ブレビコミン1の逆合成解析である．分子内のアセタールを加水分解すると，炭素数9個の鎖状分子2となる．この2は6位，7位に *syn* のジオール，2位にケトンを有している．

さて，この2から標的化合物1へ戻るには，酸性で分子内アセタール化反応を想定すればよい．この際，アセタールの根元に新たに不斉中心が生じるが，実は2環構造の特性で，この異性体のみが一義的に得られる（分子模型を組んでみてほしい）．したがって，実質的な問題は，化合物2の$(6R, 7R)$ジオールの立体化学をいかに整えるか，ということになる．

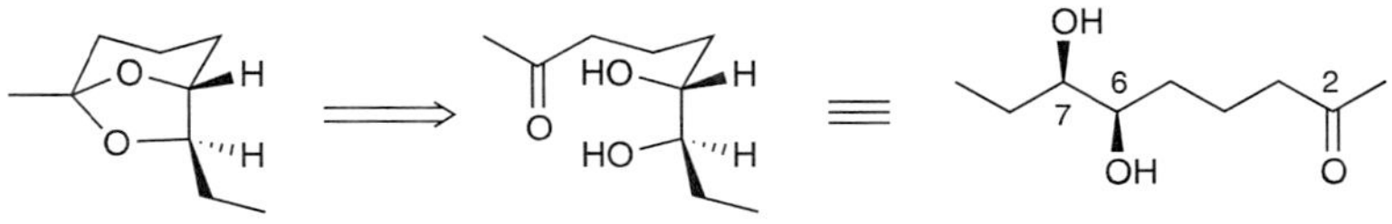

図5.3

このように合成において，分子の絶対立体配置を含め，**立体化学の整備**がポイントとなる場合，いくつかのアプローチがある．ここでは化合物2の合成を例にとり，それぞれのアプローチの概要を述べよう．

1つには，**キラルプール**(chiral pool)とよばれるやり方がある（図5.4）．これは，標的化合物の中で不斉中心を含む部分構造に注目し，これをはじめから備えた化合物を出発物質として選択するものである．通常，その目的で用いられるのは，アミノ酸やヒドロキシ酸，糖質化合物など，天然から豊富に入手できる光学活性化合物である．これらの化合物群から適切な出発物質を選ぶことは，あたかも寿司屋で"いけすの中からネタを見つくろう"かのようである．具体的に図5.3のサブターゲット2とキラルプールの中身とを見比べると，D-酒石酸がピッタリのジオール構造を有しており，出発物質の1つの有力候補であることがわかる．

ここで，L-リンゴ酸のように1つの不斉中心しか持たない出発物質を選んだとしよう．標的構造に至るには，もちろん合成経路のどこかでもう1つ不斉中心を生じさせる必要がある．既存の不斉中心の影響を利用して新たに不斉中心をつくり出すことを**不斉誘起**（asymmetric induction）とよぶ．これに関しては，さまざまな方法が工夫されており，必要に応じて不斉中心を増やす計画をたてることができる．また，糖質化合物から出発した場合のように不斉中心が多すぎる場合は，これを減らすこととなる（後述，図5.14参照）．

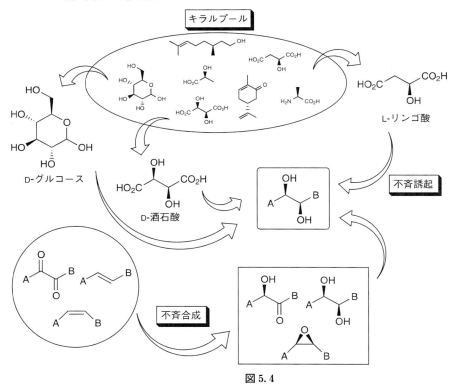

図5.4

一方，近年，光学活性な出発物質を天然有機化合物に求めるのではなく，**不斉合成**（asymmetric synthesis）によって調達することもさかんになってきた（図5.4下方）．すなわち，不斉中心のない化合物から出発し，外的な不斉要素を利用して，必要とする光学活性な出発物質や合成中間体をつくるのである．上述のキラルプールがいわば素材を活かす方法なのに対し，

不斉合成は調理法やスパイスで勝負するといったところだろうか．しかし，そうはいっても1970年頃までは，不斉合成反応といえば，それがフラスコの中で行えるかどうか，という程度の単なる興味の対象にすぎなかった．ところが，その後，急速に進歩し，今や高い信頼性と実用性を兼ね備え，合成計画の中に組み込むことができる反応例も増えている．その詳細については5.1節(c)を参照してほしい．

　以下，これらのアプローチを具体的に説明することにしよう．

(a) キラルプール法

　このアプローチは光学活性な出発物質をキラルな鋳型（**キラルテンプレート**，chiral template）として用い，目標化合物を光学活性体として得る方法である．すなわち，図5.5に示すように，当初から必要なジオール構造を備えた化合物から出発するのである．

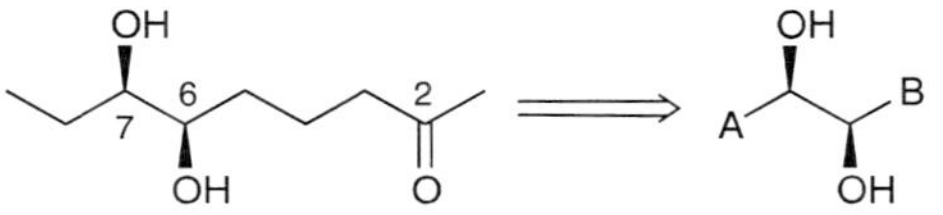

図 5.5

　図5.6は，森謙治による*exo*-ブレビコミン 1 の最初の合成例である．D-酒石酸をエステル化し，2つのアルコールをメチルエーテルとして保護して 3 とする．続いて，エステルを還元し，生じた2つの水酸基をそれぞれトシル化してジトシラート 4 へと誘導する．さらにシアン化物イオンによる置換反応を分子の両側で行った後，酸性条件下で加メタノール分解を行うと，両側に1炭素ずつ伸びたジエステル 6 となる．これに1モル量のアルカリを作用させ，加水分解してモノカルボン酸 7 とする．この 7 を，カルボン酸の還元力が特別に強いジボランで還元した後，生じたアルコールを再びトシル化して 8 に変換する．続いて $LiAlH_4$ を作用させると，トシラートとエステルとがともに還元され，アルコール 9 となる．さらに水酸基をブロミドに変換し，アセト酢酸エステル合成で C_1-C_3 部分を導入した後，最後に保護基のメチルエーテルを除去して先述の 2 を得ている．最後に酸性条件で，分子内でアセタールを生成させ，目標化合物 1 の合成が完成する．

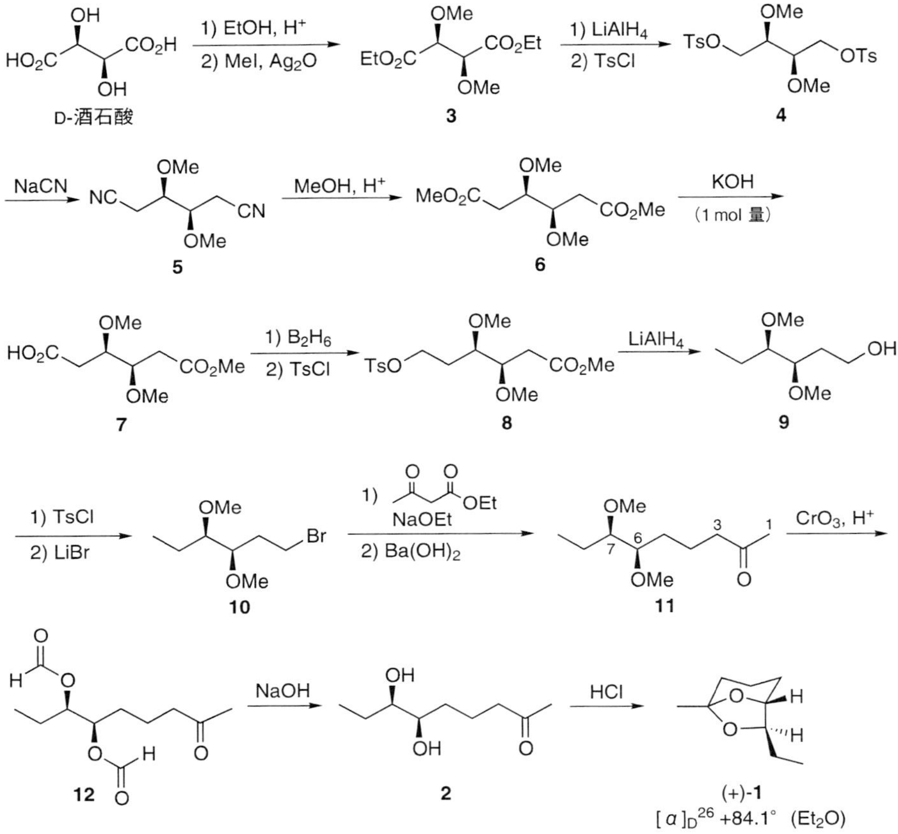

図 5.6

この合成において注目すべきことは，酒石酸の C_2 対称性が活用されているということである．すなわち，分子の両側に炭素鎖を伸ばす際に，どちら側で変換が起きても等価なのである（5.3 節参照）．図 5.7 はこの合成の概要を示したものであるが，ここで注目すべきことは，この C_1-C_4 部分の炭素鎖の伸張を 2 度に分けて行っていることである．もしもこの 4 炭

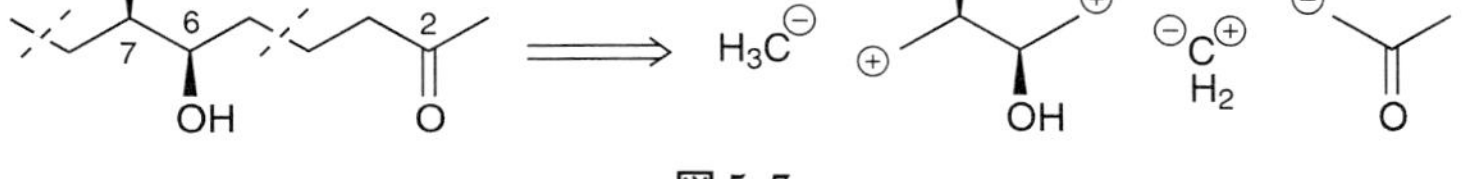

図 5.7

素分を1度に導入できれば，より効率的であろう．また，この合成では途中のシアノ基の加水分解条件が厳しいことを考え，2つの水酸基をメチル基で保護したが，その結果，最終段階での保護基の除去にかなり苦労したことも改良すべき点として残された．

実際，森謙治はその後，これらの点を改良した合成法を何例か報じている．図5.8はその1例であるが，2つの改良点は，(1)ジオールの保護基にアセトニドを用いたこと，また(2) C_1-C_4 の4炭素分を3-ブテニルGrignard反応剤Aを用いて一挙に導入したことである．最後に末端オレフィンをPd(II)で活性化し，ジオール部分からの反応によって分子内でアセタールを生成させ，簡便に目的とする1に導いている．

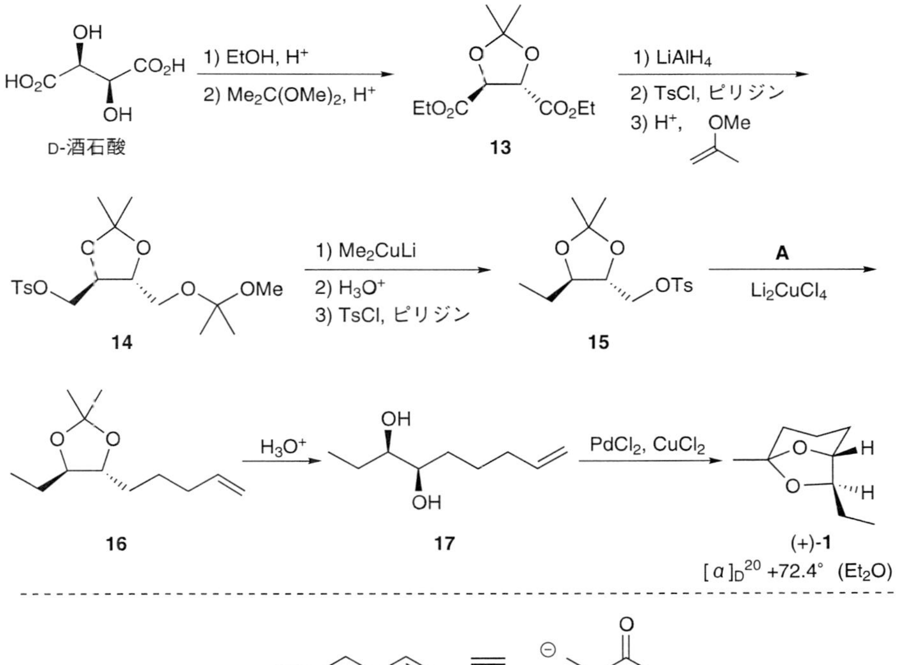

図5.8

また，B. Giese は同じく酒石酸（ただしなぜかL体）から出発し，ラジカル的なC–C結合形成反応を用いた合成法を報告した（図 5.9）．すなわち，スズヒドリドの存在下，ヨウ化物 19 とビニルケトンとの反応をラジカル発生条件で行い，短段階で最終物(−)-1 に至っている．

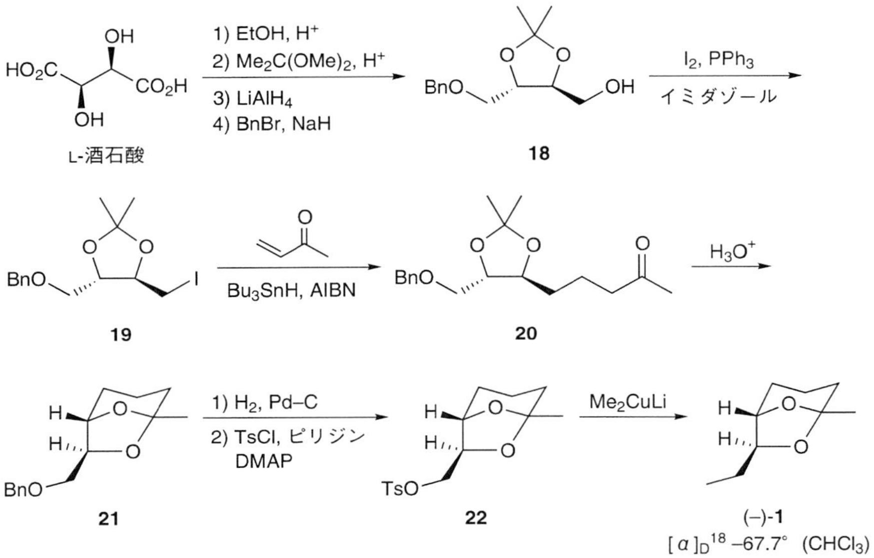

図 5.9

以上の2つの合成例に関して，C_4–C_5 結合の生成法を比べてみよう（図 5.10）．まず，図 5.8 の例では，切断 a に示すように C_4 側の極性をマイナス，C_5 側のそれをプラスに見立てている．しかし，その逆の極性に基づいた合成プラン（すなわち切断 b）は実行できない．なぜなら，相当するアニオンを発生させようとすると，A に示すように β-脱離反応が起きてしまい，用をなさないからである．

この観点から図 5.9 の例はラジカル種ならではの特性が活用されている．すなわち，図 5.10 の下に示すようにラジカル種は β-位にアルコキシ基があっても脱離反応を起こさない．これは熱力学的な観点から理解することができる．すなわち，アルコキシラジカル（RO•）が炭素ラジカル（R_3C•）よりも不利であるため，β-脱離反応は，より不安定なアルコキシラジカルが生成する点で不利だからである．また，炭素ラジカルがカルボニル基

5.1 *exo*-ブレビコミンの合成   179

を攻撃するという過程も起こりにくい．やはり，生成物がアルコキシラジカルとなるからである．こうして，図5.9の合成例では β-脱離反応を心配することもなく，またケトンを保護する必要もないので，全体として簡潔な合成が可能になったのである．

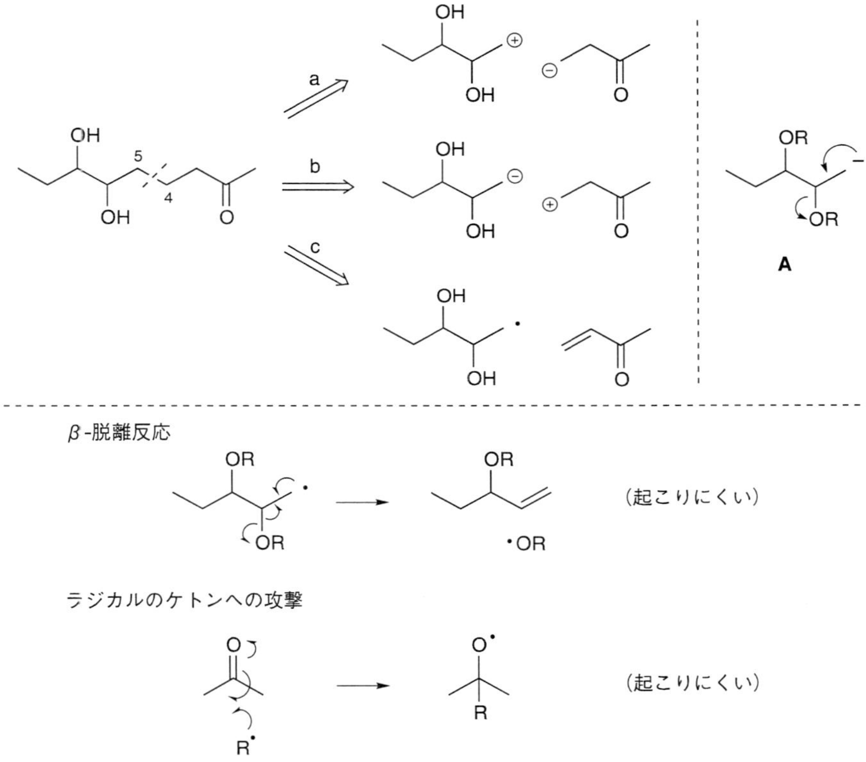

図 5.10

また，正木幸雄の合成例は，アセタールをまず生成させ，その後に炭素骨格を構築するという点でユニークである（図5.11）．C_2 対称性を活用し，アセタール化反応においては本質的に異性体を生じないことに注意したい．また，その後の分子内アルキル化反応では，5員環と同じ側にあるトシラートが反応したと考えれば納得できるだろう．巧みな合成設計である．

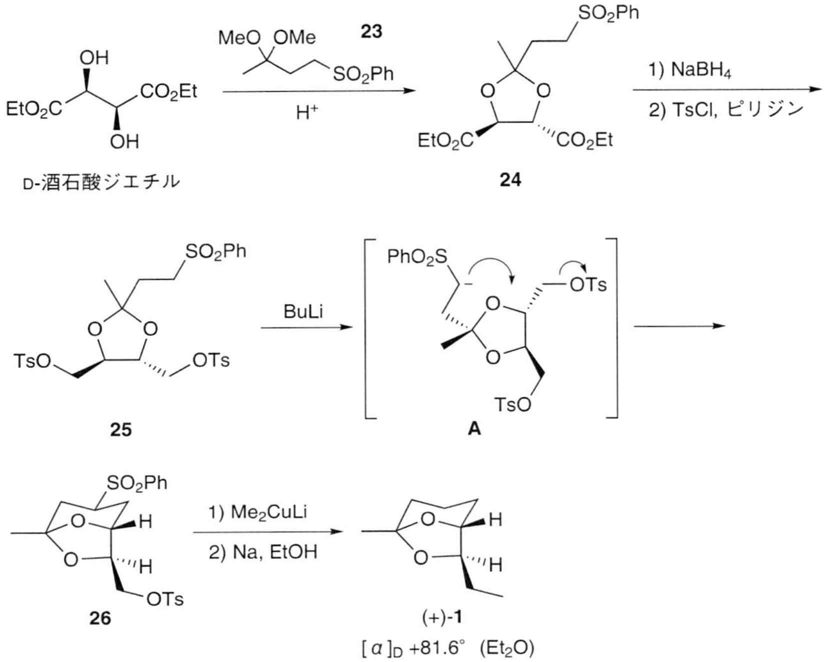

図 5.11

以上の4つの合成例は，すべて酒石酸を出発物質としている．しかし，このほかにもこうした目的に利用できる，安価で大量に入手可能な光学活性化合物がある．図 5.12 に示したのは同じヒドロキシ酸である L-乳酸，L-リンゴ酸である．また，これ以外にもアミノ酸，テルペンや糖質化合物などもよく用いられる．S. Hanessian はこれらを**キラル合成素子**という意味でキラルテンプレートとよび，光学活性化合物の合成における有用性を強調した．なお，後述するが，こうした光学活性な出発物質の入手先を，天然由来のものだけでなく，酵素や微生物による変換反応 (biotransformation) や不斉合成反応に求めることも盛んになってきた．

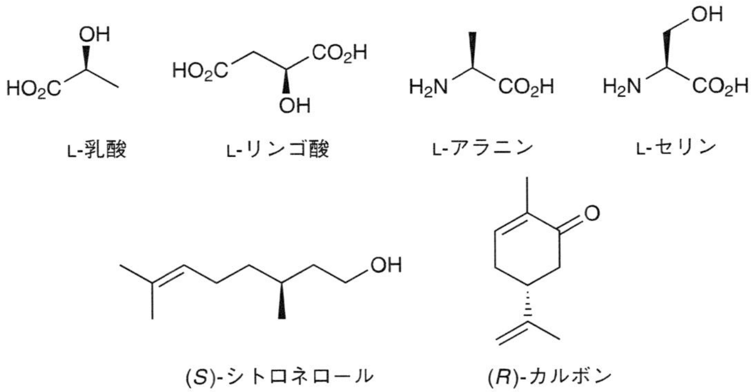

5.1 exo-ブレビコミンの合成　181

図 5.12 に示すキラル化合物の構造：L-乳酸、L-リンゴ酸、L-アラニン、L-セリン、(S)-シトロネロール、(R)-カルボン

図 5.12

ここで，キラルテンプレートとしての糖質化合物に着目してみよう．図5.13 に示した D-グルコースは，一見して明らかなように，不斉中心が多い．しかし，これを合成に活かすには，個々の水酸基をうまく区別する必要がある．そのために，糖質化学の分野ではさまざまな糖について，その選択的保護体を得る方法が工夫されてきたが，たとえば通称ジアセトングルコースという化合物 27 は，合成に多用されている．

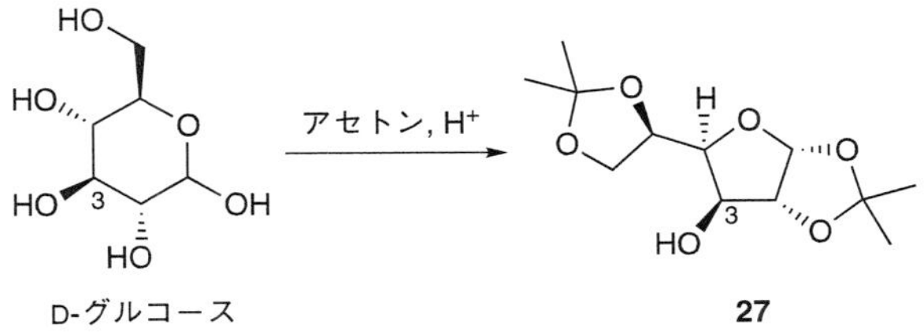

図 5.13　D-グルコース　→（アセトン, H$^+$）→　27

糖からフェロモンを合成した例として，B. Fraser-Reid の報告を紹介する．図 5.14 のようにグルコースと標的構造とを比較してみよう．太線で示したグルコースの 6 炭素鎖を標的分子と重ね合わせてみると，糖の C_3 位，C_4 位の水酸基がそのまま最終生成物と一致することがわかる．一方，他の C_2 位，C_5 位，C_6 位の水酸基は余分なので，すべて水素で置き換える（これを**デオキシ化**するという）必要がある．

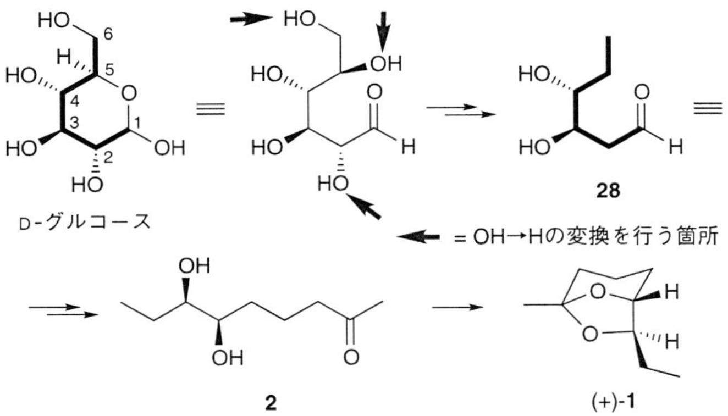

図 5.14

実際の合成を図 5.15 に示す．まず，化合物 27 の C_3 位の水酸基をベンジル基で保護した後，酸性条件で加水分解すると，片側のアセタールが選択的に除去される．生じたジオールを両方ともメタンスルホニル化した後，ヨウ化ナトリウムと反応させると，1,2-脱離反応によりオレフィン 30 と

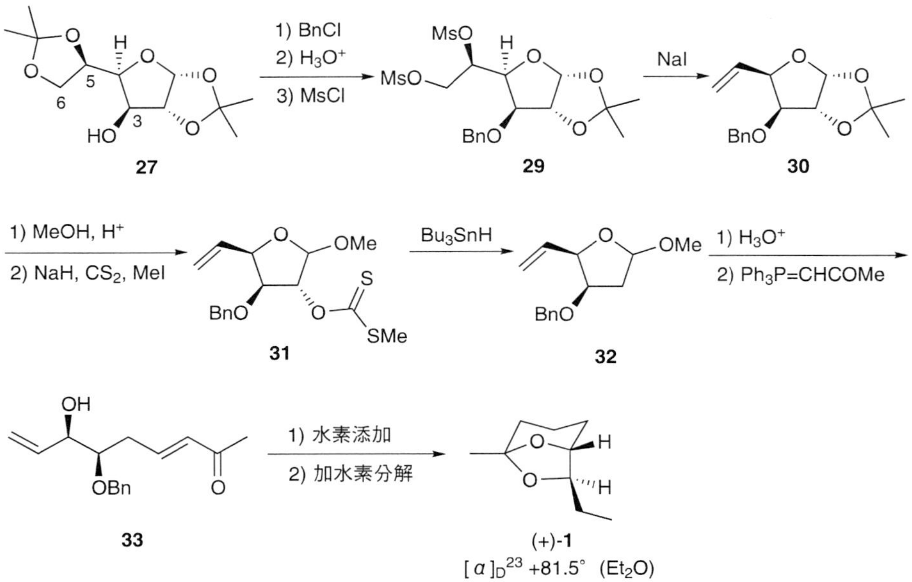

$[\alpha]_D^{23}$ +81.5° (Et_2O)

図 5.15

なる．これを酸性メタノールで処理するとメチルグリコシドとなり，C_2位の水酸基のみが保護されていない状態となる．これをキサントゲン酸エステル 31 とし，Barton 反応で 2-デオキシ体 32 にする．さらに，これを酸性条件で加水分解してアルデヒドとし，Wittig 反応でエノン 33 に導く．最後に，水素添加反応で 2 つの C=C 結合を飽和させるとともに，ベンジル基を除去し，標的化合物 1 を得ている．

このように，糖質化合物を出発物質とすると，**光学的に純粋な**生成物が得られるが，豊富な不斉中心を "消す" 必要があるので，合成経路がどうしても長くなりがちなのが欠点である．

(b) 不斉誘起法

前項では，既存の不斉中心をそのまま（またはその一部を）活かし，標的化合物に到達する方法について述べた．これに対し，不斉中心の数を増やしていく**不斉誘起法**もある．

まず，**Cram 則**を紹介する．図 5.16 を見てほしい．α 位に不斉中心を有するアルデヒド 34 に Grignard 反応剤を作用させると，新たにアルコールの不斉中心が加わり，2 つのジアステレオマー 35 と 36 とが 2 : 1 の割合で生じる．このように，既存の不斉中心の隣に新たに不斉中心を誘起する方法を **1, 2-不斉誘起**とよぶ．この例ではあまり選択性はよくないが，場合によっては単一の異性体が得られることもある．1952 年，こうした傾向を経験則としてまとめたのは D. J. Cram（1987 年ノーベル化学賞）であった．

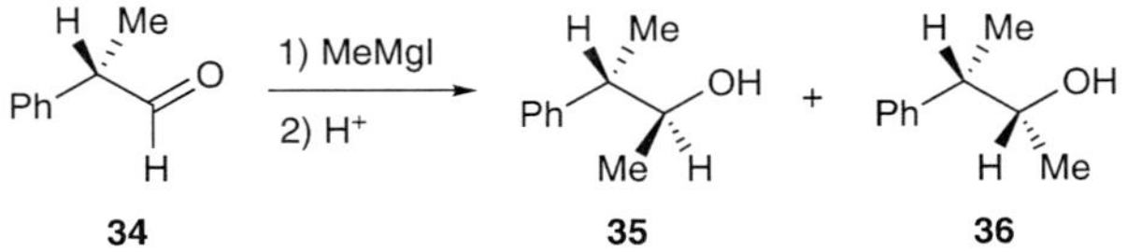

図 5.16

Cram がその経験則をまとめるにあたって考えたモデルが，Newman 投影図 A（図 5.17）である．すなわち，まず α 位の 3 つの置換基の大きさを比べ，大(L)，中(M)，小(S)の順に並べる．ここで，Cram はこの化合物が優先的にとる配座が図 5.17 A であるとし，立体障害の少ない S の側から求核剤(Nu)が接近すると考えれば，優先的に生じる異性体を予測

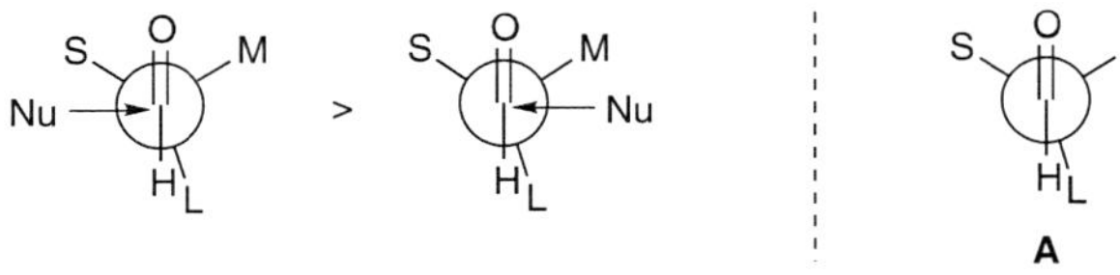

図 5.17

することができると提案したのであった．
　このモデルは先駆的ではあったが，基底状態の立体配座をもとに考察を加えているため，実際の立体制御の機構を反映していない，との批判を受け，その後，さまざまな改良モデルが提案された．現在，最も実情を反映しているとされているのが **Felkin-Anh** モデルである（図 5.18）．
　その要点は，以下の 3 点である．
1. 求核剤がカルボニル炭素と半ば結合しかけた状態を考慮する．
2. 求核剤の攻撃が，カルボニル基に対し真横からでなく，**正四面体角**（109°）に近い方向から起こると考える（Bürgi-Dunitz 軌跡）．
3. **大きな基**あるいは**極性基**が，カルボニル基に直交する配座から反応し，求核剤はその逆側から接近する．

これらを考慮すると，B と C の 2 つの可能性が出てくる．しかし，求核剤の接近経路を比較すると，B の場合には置換基 S の上から，C の場合には置換基 M の上から，ということになるので，立体障害を考えると前者が相対的に有利であるということになる．

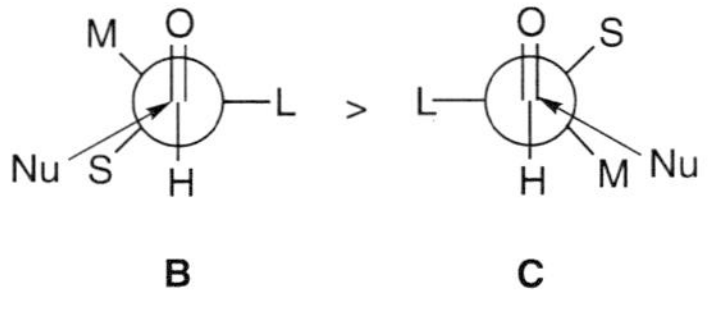

図 5.18

　次に，この 1,2-不斉誘起の例として，α 位にアルコキシ置換基がある反応基質に注目しよう（図 5.19）．実はこうした場合，一般に高い選択性が得られることが多い．D のようなキレート構造において，立体的に空いた側（メチル基のある側）から求核攻撃が起こると考えればよい．これを Cram の**環状モデル**あるいは**キレートモデル**とよぶ（図 5.20）．

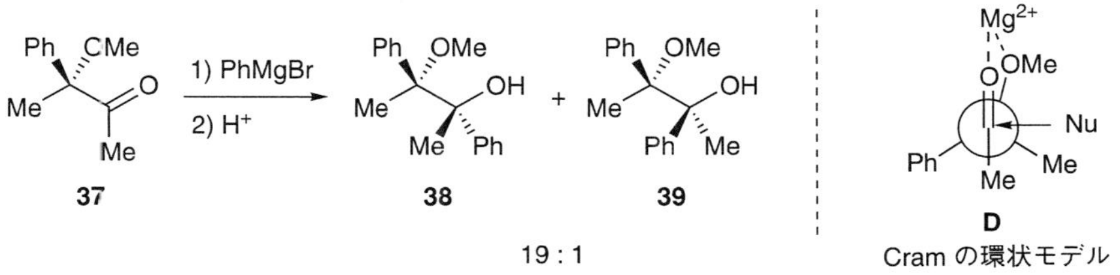

図 5.19

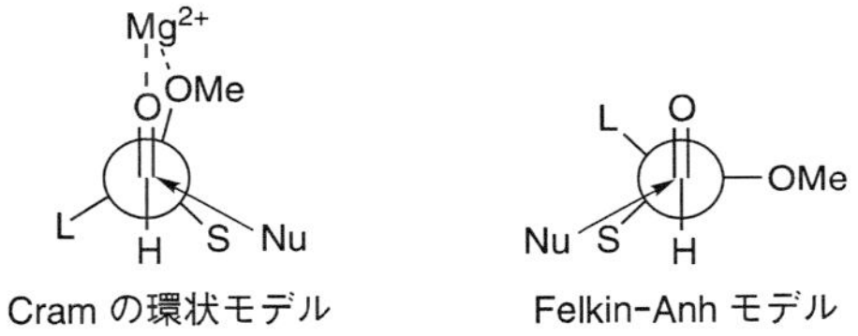

図 5.20

　しかし，このようにα位にアルコキシ基があるような場合には面選択性が逆になることがあり，その場合には先述のFelkin-Anhモデルが適用される．すなわち，上述のように**キレートモデル**は，異性体38の生成が有利であると予測するのに対し，先述のFelkin-Anhモデルは逆に39の異性体の生成が有利であると予測するのである．なぜなら，Felkin-Anhモデルにおける条件3を考慮すると，アルコキシ基は極性基（電子求引基）なので，求核剤と反対にくる傾向があるからである．実際には，中心金属のLewis酸性やアルコキシ基の配位能が違えば，この優先性はガラッと変化する．後でそれぞれの具体例（図5.21；42→43および図5.23，50＋51→52）が出てくるので注目してほしい．

　さて，この不斉誘起法に基づく exo-ブレビコミン 1 の合成例を次に見てみよう（図5.21）．D-グルタミン酸を出発物質とし，その単一の不斉中心を手掛かりとして2つめの不斉中心を導入するという経路である．まず，van Slyke法とよばれる脱アミノ化反応でこのアミノ酸をラクトン40に変換する．この反応は**立体保持**で起こっていることに注意してほしい（詳しくは，章末問題参照）．こうして得たγ-ラクトン40を酸塩化物41に変換し，これをエチル化してケトン42とする．

　このケトン42を還元する段階が，いよいよ問題の**不斉誘起**である．L-セレクトリド®[LiBH(s-Bu)$_3$]を用いて還元すると，高選択的にアルコー

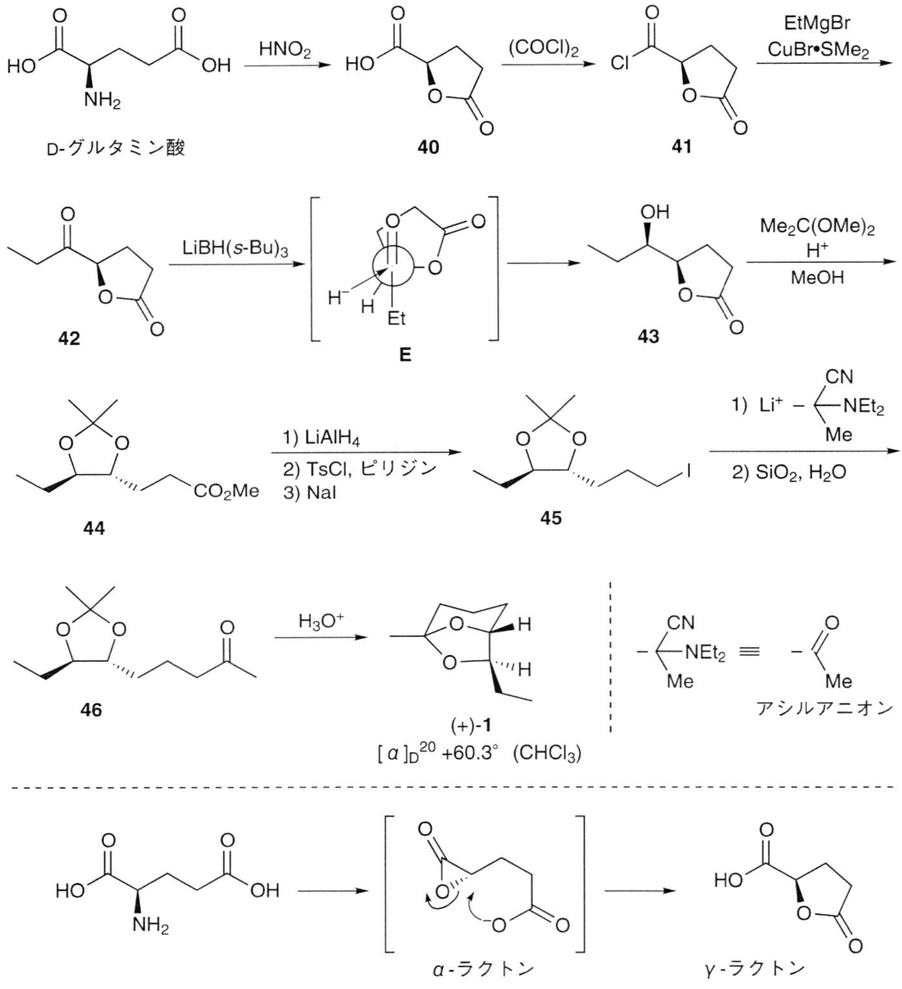

図 5.21

ル 43 が生成する．この選択性は前述の Felkin-Anh モデル（図 5.20）をもとにして，図 5.21 の E のように考えればよい．キレート能の小さい，求核的な還元剤を用いたのがミソである．こうして 2 つめの不斉中心が確定され，数工程を経て 1 に至った．

この合成経路はやや長いことはともかくとして，ほかは特に問題なさそうに見える．しかし，最終生成物の比旋光度を見ると，部分的にラセミ化

が起きていることに気づく．どこが問題だったのだろうか．仮に脱アミノ化反応の段階には問題がないとすると，酸塩化物 41 やケトン 42 の段階でのエノール化が疑わしくなってくる．このように，光学活性化合物の合成では，既存の不斉中心も必ずしも安泰でなく，ラセミ化やエピマー化が起こり得ることに十分注意したい．

なお，ヨウ化物 45 に対するアセチル基の導入は，以前に述べた Umpolung に相当する．アシルアニオン等価体として用いられたのは，アミノニトリル誘導体である．

(c) 不斉合成ことはじめ

上の例では，出発物質のグルタミン酸の 1 つの不斉中心を手がかりに，もう 1 つの不斉中心を新たに生じさせた．さらに進んで，最初の不斉中心をも**外的な不斉要素**から導入するやり方もある．すなわち，これが**不斉合成**(asymmetric synthesis)である．上述の不斉誘起との違いがはっきりしないが，古典的な定義を第 1 章で紹介した．1970 年代以降，こうした不斉合成法は急速に進歩し，今や当然のことと受けとめられるまでになっている．

不斉合成は，以下の 2 種類に大別される（図 5.22）．

1 つは**ジアステレオ選択的**(diastereo-selective)な不斉合成とよばれるアプローチである．これは，**不斉補助基**(chiral auxiliary)を共有結合で反応基質に組み込んで反応を行うことにより，新たに不斉中心を生じさせ，最後に不斉補助基を除去するというものである．ここでは立体選択性の起源が 2 つのジアステレオマーの生成比にあるので，ジアステレオ選択的不斉合成とよばれる．こうした分子内の不斉中心を利用した不斉誘起は，うまく設計すれば，高度な選択性が達成できるのは先に述べた通りである．単なる不斉誘起との違いは，不斉補助基を除去し，必要とする鏡像異性体を得るという点である．

これに対して，**エナンチオ選択的**(enantio-selective)な不斉合成というアプローチもある．この場合，反応基質自体は光学活性ではなく，光学活性な配位子や触媒などの存在下で反応を行い，その影響で不斉合成を行おうというものである．ここでの立体選択性はエナンチオマー（鏡像異性体）の生成比なので，このようによばれる．配位結合などの弱い分子間力を利用した反応なので，一般に高選択性を得るのは困難であるとされてきたが，

ジアステレオ選択的不斉合成法

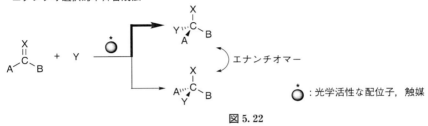

図 5.22

近年急速な進歩があり，有用な反応例も増えてきている．

(d) ジアステレオ選択的な不斉合成

さて，*exo*-ブレビコミンの合成に戻ろう．ジアステレオ選択的不斉合成を用いた例として，向山光昭，浅見真年の報告を取り上げる(図 5.23)．L-プロリンから合成した光学活性ジアミン 47 を用い，これをグリオキサールと縮合させる(実際には数段階かけて間接的に合成している)．要は 2 つのアルデヒドのうちの 1 つを**不斉補助基**であるジアミン 47 と結合させ，アミナール 48 としたのである．これにエチル Grignard 反応剤を作用させると，A に示すようにアミナール部分との配位効果により，立体選択的に付加反応が起き，アルコール 49 を与える．水酸基をベンジル基で保護した後に，アミナール部分を酸性で加水分解すると，光学活性アルデヒド 50 が得られる．このように，不斉補助基 47 を共有結合で導入した基質 48 を用い，立体選択的な付加反応(48→49)を行った後に，不斉補助基を除去した光学活性アルコキシアルデヒド 50 を得るというのがジアステレオ選択的な不斉合成というわけである．こうして 1 つめの不斉中心が確定したので，これを基にして前述の不斉誘起を行う．すなわち，アルデヒド 50 に対し，Zn(II)塩の存在下，2 度目の Grignard 反応を行うと，高いジアステレオ選択性で付加体 52 が得られる．これは Cram の環状モデル

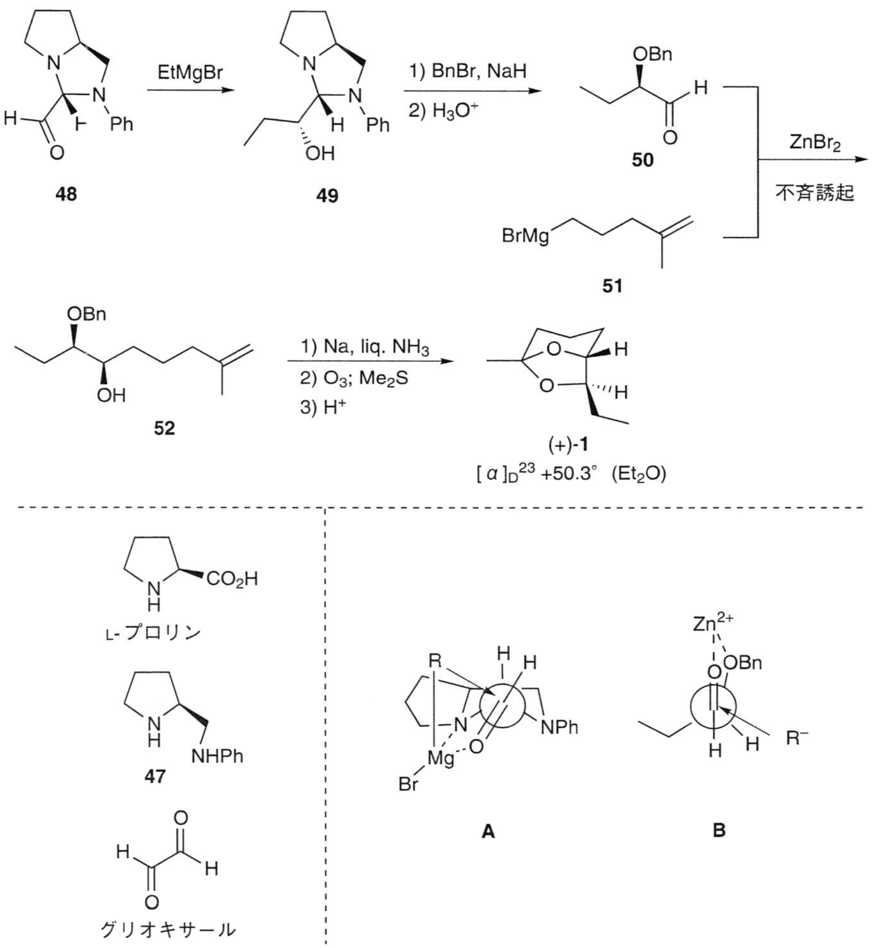

5.1 exo-ブレビコミンの合成

図 5.23

Bにより納得できる．後は Birch 還元でベンジル基を除去し，二重結合をオゾン酸化で切断し，酸性で分子内アセタールを生成させればできあがりである．なお，残念なことに最終生成物の光学純度は完璧ではない（図5.6 に示した森らによる合成品の比旋光度 +84.1° と比較せよ）．これまた，やはりアルデヒド 50 の段階でのラセミ化が疑われる．

(e) エナンチオ選択的な不斉合成

　　1980年，Katsuki-Sharpless 不斉酸化反応の登場は新時代の到来を告げるものであった（図 5.24 上式）．すなわち，チタン酸エステル [Ti(O-i-Pr)$_4$] と光学活性な酒石酸エステルとの組み合わせを触媒として用いた，アリルアルコールの不斉エポキシ化反応である．

　　以下，図 5.24 A を用いて模式的に反応の内容を説明しよう．酸化剤は t-ブチルヒドロペルオキシド（t-BuOOH）である．このもの自身はアリルアルコールを酸化する能力はないが，ここにチタンが登場すると事情は一変する．ポイントは，チタン酸エステルがアルコールなどと容易にエステ

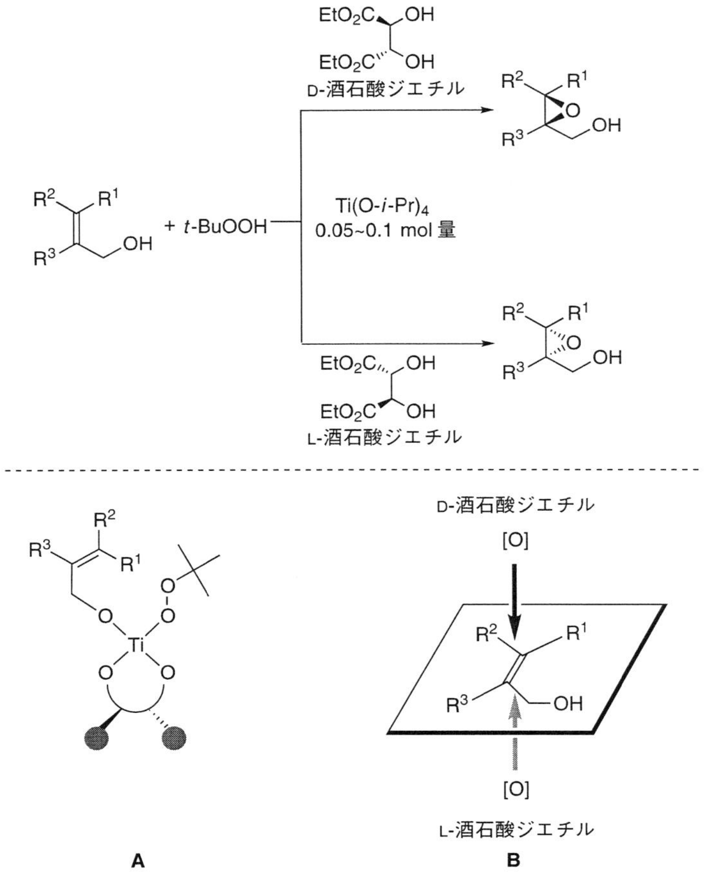

図 5.24

ル交換を起こすことである．すなわち，まず酒石酸エステルとの交換反応によって不斉な場が形成される．そこに基質であるアリルアルコールと酸化剤であるt-ブチルヒドロペルオキシドとが配位してくる．このように，不斉な環境において酸化剤と基質との空間的な関係が規定され，アリルアルコールの二重結合の片側の面から優先的に酸素が供給されることにより，高いエナンチオ選択性(e.e.)で光学活性エポキシアルコールが生成するのである．こうした過程が繰り返し起こること

K. Barry Sharpless
(1941-)
© The Novel Foundation

により触媒的な反応となるのである．実際には反応機構はもっと複雑である(2量体構造が活性種とされている)が，注目すべきことは，あたかも酵素反応のように，チタンを中心とする不斉な場の中で，直接，反応基質が酸化され，必要な鏡像異性体(エナンチオマー)となる，ということである．これは**エナンチオ選択的不斉合成**の典型例である．

　この反応はその高い選択性もさることながら，種々の反応基質について，**面選択が予測可能な形で**酸素が供給される点が重要である．図 5.24 B に示すように基質であるアリルアルコールを置いたとすると，D-酒石酸エステルでは上面から，L-体では下面からエポキシ化が起こるというのが経験則である．これはきわめて信頼性が高く，天然物の絶対立体配置の決定のために使われるほどである．2001 年に K. B. Sharpless はこの業績でノーベル化学賞を受賞した．

　この不斉エポキシ化反応を用いた *exo*-ブレビコミン(1)の合成例がある(図 5.25)．この反応をアリルアルコール 53 に対して行うと，高いエナンチオ選択性でエポキシアルコール 54 が得られる．ここから標的化合物 1 への誘導はなかなかおもしろい．まず，エポキシアルコール 54 をブチルリチウムと反応させると，リチウムアルコキシド A が生じる．ここで，アルコキシドが分子内のエポキシドを攻撃し，エポキシドが末端に転位した B が生じる(これを Payne 転位という)．実際は逆反応も起こるので，系内では A と B との平衡混合物となる．この混合物にそのままメチル銅反応剤を加えると，立体障害の少ない末端エポキシド B だけがメチル化される．しかし，B が消費されるごとに平衡がずれながら反応が進むので，

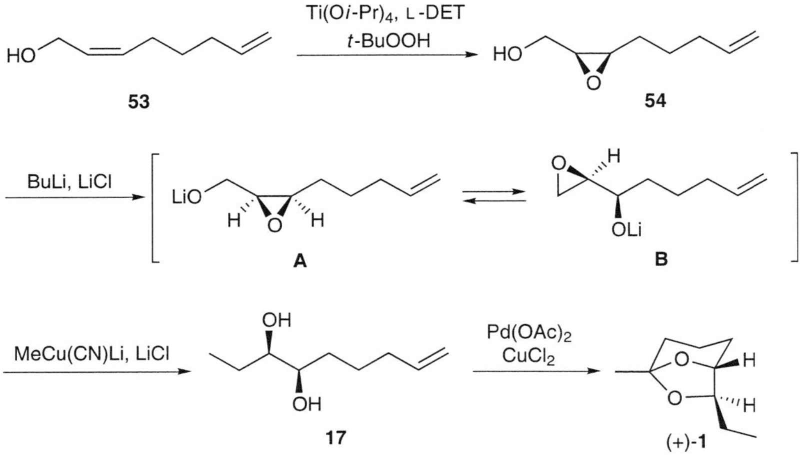

図 5.25

最終的にジオール 17 が収率よく得られる．

　上述の不斉酸化反応の基質はアリルアルコールであった．しかし，Sharpless は，"単純オレフィンをエナンチオ選択的に酸化したい" という夢を永年追求し，ついにこれを実現した．すなわち，光学活性配位子 55 および 56 を巧みに設計し，これらを用いてオスミン酸による触媒的不斉酸化反応を行い，高度なエナンチオ選択性を達成したのである（図 5.26）．ここで用いられているのは，AD-mix-α，AD-mix-β という商品名で市販されている不斉酸化剤である．これらの配位子（55 あるいは 56）に前もって $K_3Fe(CN)_6$，K_2CO_3，および $K_2OsO_2(OH)_4$ を混合したものである．これらはいわば "インスタント不斉酸化剤" であり，混ぜるだけでオレフィンのジヒドロキシ化反応をエナンチオ選択的に行うことができる．この選択性は経験的に予測することができ，仮に反応模式図のようにオレフィンを配置させたとすると，AD-mix-α では下側（α 面）から，AD-mix-β では上側（β 面）から酸化反応が起きる．なお，R_L，R_M，R_S は置換基の大中小を表わしている．

　ちなみに，これらの配位子 55 および 56 は，フタラジン骨格に天然のアルカロイドであるキニジン（57）およびキニン（58）をそれぞれ 2 つずつ結合させたものである．これらのアルカロイドは互いにジアステレオマーどうしの関係にあるが，アルコール周辺の環境についていえば，"擬エナ

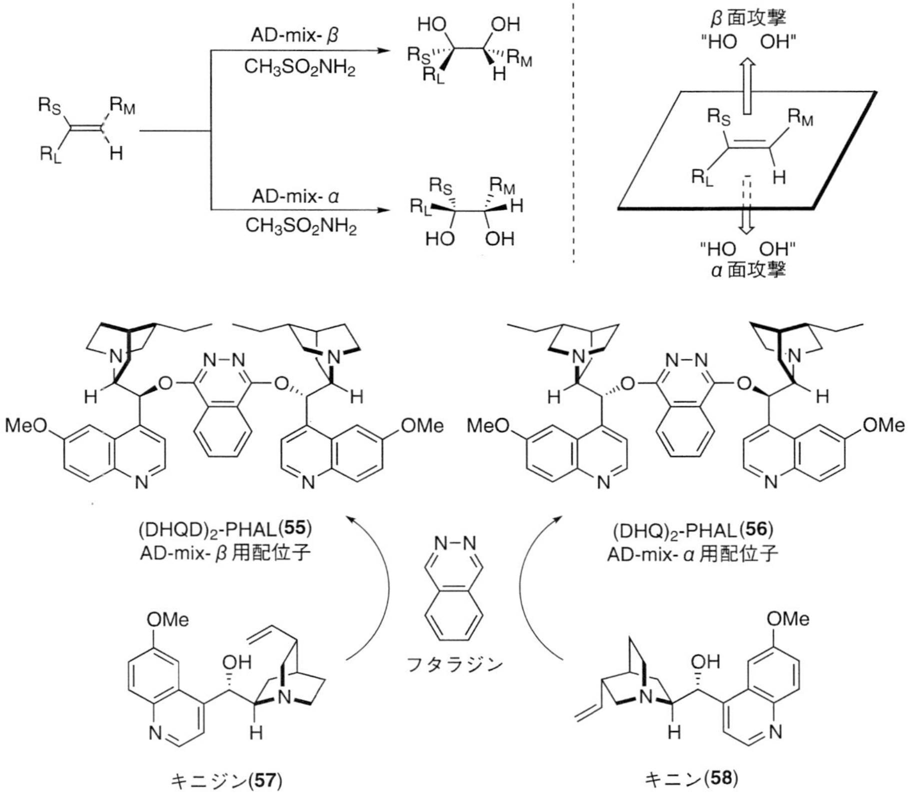

図 5.26

ンチオマー"と見なすことができる．その結果，AD-mix-α，AD-mix-β を用いた場合に，互いに鏡像体の関係にあるジオールが主生成物となるのである（それぞれの配位子に 57，58 が組み込まれていることを確かめてほしい．なお，オレフィンは水素添加され，エチル基になっている）．

このように単純オレフィンの不斉酸化ができるようになると，合成経路は究極的に短縮される．富岡清によるエナンチオ選択的ジヒドロキシ化反応を用いた 1 の合成はその一例である（図 5.27）．すなわち，光学活性ジアミン 60 を配位させたオスミウム酸化剤を用いてジオール 2 を得，あっけなく 1 を得ている．こうした触媒的不斉合成反応は日進月歩である．しかし，一般には得られる生成物の鏡像体過剰率は必ずしも 100% ではない．そのため，光学活性フェロモンのように最終生成物が光学的に純粋で

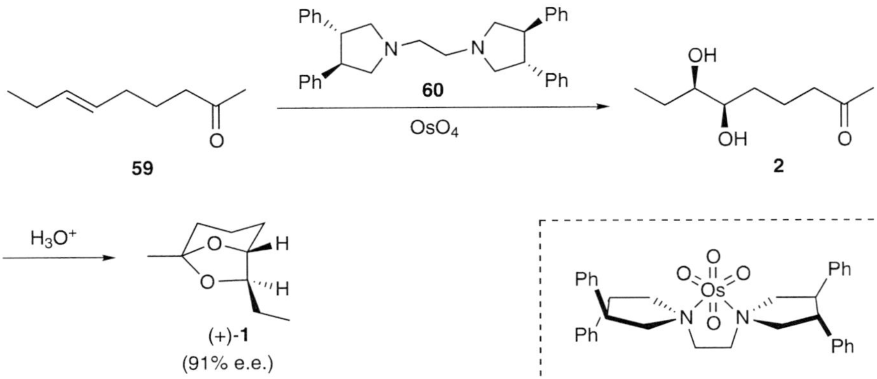

図 5.27

あることが要求される場面では，再結晶など，何らかの手段で光学純度を上げる工夫が必要となる．

以上，光学活性化合物の合成に関し，いくつかのやり方を紹介した．近年，不斉合成反応をはじめとして立体化学を制御する方法は急速に進歩している．その結果，それらを巧妙に組み込んで，以前は想像もできなかったような合成経路が案出されるようになった．

5.2 スピロアセタールとアノマー効果

前節の exo-ブレビコミンの逆合成では，分子内アセタール構造を何の疑いもなく"機械的に"開環し，対応する鎖状構造を考えた．それでも問題が起こらなかったのは，"環の巻き方"が1つしかなかったからである．しかし，これ以外にも天然有機化合物には，さまざまな**スピロアセタール**(spiro acetal)構造を含むものがあり，たとえば図 5.28 に示した化合物 61 から 65 などがある．これらにおいても環の巻き方は同様に一義的なのだろうか．

この問題を考えるために，ハチのフェロモン 61 に注目してみよう．図 5.29 に示すように逆合成の第一歩として，先の exo-ブレビコミンの場合（図 5.3）と同じようにアセタール構造を加水分解してみると，鎖状前駆体 67，すなわち不斉中心を2つ持った炭素数 11 個のケトジオールが浮上する．

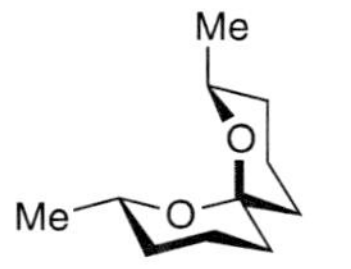

5.2 スピロアセタールとアノマー効果   195

ハチのフェロモン **61**

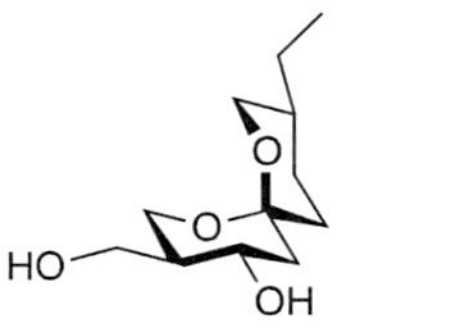

タラロマイシン B (**62**)

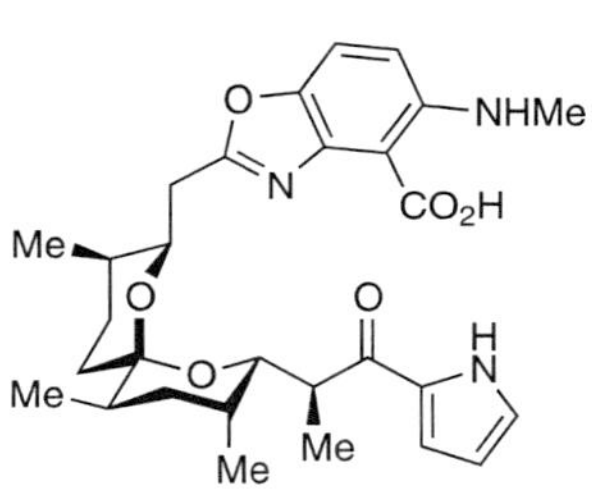

カルシマイシン (**63**)

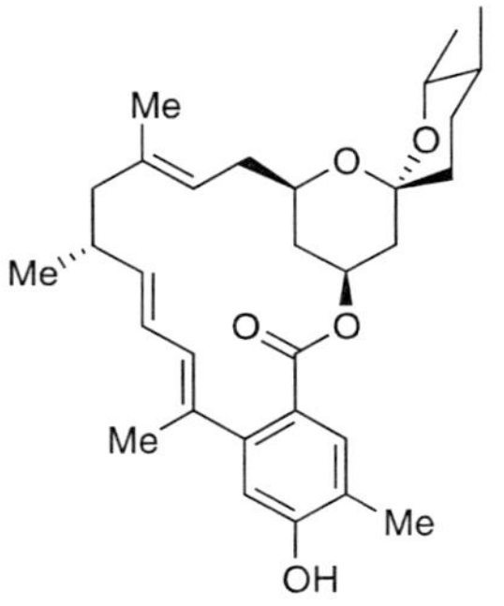

ミルベマイシン β_2 (**64**)

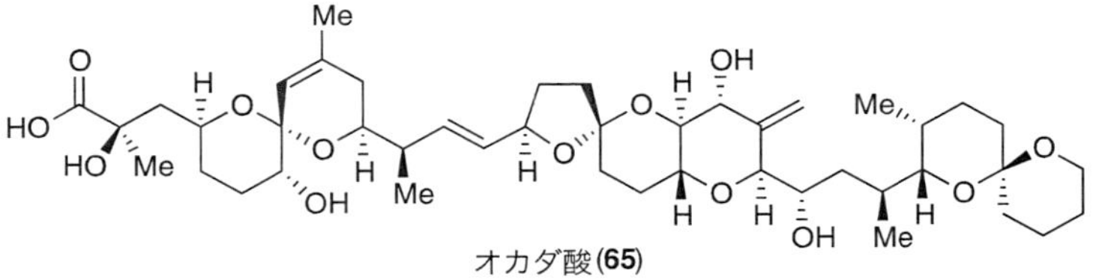

オカダ酸 (**65**)

図 5.28

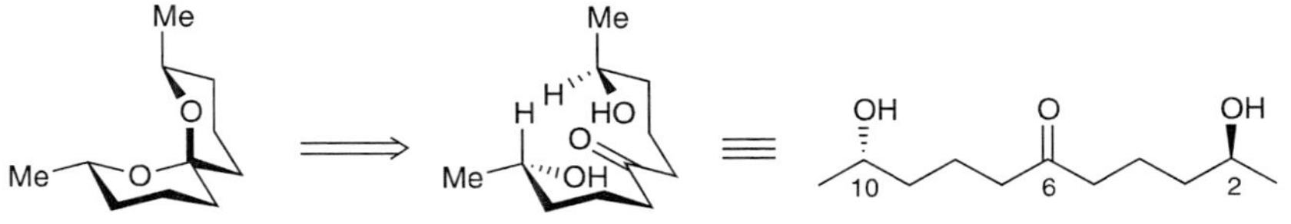

61
ハチのフェロモン

67

図 5.29

さて、ここで次の疑問が浮上する．すなわち、図 5.30 に示すように"ケトジオール 67 を酸で閉環すると、本当に 61 が得られるだろうか？"実はこの 61 にはスピロ炭素に関する立体異性体がある．

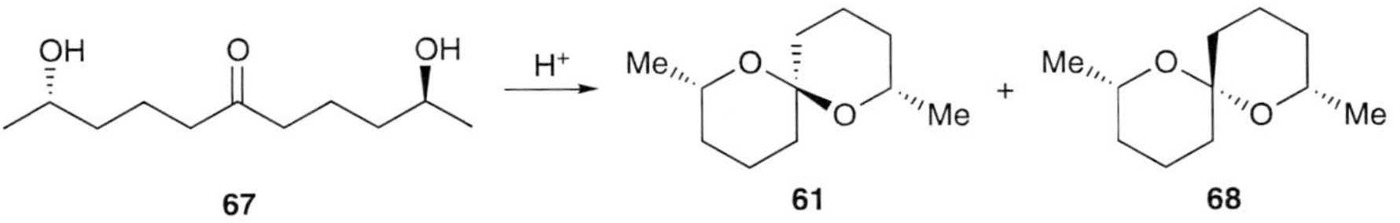

図 5.30

この 2 つの異性体 61 と 68 とを配座平衡まで含めて立体的に表示してみよう（図 5.31）．それぞれの中での最安定配座は、2 つのメチル基が両方ともエクアトリアルを向いた 61a ならびに 68a と考えてよい．置換シクロヘキサンにおいて置換基がエクアトリアルに配向した方が有利なことについては、本講座 7 巻 2.3 節で学んだ．テトラヒドロピラン上でも同様である．では、この 2 つを比べると、どちらが熱力学的に有利だろうか．実は、正解は 61a であるが、それを理解するには**アノマー効果**（anomeric effect）という考え方を登場させる必要がある．

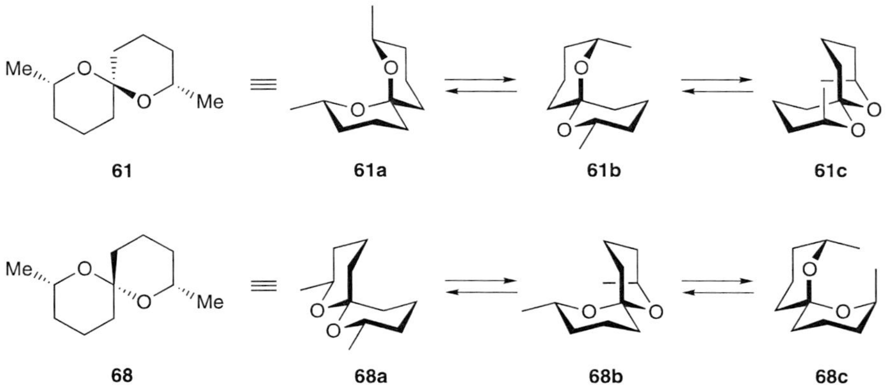

図 5.31

ここで 2 位に置換基を持つテトラヒドロピラン、すなわち、2-メチル体 69 と 2-メトキシ体 70 に注目し、両者の立体配座を比べてみよう（図 5.32）．まず、メチル体 69 ではエクアトリアル配座 69-eq が優勢である．しかし、おもしろいことにメトキシ体 70 ではアキシアル体 70-ax の方に平衡が偏っている．

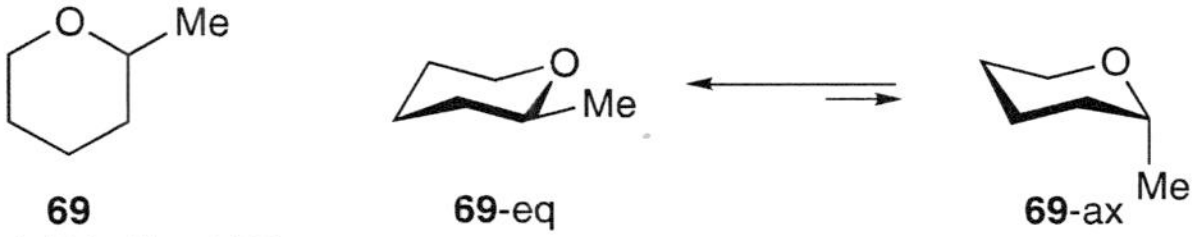

69　2-メチルテトラヒドロピラン　　**69**-eq　　**69**-ax

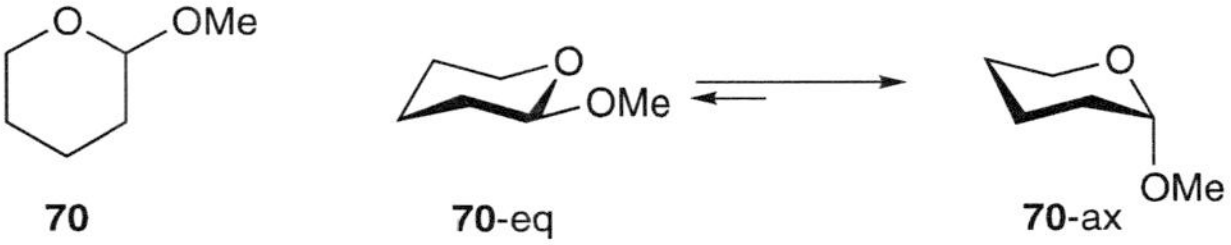

70　2-メトキシテトラヒドロピラン　　**70**-eq　　**70**-ax

図 5.32

この現象は，もともと糖化学の分野で見出された．たとえば，図 5.33 に示すグルコース誘導体について，平衡状態におけるアノマー位(糖の 1 位)の置換基 X の配向による異性体比を見ると，立体障害から予測されるよりも α 体の割合が多いことに気づく．この傾向は，化合物 72 に示すように，置換基 X がアセトキシ基やクロロ基などの電子求引性のものである時に顕著に見られる．

71-α　　**71**-β

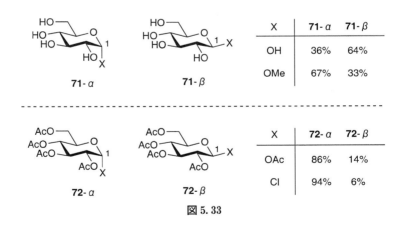

X	**71**-α	**71**-β
OH	36%	64%
OMe	67%	33%

72-α　　**72**-β

X	**72**-α	**72**-β
OAc	86%	14%
Cl	94%	6%

図 5.33

図 5.34 に示すキシロースの塩化物の配座平衡にはさらに驚かされる．すなわち，3 つのベンゾイルオキシ基をアキシアル位に追いやってまで，塩素原子がアキシアル方向を向こうとする様子が窺える．こうした不思議な現象を説明するのがアノマー効果である．

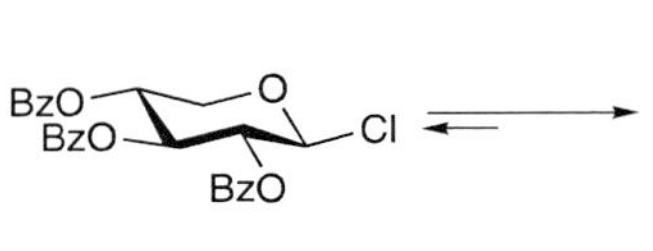

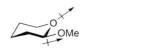

図 5.34

この効果は，以前は双極子反発によってエクアトリアル体 70-eq がより不安定であるということ（図 5.35 a）によって説明されていた．しかし，最近では逆にアキシアル体の安定化による解釈が主流である．すなわち，図 5.35 b) に示すように，70-ax においては環内酸素原子の孤立電子対がアノマー位の C-O 結合の反結合性軌道（σ* 軌道）へ流れ込み安定化すると考えるのである．無論，アルコキシ基にとってもアキシアルに位置することは立体障害の上では不利である．しかし，アキシアル位に位置した場合には上述の安定化効果がそれを補って余りある，という訳である．これは**立体電子効果**(stereoelectronic effect)の一例として，重要な考え方である．

a) 双極子反発による**70-eq**の不安定化　　b) n−σ*相互作用による**70-ax**の安定化

図 5.35

さて，いよいよ 61a と 68a を比べてみよう（図 5.36）．まず，61a については，それぞれのテトラヒドロピラン環に対し，他の環の C-O 結合がアキシアルに配向している．一方，68a ではこれが双方ともエクアトリアルの関係にあることに注目してほしい．したがって，アノマー効果の分だ

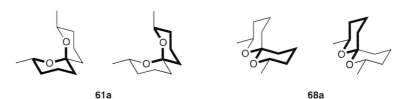

61a　　　　　　**68a**

図 5.36

け，61a が有利であろうという予測が立つのである．

これを理解した上で，フェロモン 61 の合成に戻ろう．先述のように，この 61 の前駆体 67 は (2S, 10S) の立体化学を有する炭素数 11 個のケトジオールである (図 5.37)．この 67 には C_2 対称性があり，さらに逆合成を進めると，1 つの可能性として図のようにアセトンのジアニオン等価体 B に対し，不斉中心をもつ炭素数 4 のシントン (A, C) を両側に用意するという逆合成解析が浮上する．ここで大事なことは，C_2 対称性により，"この A と C とが実は同一のもの"ということである．

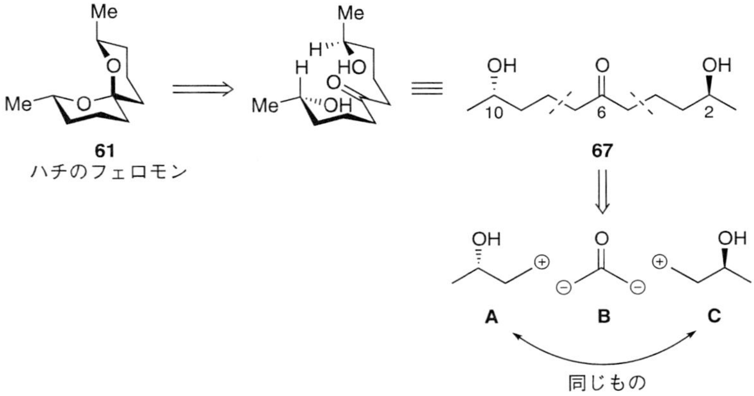

図 5.37

森謙治によるフェロモン 61 の最初の合成は，アセト酢酸エステルを用いた美しいものである (図 5.38)．すなわち，アセト酢酸メチルからジアニオン D を発生させ，炭素数 4 の光学活性なヨウ化物 74 を用いて 1 回目のアルキル化を行う．続いて，同じ 74 を用い，今度は E のように活性メチレン部分での 2 回目のアルキル化を行い，炭素骨格を完成させる．その後，アルコキシカルボニル基を除去し，ケトジオールの保護体 77 に導く．このように 2 回のアルキル化を位置選択的に行うことは，上述の逆合成 (図 5.37) で指摘したようにアセトンのジアニオンの等価体を用いたことにほかならない．

こうして得たケトン 77 を最後に酸処理すると，THP 保護基が除去され，分子内のジオールとケトンとの間でアセタール環化反応が起こり，スピロアセタール 61 が単一生成物として得られた．先述のように，この 61

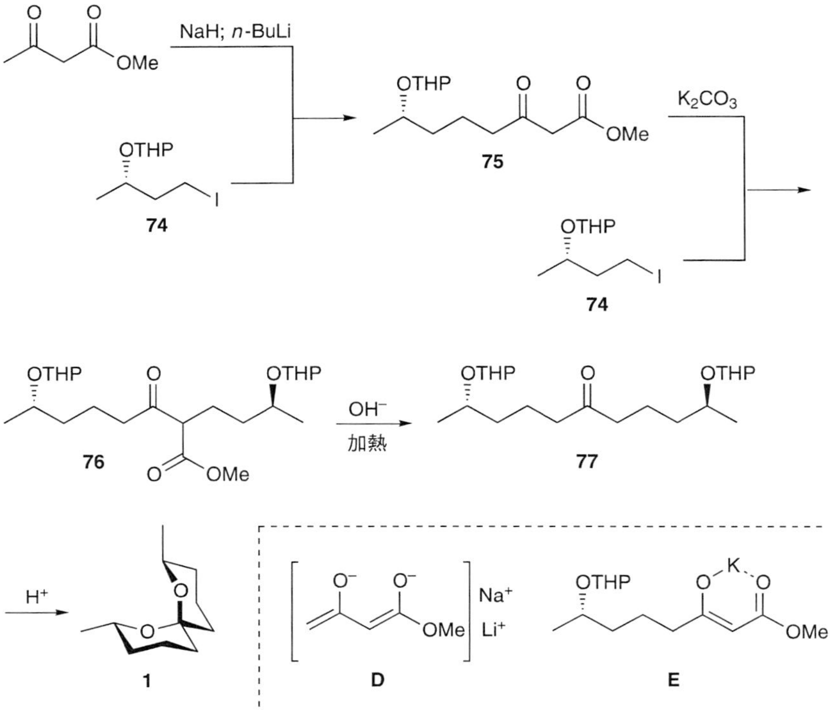

図 5.38

はアノマー効果の観点から熱力学的に有利な異性体であるため，これが酸性の平衡条件で選択的に生成したと理解することができる．

この合成で用いられた光学活性なヨウ化アルキル 74 は，図 5.39 のように光学活性な β-ヒドロキシエステル 78 から得られた．したがって，この合成は 5.1 節で述べたキラルプール法に相当するといえよう．しかし，この 78 は天然由来のものではなく，アセト酢酸エチルのパン酵母による還元で得られたものである．このように，必要な光学活性物質を酵素や微

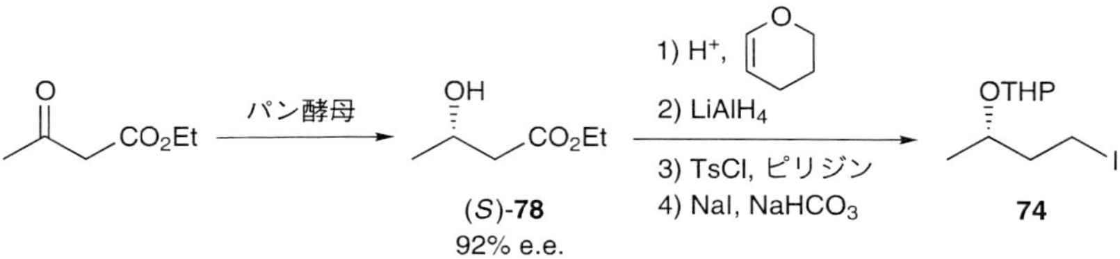

図 5.39

生物による不斉合成で調達することは，近年の有機合成の流れの1つとなっている．

なお，光学活性な(R)-78を入手する方法として，活性汚泥菌が蓄積する3-ヒドロキシブタン酸の重合体（PHBポリマー）の分解によるものがD. Seebachおよび森謙治によって確立された（図5.40）．また，最近では野依良治による触媒的不斉水素化反応による入手も可能である（図5.41）．

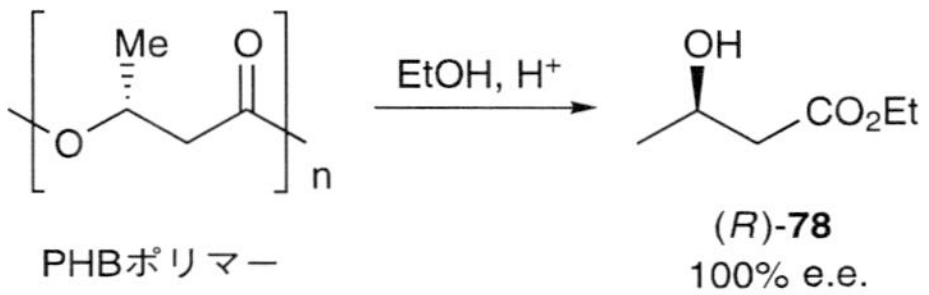

図5.40

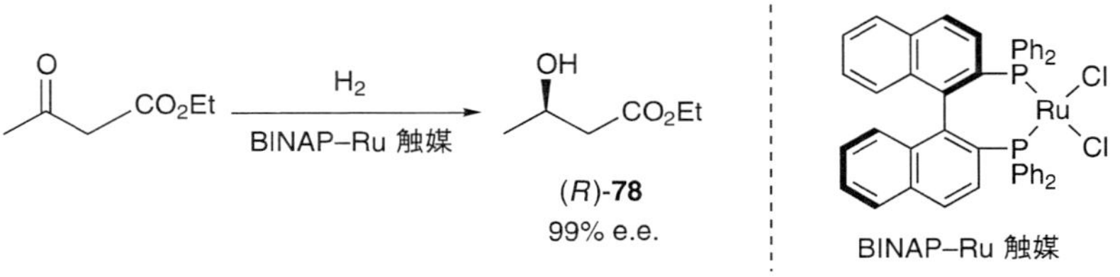

図5.41

5.3 分子内の対称性を活かした合成戦略

前節にも述べたが，標的とする構造の中に存在する対称性を活かすと，合成経路が大幅に簡素化されることがある．ここでは，C_2対称性とC_S対称性，さらに**対称化/非対称化**という考え方を紹介する．

(a) C_2対称性を活かした合成戦略

先述の exo-ブレビコミンの合成ではD体あるいはL体の酒石酸が用いられた．これらは鏡像体どうしであり，立体配置はそれぞれ(S,S), (R,R)である．2回回転軸（C_2軸）を持っている（図5.42）．これをC_2対称性（C_2 symmetry）を持つという．

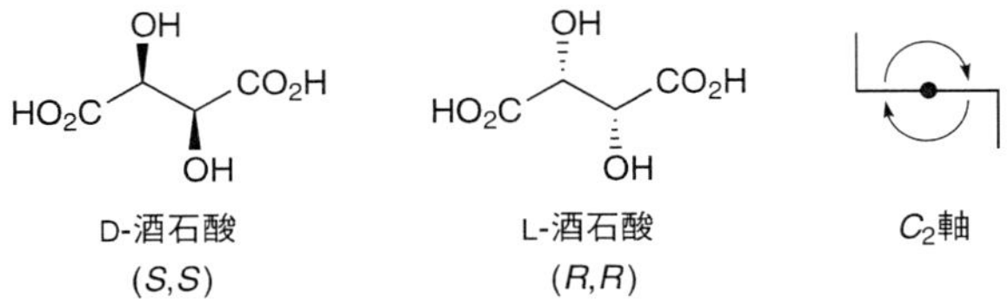

D-酒石酸
(S,S)

L-酒石酸
(R,R)

C_2軸

図 5.42

ここでは，C_2 対称性がもたらす，おもしろい可能性について学ぶ．いま，C_2 対称性を持つ化合物に 1 つ官能基変換を施すとする．たとえば，D-酒石酸の 2 つのカルボン酸のうち，1 つだけをメチルエステルに変換するといった場面である．図 5.43 からわかるように，エステル化が右側で起きても，左側で起きても，得られる生成物は実は同じである．このように C_2 対称性があると，どちら側で変換が起きても等価なので，総じて分子変換の**場合の数**が減る．これは不斉合成の配位子設計などにも活用されているが，合成戦略上も標的化合物に潜在的な C_2 対称性を見出すことができれば，簡単化につながる．

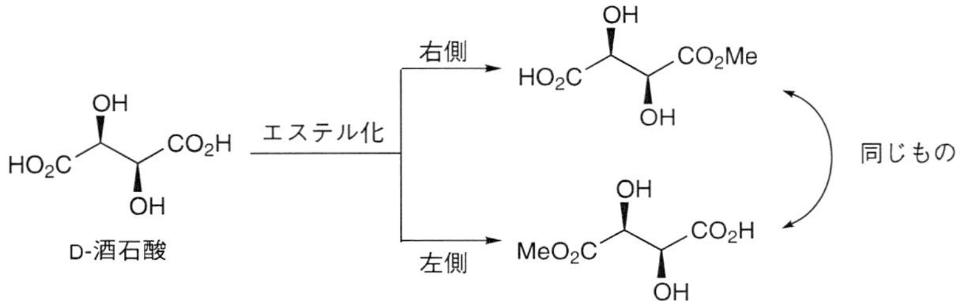

図 5.43

たとえば，先に 5.2 節で述べた *exo*-ブレビコミンの合成において，C_2 対称性がどのように活用されたかを見てみよう．図 5.44 は，森による合成の前半部である．まず D-酒石酸を数段階変換し，両側に 1 炭素ずつ伸びたジエステル 6 とした．ここまでは分子の両側を均等に変換したので C_2 対称性が保たれているが，これを 1 モル量の KOH で加水分解してモノカルボン酸 7 とした段階で，この対称性が崩れたことになる．ここでも，どちらのエステルが加水分解されても結果が同じであることは言うまでもない．

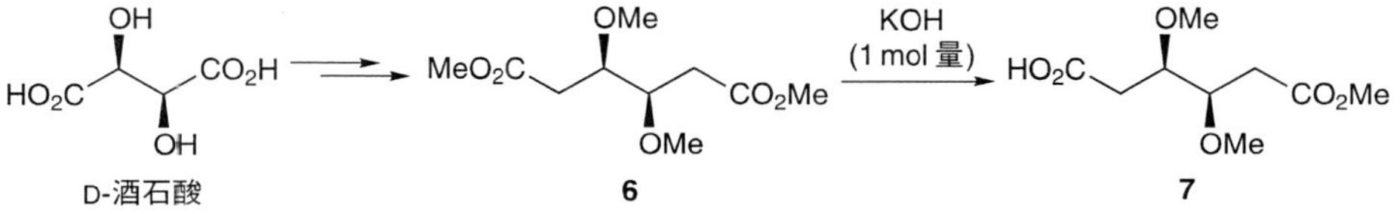

5.3 分子内の対称性を活かした合成戦略

図 5.44

このように"C_2対称性の出発物質の両側を等しく変換していき，適切な段階で非対称化する"という合成設計はときに大変有効である．その好例として，図 5.45 に示す S. L. Schreiber によるヒキジマイシン (79) の合成がある．この化合物を逆合成すると，核酸塩基シトシン (80)，6炭糖カノサミン (81) に加え，珍しい 11 炭糖 82 が出現する．ここで注目すべきことは，その前駆体となる直鎖状化合物 83 に潜在的な C_2 対称性を見出すことができることである．すなわち，化合物 83 の C_4 位のアミンを S_N2 反応で導入することにし，化合物 84 C_1 位の 1 炭素を除去して考えると，C_2 対称性を持つ前駆体が想定できる．

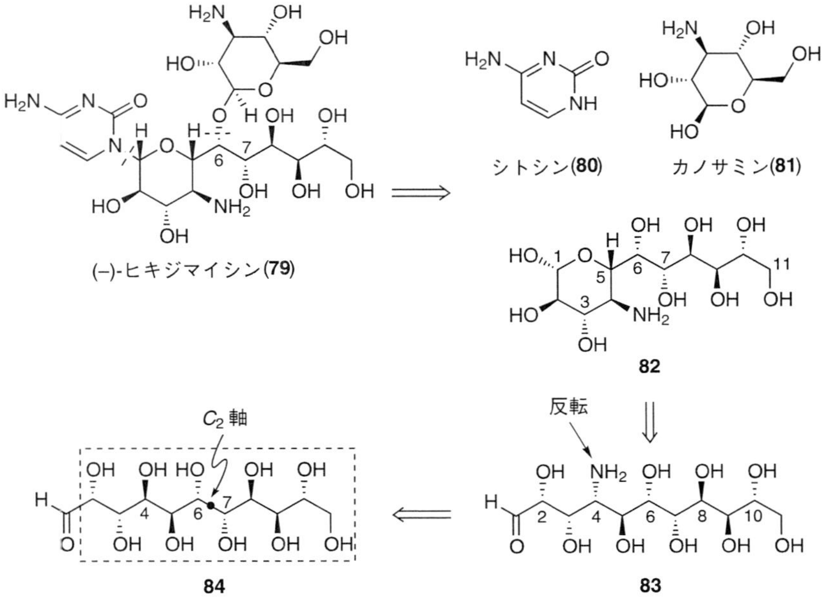

図 5.45

こうした解析を基に，実際の合成において，Schreiber は**双方向合成**（two-directional synthesis）という考え方を提案した（図5.46）．すなわち，まず酒石酸ジエステル85から出発し，両方の水酸基をベンジルエーテルとして保護する．続いて，DIBAL によるエステルのアルデヒドへの還元（2.3節(b)参照）および Horner-Wittig 反応（3.5節(a)参照）を同時に行い，炭素数8のジエステル86とする．この変換では，分子の両側に同じ2炭素鎖を伸ばしているので，ここでも C_2 対称性が保たれている．次に，生じた2つのC=C結合をOsO$_4$で酸化すると，高選択的にテトラオール87が得られる．この選択性についてはモデルのように，隣接位のアルコキシ基の影響によって説明される．面選択的な酸化反応が分子の両側で起きたと考えればよい．こうして4つの不斉中心が新たに生じたが，いまだに C_2 対称性が保たれている．続いて，水酸基をシリルエーテル化してジエステル88とした後，いよいよ C_2 対称性を崩す段階を迎える．すなわち，この88に必要量の還元剤を作用させると，エステルを1つだけ還元することができる．先と同じ理屈で，どちらのエステルが反応してもアルコール89となるのである．このように，C_2 対称性を利用して分子骨

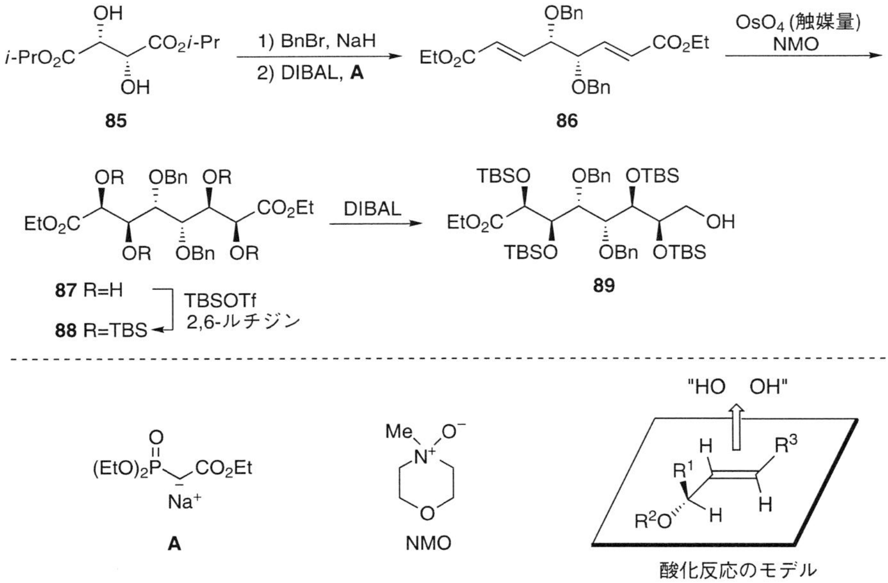

図 5.46

格を2方向に同様に伸ばしていくことで工程数を短縮し，適切な段階での**非対称化**で必要な分子骨格に速やかに至る，という考え方である．

(b) C_S 対称性と *meso*-トリック

対称性を活用した合成戦略をもう1つ紹介しよう．

グリセロール分子には，**鏡面対称性**（C_S 対称性）がある（図 5.47）．すなわち分子の中央に鏡を立ててみると，分子の左右が互いに重なり合うのである．しかし，両側にある第1級アルコールのどちらかを変換すると対称性が崩れ，光学活性分子となる．たとえば，右側のアルコールを酸化すればD-グリセルアルデヒド，一方，左側を酸化すれば対応するL体となる．

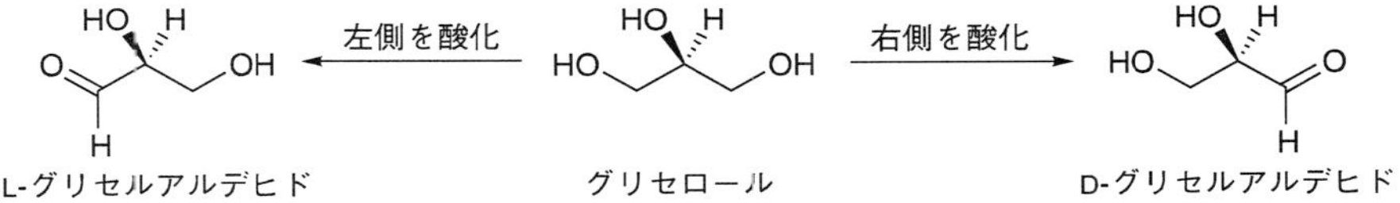

L-グリセルアルデヒド　　グリセロール　　D-グリセルアルデヒド

図 5.47

ここでの変換というのは，酸化反応に限らない．たとえば，天然の脂質は，グリセロールの3つの水酸基のうちの2つが長鎖脂肪酸で選択的にアシル化された構造であり，やはり光学活性である（図 5.48）．ちなみに，高温の火山熱水環境に生息する古細菌（好熱細菌）の細胞膜を構成する脂質は，熱に強いエーテル結合でできているという．しかもおもしろいことに，

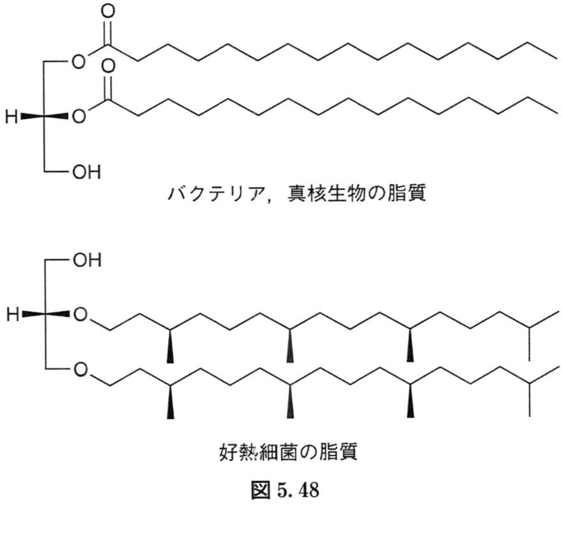

バクテリア，真核生物の脂質

好熱細菌の脂質

図 5.48

通常のアシル化された脂質とは逆の絶対立体配置である．

もう1例，*meso*-酒石酸に注目しよう(図5.49)．すなわち，先述の酒石酸のD体，L体に加え，これは第3の立体異性体である．この化合物には不斉中心が2つあるが，左側がR配置，右側はS配置なので互いに打ち消し合い，分子全体としては光学不活性である．これを**meso-化合物**(*meso*-compound)という(本講座7巻2.4節(f)参照)．あるいは，右図のように分子構造をねじり，鏡面対称性がある，といった方がわかりやすいかもしれない．

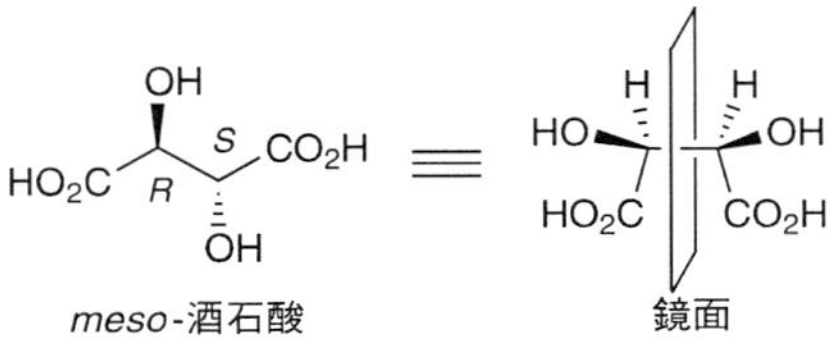

図 5.49

さてここで，先と同様に*meso*-酒石酸の2つのカルボン酸のうちの一方だけをメチルエステルに変換してみよう(図5.50)．おもしろいことに，左右の変換は等価ではなく，2つの生成物は互いに鏡像体となる．すなわち，先のC_2対称化合物ではどちら側で変換が起きても等価であったのに対し，*meso*-酒石酸のようなC_S対称化合物の修飾では，位置のちがいにより鏡像体が生じるのである．

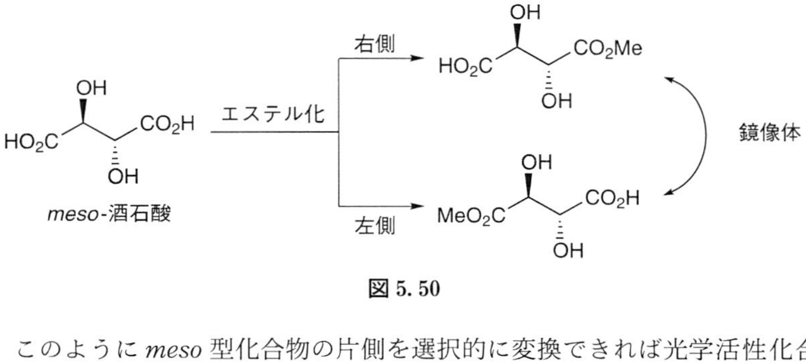

図 5.50

このように*meso*型化合物の片側を選択的に変換できれば光学活性化合物が得られるが，どうしたら同じに見える官能基の一方を見分けることができるだろうか．こうした場面こそ**酵素**(enzyme)の出番である．たとえば，アミノアシラーゼ(アシルアミノ酸加水分解酵素)はN-アセチルアミ

ノ酸の鏡像体を区別して加水分解する（図 5.51）．これは鏡像体の反応速度の差を利用した**速度論的光学分割**（kinetic optical resolution）であり，目的物の収率は原理的に 50% を超えない．

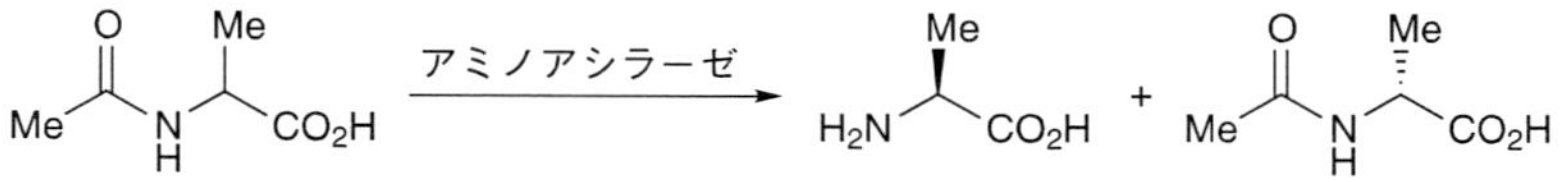

図 5.51

こうした立体識別能をメソ化合物を含め，C_S 対称性を持つ化合物に適用してみよう．たとえば，図 5.52 のように meso 型のジメチルグルタル酸のジエステル 90 を酵素と反応させると，片側のエステルのみが選択的に加水分解され，光学的に純粋な半エステル 91 を与える．注目すべきは，上の例とは異なり，原理的には分子変換を 100% の収率で行うことができるということである．この 91 のエステル部分を $LiBH_4$ で選択的に還元しアルコールとすれば，自然と閉環反応が起こり，(2R, 4S) の δ-ラクトン 92 が得られる．一方，カルボン酸の方を還元すると（ボランはカルボン酸の還元能力が特別に高いことに注意），その鏡像体 (2S, 4R)-92 となる．このように meso-化合物の非対称化では，必要に応じて両鏡像体を容易に作ることができるという特徴があり，これを **meso-トリック**（meso-trick）とよぶ．

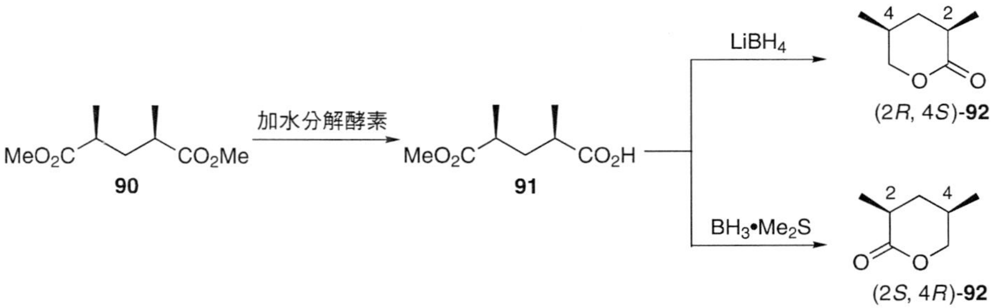

図 5.52

大野雅二，小林進は，こうした要素を巧みに合成計画に取り込んだ（図 5.53）．すなわち，種々の標的化合物の中に**潜在 C_S 対称性**を見出し，逆合成解析を通じて，これを C_S 対称性を持つ出発物に結びつけている．

実際の合成では，酵素を用いた**非対称化**(asymmetrization)から出発する．たとえば，3 位にアミノ基を有するグルタル酸ジエステル 93 は C_S 対称性を持ち，やはり分子の片側で選択的な変換を起こすことができれば光学活性体となる．実際，ブタ肝臓エステラーゼを用いると，高い鏡像体過剰率の半エステル 94 が得られる．これはネガマイシンや β-ラクタム抗生物質チエナマイシンの合成に利用された．このように，標的化合物の中に隠された C_S 対称性に着目し，合成全体を簡素化するように，C_S 対称性を持った出発物質を選び，それを酵素的に非対称化するような合成デザインを，彼らは**対称化/非対称化の概念**(symmetrization-asymmetrization concept)とよんだ．

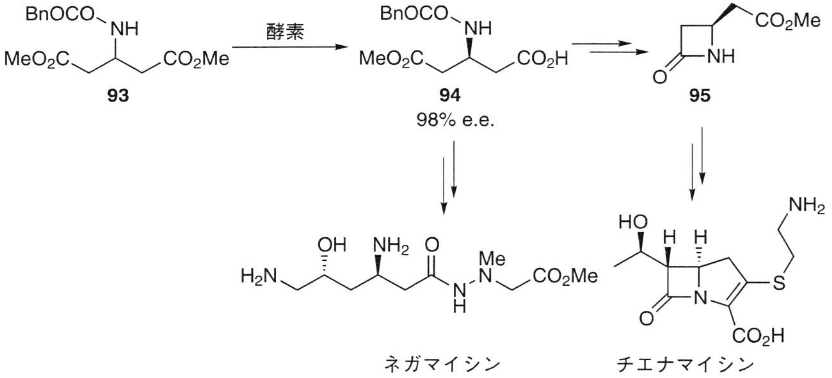

図 5.53

かつては，こうした非対称化といえば酵素(生体触媒)の独壇場であったが，近年非酵素的な例も増えている．たとえば，図 5.54 の例がそれである．すなわち，C_S 対称型のヒドロキシジカルボン酸二ナトリウム塩 96 を(+)-カンファースルホン酸で中和するというきわめて簡単な操作で非対称化されたラクトン 97 を得ることができる．なお，こうしたアプローチについては図 4.27(4.4 節(a))の例も参照のこと．

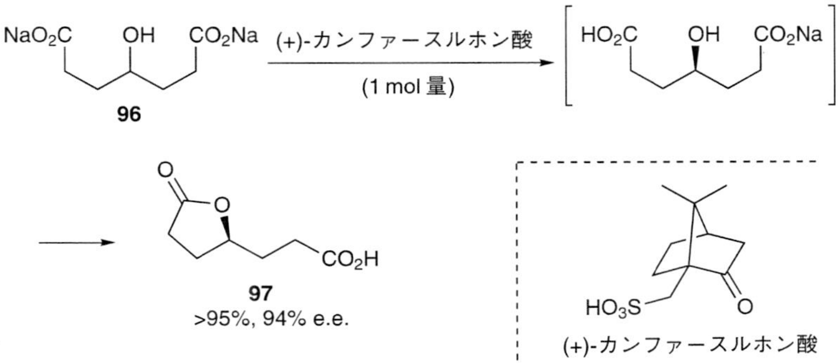

5.3 分子内の対称性を活かした合成戦略　209

図 5.54

畑山範によるジアリルアルコール 98 の Katsuki-Sharpless エポキシ化反応は，示唆に富んでいる（図 5.55）．すなわち，C_S 対称性を持つジアリルアルコール 98 をこの不斉エポキシ化反応にかけると，見かけ上，一方のビニル基にエポキシ化が起きた生成物 99 が高選択的に得られる．これには実はおもしろい仕掛けがある．一般に，Katsuki-Sharpless の不斉エポキシ化反応を第 2 級のアリルアルコールに適用すると，鏡像体によってエポキシ化速度が異なる．たとえば，上述の酸化剤を用いて反応を行うと，図 5.56 のように一方のアリルアルコールが速やかに酸化されるのに対し，他方はなかなか酸化されない．すなわち，光学活性なチタン錯体があたかも酵素のように鏡像体を見分けているのである．

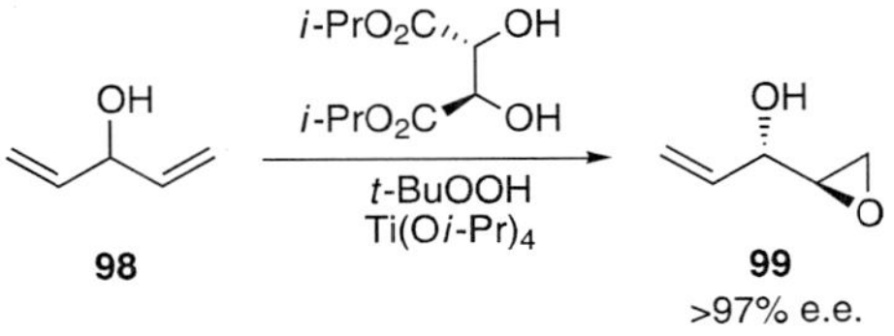

図 5.55

図 5.56

これをもとに，ジアリルアルコール 98 の反応について考えてみよう．図 5.57 に再度描いた 98 の左右の構造を見比べてみると，右側に酸化さ

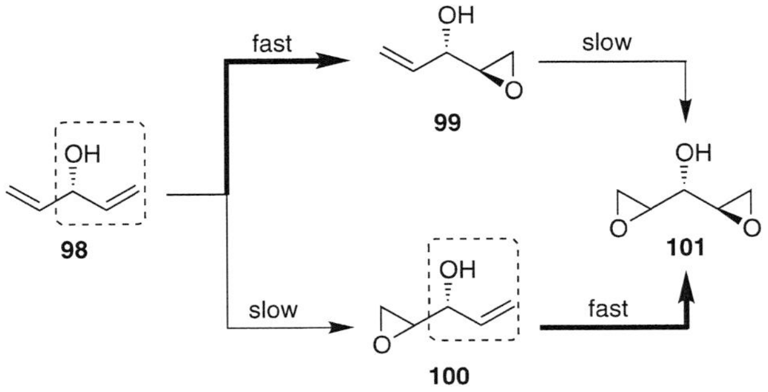

210   5 立体制御法の進歩による合成戦略の変化

図 5.57

れやすい構造が見てとれる．したがって，この部分で速やかにエポキシ化が起こって 99 が選択的に生成することとなる．仮にこの選択性が 100% でないとしても，副次的に生じた異性体 100 には，酸化されやすい構造が残っているので，速やかに 2 度目のエポキシ化を受けて消費されていく．その結果，モノエポキシ化体 99 の鏡像体過剰率は極めて高くなるのである．これは，いわば 2 重に**速度論的分割**のふるいにかけたことに相当する．対称性を巧みに反応のデザインに取り入れた例である．

章末問題

5.1 同じ逆合成解析（結合切断）に基づいても，実際の合成には多様なやり方があり，これが分子構築法を考えるおもしろさの1つとなっている．さて下図は，酒石酸由来の C_2 対称ジオール A から出発した，小槻日吉三による *exo*-ブレビコミンの合成である．以下の設問に答えよ．

(1) 標的分子をどこで切断するかという点で，この逆合成解析が図5.8のものと同じであることを確かめよ．

(2) 出発物質である C_2 対称ジオール A の両側に異なる炭素鎖を延ばすため，2つの異なるスルホナート脱離基（トシラートとトリフラート）を順次導入している．前者の導入に際して強塩基（*n*-BuLi）が用いられているが，これをピリジンを用いて行うと低収率に終わってしまう．その理由を考えよ．

(3) 炭素鎖の伸長のため，銅塩の存在下でGrignard反応剤 B を作用させると，2つのスルホナート脱離基のうちトリフラート側で反応が起きている．なぜか．

5.2 本文中で登場した以下の反応の機構を示せ．
(1) 図 5.9 化合物 18→19→20
(2) 図 5.15 の化合物 29→30→31
(3) 図 5.21 の D-グルタミン酸から化合物 40

5.3 医薬品に用いられる化合物が不斉中心を含む場合，高い鏡像体純度が要求される．これは生体内の薬物受容体(タンパク質)が本質的に光学活性であるため，相互作用する薬物において，鏡像体どうしの生理活性が異なることによる．当然のことに思えるが，これが深刻に認識されるようになったのは，睡眠導入剤サリドマイド(ラセミ体)を服用した妊婦から奇形児が生まれるという惨禍が起きた，わずか半世紀前のことである．その後の研究により，下図のように両鏡像体で生理活性が異なることが判明した．

しかし，このサリドマイドについては，仮に純粋な(R)体を用いたとしても，なお問題があるという．なぜかを指摘せよ．

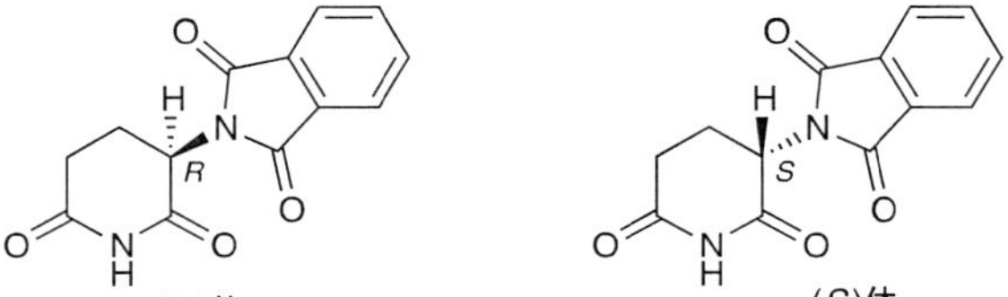

(R)体
鎮静作用

(S)体
催奇性

6 プロスタグランジン

　本章ではプロスタグランジン(以下, PGと略す)類の合成戦略を紹介する. 哺乳類のホルモンであるPG類は, その生理活性面での重要性, また天然からは極微量しか得られないことから, 1960年代から70年代にかけて集中的な合成研究が行われた. その合成では, 一部の類縁体がきわめて化学的に極めて不安定であることから, 温和な反応条件で進行する, 精密な有機合成反応の開発が必要とされた. その結果, これらの化合物の合成研究を通じて, 新しい炭素骨格の構築法, 立体化学を制御した合成法, 酸化反応や還元反応に加え, 保護基を含む官能基の化学など, さまざまな有機合成手法が新たに開発される契機となった. 本章では, ジアステレオ選択的, エナンチオ選択的な不斉合成法をはじめ, 各種の立体選択的な合成手法の進歩を紹介するとともに, それに伴って, 合成戦略がいかに変化してきたかについて概説する.

この章で学ぶこと

6.1　プロスタグランジン(PG)
　プロスタグランジン(PG)類は, アラキドン酸などのC_{20}不飽和脂肪酸が哺乳類の生体内で酸化されることによって生じる一連の化合物である. その生命科学における重要性, ならびに希少性により, その合成研究が世界中で競って行われた結果, さまざまな化学合成経路が開拓され, 生命科学への大きな貢献があった. それとともに, PG類の合成に傾注された努力によって有機合成の進歩が大きく促された.

6.2　Coreyラクトン
　Coreyラクトンという化合物は, PG類の合成において最も重要な中間体である. 以下の3つの項で設計から実際の合成まで解説する.
　(a) Coreyラクトンの登場：$PGF_{2\alpha}$の逆合成解析を行い, それを通じてCorey

ラクトンがどのような考え方で設計されたかについて解説する．

（b）CoreyラクトンからPG類へ：この合成中間体を利用してPG類を合成しようとした時には，2つのC=C結合の立体化学を制御する必要がある．また，それに関連してC_{15}位アルコールの孤立不斉中心の立体制御の問題が浮上してくることを学ぶ．

（c）実際の合成：この合成中間体を利用して行われた$PGF_{2\alpha}$およびPGE_2の最初の合成例を示し，上述の問題の実際を学ぶ．

6.3　C_{15}位問題と遠隔立体制御

PG類のω側鎖に存在するC_{15}位アルコールの不斉中心が分子の他の不斉中心から離れた位置にあり，通常のやり方では制御がむずかしい．この問題を契機として，不斉還元反応の進歩，反応剤制御のアプローチが促された様子について解説する．

6.4　Coreyラクトンの合成：ビシクロ[2.2.1]経路

PG類の合成において最も重要な中間体であるCoreyラクトンがどのように設計されたか，$PGF_{2\alpha}$の逆合成を通じて紹介する．

6.5　Coreyラクトンのさまざまな合成法

CoreyラクトンがPG合成における合成中間体として極めて有用であることが判明したことを受け，多くの研究者によって実にさまざまな合成法が工夫された．この節では，ラセミ体の合成に限り，Coreyラクトンの合成に関する種々のアイデアを紹介する．

6.6　Coreyラクトンの不斉合成

生理活性物質である限り，PG類もまた純粋な光学活性体として合成する必要があることは論を待たない．実は，1970年代から80年代にかけての不斉合成法の急速な発展は，PG類の合成法の発展と密接な関連がある．この節では，PG類の不斉合成法の基礎となるCoreyラクトンの不斉合成に関連し，ジアステレオ選択的アプローチならびにエナンチオ選択的アプローチについて解説する．

6.7　直登ルート：三成分連結法

アルコキシシクロペンテノンにω鎖を共役付加で求核的に導入し，生じたエノラートを求電子的なα鎖で捕捉する三成分連結型の合成アプローチについて説明する．この合成経路の特徴は炭素骨格の形成を行いつつ，官能基も立体化学も完備し，一挙に最終生成物に至る直截性にある．しかし，この"直登ルート"が実現されるまでには多くの合成的問題の解決が必要であった．ここでは，その主な問題であったアルコキシシクロペンテノンの不斉合成およびω鎖の立体選択的合成法の開発，さらにエノラートの有効な捕捉法の実現などについて解説する．

6.1 プロスタグランジン(PG)

PGE_2(**1**) や $PGF_{2\alpha}$(**2**) に代表されるプロスタグランジン(PG)類は,アラキドン酸などの C_{20} 不飽和脂肪酸の酸化で生じるエンドペルオキシド中間体を経由した生合成経路(アラキドン酸カスケード)に沿って消長する一連の化合物である(図6.1).

これらは短寿命かつ極微量で強力な作用を示す局所ホルモンとして,哺乳類における生命活動の恒常性維持に重要な役割を果たしている.これらの化合物の構造決定や生化学研究は,かつてその稀少性,不安定性ゆえに長らく難航した.しかし,1970年頃に**化学合成**の成功により大きく道が開け,なかには合成による量的供給により,製剤として臨床的に利用されるようになった化合物もある.このことは有機合成の生命科学への大きな貢献の好例であるが,逆にPG類の合成研究に傾注された努力が有機合成

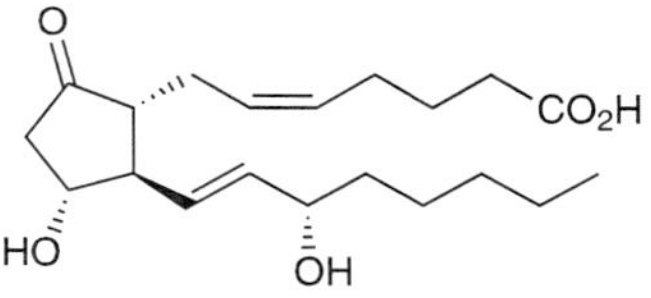

PGE_2 (**1**)
胃酸分泌抑制作用
血小板凝縮作用

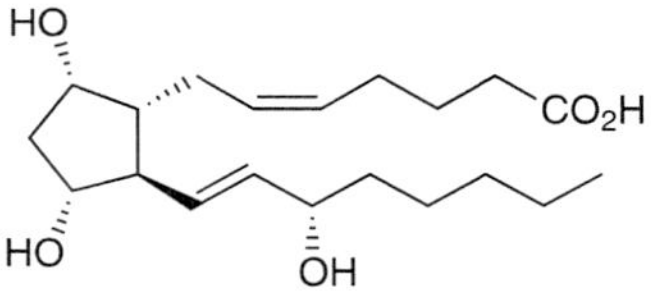

$PGF_{2\alpha}$ (**2**)
分娩促進作用
消化管平滑筋収縮作用

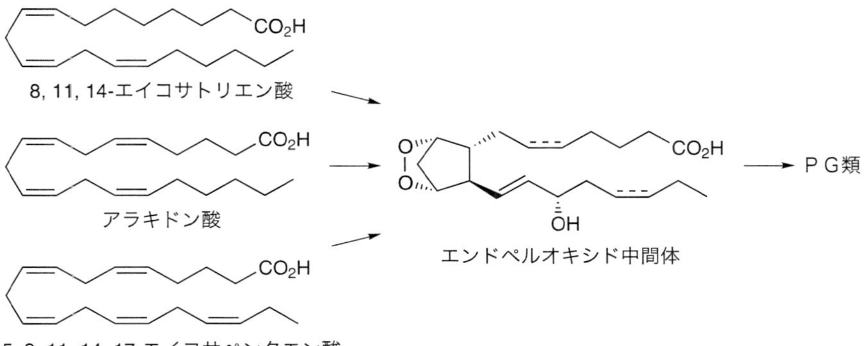

8, 11, 14-エイコサトリエン酸

アラキドン酸

5, 8, 11, 14, 17-エイコサペンタエン酸

→ エンドペルオキシド中間体 → PG類

図6.1

化学を大きく進歩させたことも見逃せない事実である．

PG類の合成戦略に入る前に，構造を概観しておこう（図6.2）．基本骨格は炭素数20の**仮想的な**カルボン酸である．これを**プロスタン酸**とよび，その5員環から張り出している上下2本の炭素鎖をそれぞれ α鎖，ω鎖とよぶ．環や側鎖の酸化度が異なる多様な類縁体があるが，PGX$_n$という略号でそれらを分類する．すなわち，Xが環部の構造，nが側鎖の不飽和度を表わし，たとえばPGE$_2$であればEの環構造で，側鎖の不飽和度が2との意味である．

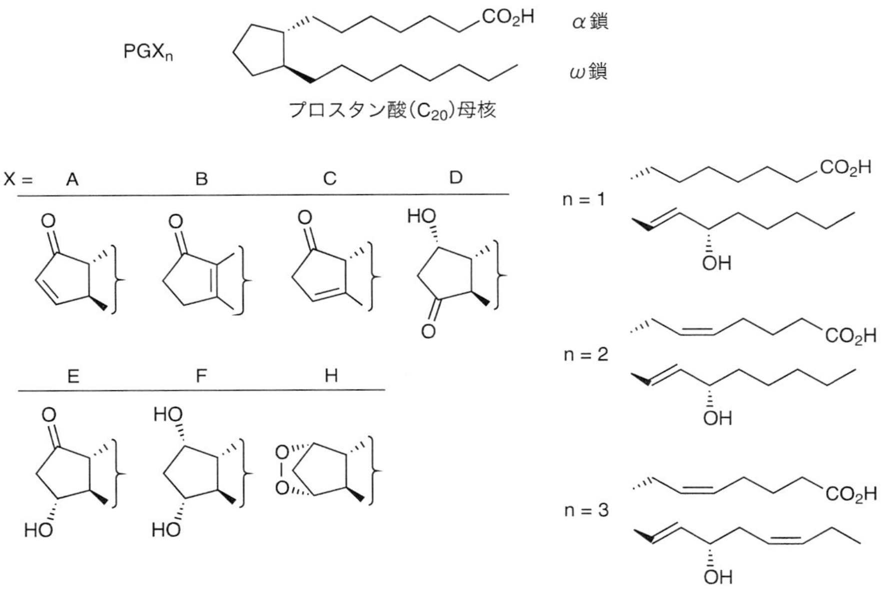

図6.2

さてPG類の合成では，主に(1)**立体化学**，および(2)分子の**不安定性**，の2つの問題がある．たとえば図6.3に示すように，PGE$_2$(1)には全部で4つの不斉中心がある．そのうちの3つは5員環上の3連続不斉中心であるが，互いに *trans* の関係なので，その制御は必ずしも至難というわけではない．一方，残る1つは立体配座の柔軟なω鎖上の C$_{15}$ 位の**孤立不斉中心**であり，これは後述のようにおもしろい立体化学的な問題を提起する．

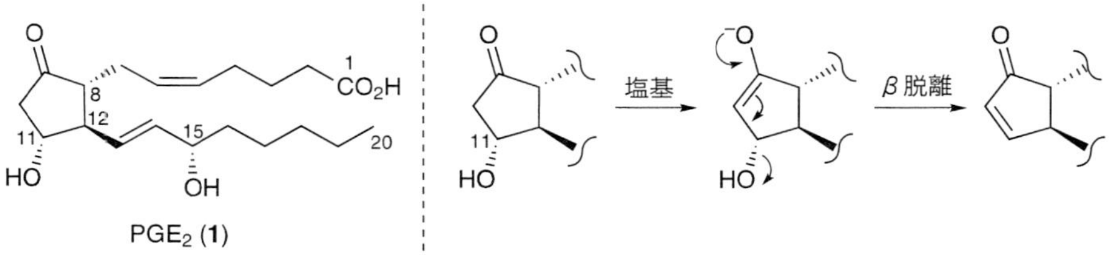

6.1 プロスタグランジン 217

図 6.3

　一方，官能基としては側鎖にある 2 つの C=C 結合，アルコール，カルボン酸に加え，特に問題なのは 5 員環上の β-ヒドロキシケトン（アルドール）構造である．酸や塩基で脱水共役化しやすいので，合成を計画する上で，この部分構造をなるべく合成の後期に作るようにし，また，それ以降はできるだけ温和な変換条件を選ぶ必要がある．

　1970 年代以降，これらの問題を契機として新たな立体制御法や保護基が盛んに開発された．その結果として合成手法が進歩すると，逆に，今度は合成経路そのものにも変化が起き始める．PG 合成の変遷は，こうした**合成戦略**（strategy）と**合成戦術**（tactics）との切っても切れない関係を学ぶのに格好の材料である．この章では，数多く開発された PG 類の合成経路のうち，図 6.4 に示した 2 つの代表例，(1)Corey ラクトンを用いるアプローチ，(2)三成分連結アプローチについてさまざまな視点から述べていこう．

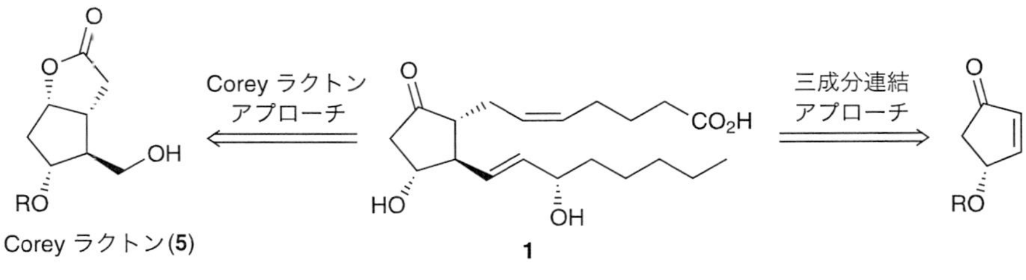

図 6.4

6.2 Corey ラクトン

(a) Corey ラクトンの登場

Corey ラクトン(5)という化合物は，PG類の合成において最も重要な中間体である．これ以降，本節を含め5節にわたり，この5を合成中間体として用いたPGの合成を紹介する．ここではまず，この化合物がどのように設計されたかを，$PGF_{2\alpha}$(2)の逆合成を通じて考えてみよう．

図6.5を見てほしい．最初に標的化合物2の2つのC=C結合に着目し，それらを切断してみる．こうして前駆体3が登場するが，これにはアルデヒドが2つあるので，これらを区別しておきたい．そこで酸化度に差をつけ，α鎖の側をカルボン酸，ω鎖の側をアルコールとすると，ヒドロキシカルボン酸4となる．ここで，この4のカルボキシル基とC_9水酸基とを結ぶと，ラクトン5となる．これがCoreyラクトンである．

いとも簡単であるかに思えるが，この5にはPGの合成中間体としてのさまざまな要素がぬかりなく盛り込んである．すなわち，5員環上には4つの不斉中心が正しく整っている．また，C_9位とC_{11}位の酸素官能基，C_8位とC_{12}位にあるα鎖，ω鎖の伸張のための置換基もうまく区別されており，必要に応じてどこでも選択的な変換を施すことができる．

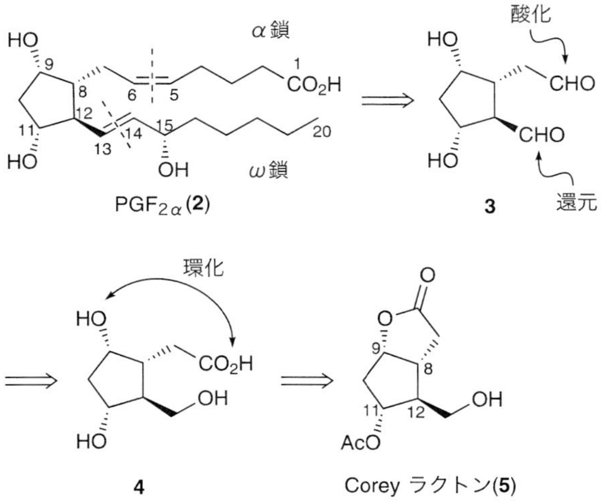

図6.5

この Corey ラクトンは構造的にはさほど複雑ではないが，これを "真に効率よく，選択的に" 合成することは合成化学者の腕の見せ所である．それについては後に 6.4 節，6.5 節，6.6 節で述べることにする．

(b) **Corey ラクトンから PG 類へ**

さてここで，話は前後するが，仮に Corey ラクトン(5)をうまく入手できたとしよう．そこから PG 類を合成する上で予想される問題を挙げておきたい(図 6.6)．これらの 2 つの C=C 結合を Wittig 反応を用いて生成させるとすると，立体化学(E/Z)の制御が問題となる(第 3 章参照)．まず，C_5–C_6 の (Z) 型二重結合をうまく生成するという課題は，不安定イリド 6 の反応なので，条件をうまく設定すれば実現できるだろう．

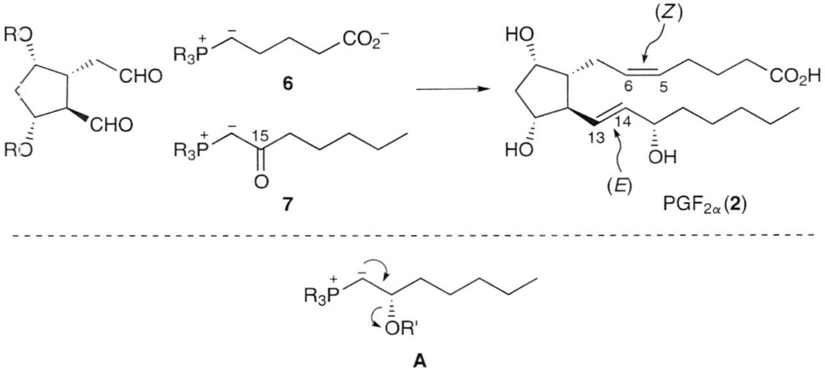

図 6.6

一方，C_{13}–C_{14} の二重結合の方は要注意である．なぜなら C_{15} 位がアルコキシ基の状態でイリドを発生させると，たちまち A のように β 脱離反応が起きてしまうからである．そこで C_{15} 位の酸化度を上げて α-ケトイリド 7 として反応させることにより β 脱離を避けよう，という考え方が出てくる．しかも，こうすると安定イリドの反応となるので，好都合なことに (E) 型の C=C 結合を生成させる見通しが立つ．しかし，それと引き替えに C_{15} **アルコールの立体制御の問題**に直面することとなる(6.3 節参照)．

(c) 実際の合成

それでは，この Corey ラクトンから PG 類が実際にどのように合成されたか，様子を見てみよう(図 6.7)．まず，第 1 級アルコールをクロム酸で酸化し，生じたアルデヒド 8 にケトホスホナートのナトリウム塩 9 を用い Horner-Wittig 反応を行うと，期待通り (E)-エノン 10 が選択的に得られる．この (E)-選択性は，上述のように C_{15} 位の酸化度が高いことで確保された訳であるが，その後がいけない．すなわち，この 10 を還元すると，全く面選択性が見られず，対応するアルコール 11 が $(15S)$ 体と $(15R)$ 体とのエピマー混合物として生成してしまう．これは，還元されるカルボニル基が他の不斉中心から離れているので無理もないが，合成上は厄介である，必要な $(15S)$ 体をクロマトグラフィーで分離して確保するとともに，不要な $(15R)$ 体は酸化してケトン 10 として再利用する．

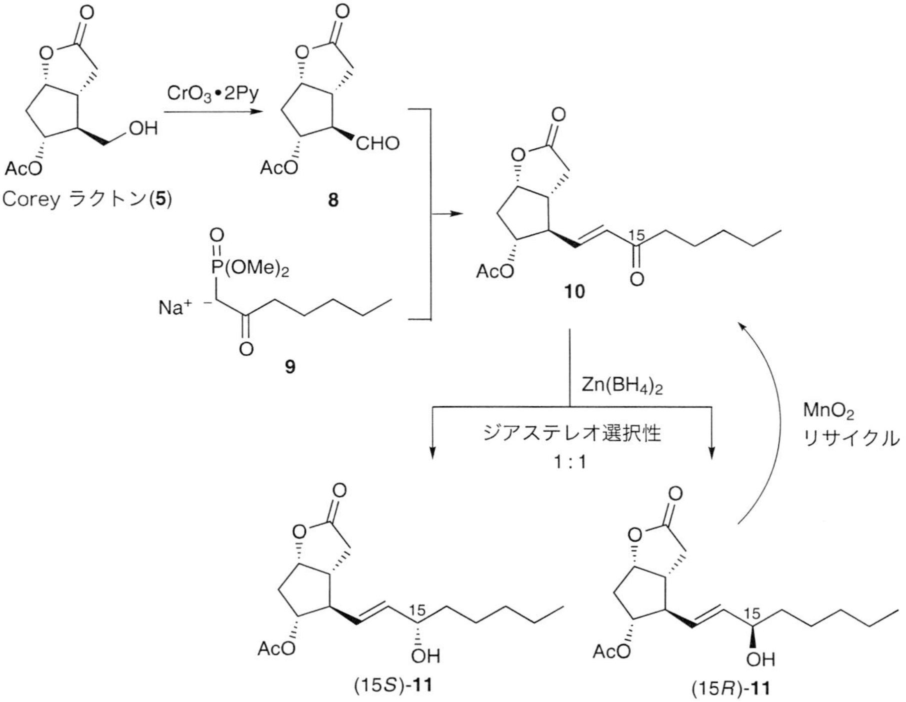

図 6.7

実は，この問題が種々の**不斉還元剤**の開発の契機となったのであるが，それについては 6.3 節において述べることにして，いよいよ合成の最終段階に進むことにする（図 6.8）．C_{11} 位と C_{15} 位の水酸基をテトラヒドロピラニル（THP）基で保護し，ラクトンを DIBAL で半還元してラクトール 13 とする．この 13 は，開環体であるヒドロキシアルデヒド 14 と平衡にあるので，Wittig 反応を行うと，オレフィン化反応と平衡の移動がくり返され，反応が完結する．しかも不安定イリド 6 の反応なので，期待通りに (Z)-15 が選択的に生成する．

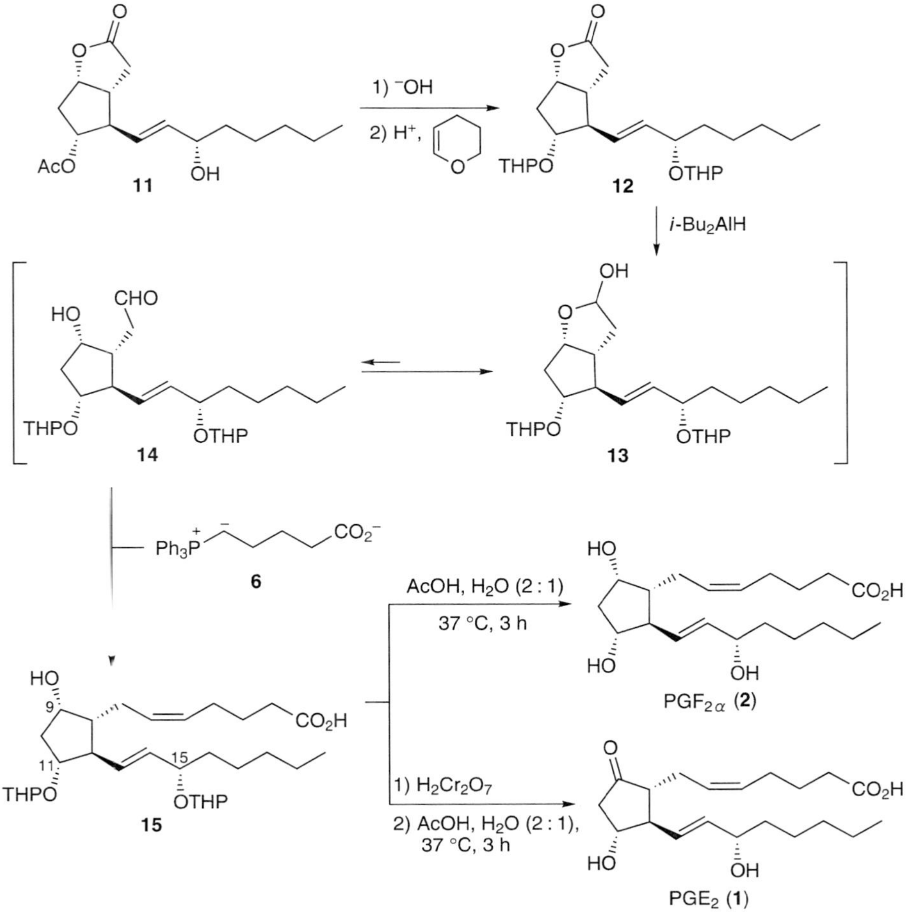

図 6.8

この 15 を希酸と処理すると，C_{11} 位と C_{15} 位の THP 保護基が除去され，$PGF_{2\alpha}(2)$ が得られる．また，中間体 15 においては C_9 水酸基だけが保護されていないので，これを酸化してから，上と同様に THP 基を除去すれば，今度は $PGE_2(1)$ が得られる．特に不安定な β-ヒドロキシケトン構造を有する 1 に到達できたことは，化合物特有の安定性に配慮し，保護基の選択などが適切であったことの証しである．

6.3 C_{15} 位問題と遠隔立体制御

以上の合成で浮上したのは，C_{15} 位の水酸基の立体制御の問題である．本節ではこれについて述べたい．

まず**基質制御**(substrate control)の考え方について紹介する．すなわち，これは反応基質にもともとある不斉中心から他の不斉中心を誘起するアプローチである．この観点からいえば，PG 類の C_{15} 位は他の不斉中心から離れているので，選択性を得るのは難しい．しかし，図 6.9 に示すようなおもしろい作戦が採られた．すなわち，C_{11} 水酸基にビフェニル型ウレタンを結合させ，A に示すようにその π 系が共役エノンの片側の面

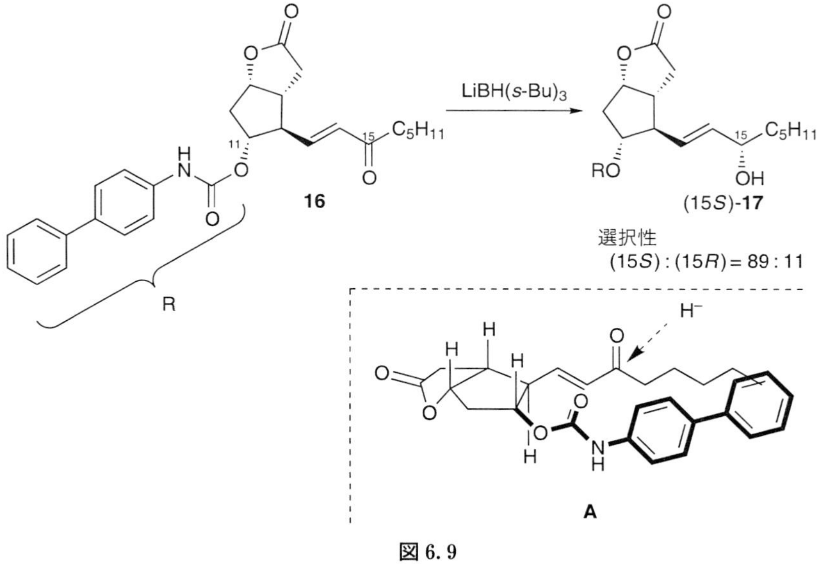

選択性
$(15S) : (15R) = 89 : 11$

図 6.9

を遮蔽(しゃへい)する効果に期待したのである．実際，嵩(かさ)高い還元剤を用いて還元すると，目的の(15S)体が優先的に得られている．おもしろい反応設計ではあるが，1つの不斉中心の制御にしては大げさな仕掛けであることは否めない．

こうした場面で，最近の立体制御法の進歩を背景として**反応剤制御**（reagent control）の考え方が急速に進展した．これは光学活性な反応剤を用い，反応基質の不斉中心の影響に頼らずに立体制御しようというものである．その典型例としては，野依良治がまさにこの"C_{15}位問題"に関連して開発した**不斉還元剤 BINAL-H** がある（図 6.10）．これは光学活性ビナフトールと $LiAlH_4$ と 1 mol 量の C_2H_5OH とから系内で調製して用いる．

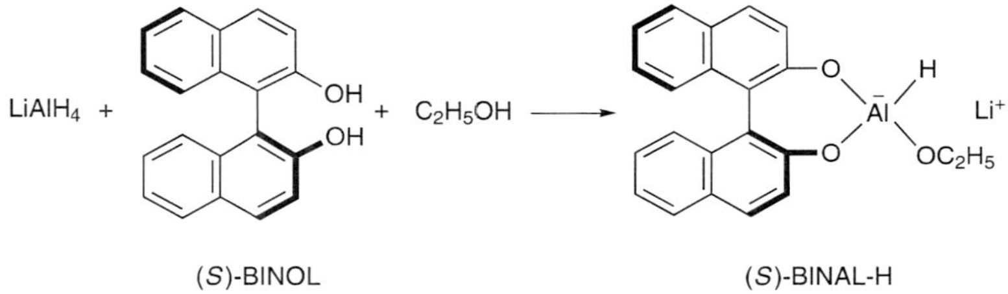

図 6.10

還元を受ける基質のケトンの構造によって選択性が上下するが，特に，片側の置換基がアルケニル基やアルキニル基のように π 電子系を持つものの場合に，選択性が優れている（図 6.11）．2つの反応経路 a と b とを比

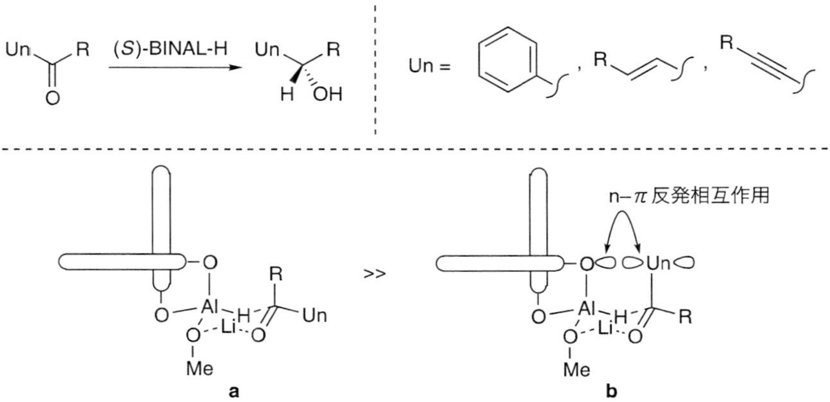

図 6.11

べた時に，不飽和ケトンのπ電子と配位子の酸素原子のn電子との反発から後者が相対的に不利なためであるとされている．

PG合成中間体であるエノン18（もちろん光学活性体）は，まさにそうした構造を有している（図6.12）．実際，BINAL-Hを用いて還元すると，極めて高い選択性で目的の(15S)体のアルコール19が得られている．

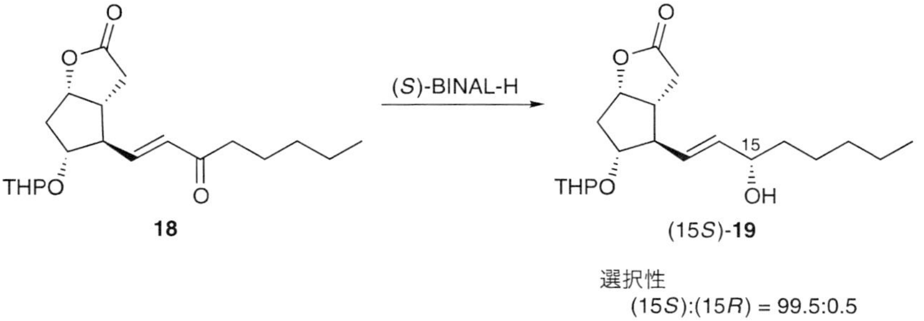

図 6.12

しかし，なぜ，このC$_{15}$位の立体配置を前もって整えてから，合成に取りかかるのではいけないのだろうか．PGF$_{3\alpha}$の合成例で考えてみよう（図6.13）．光学活性なω鎖単位は，(S)-リンゴ酸ジエチルから誘導したヒドロキシホスホニウム塩21である．前にも述べた(6.2節(b)参照)が，この

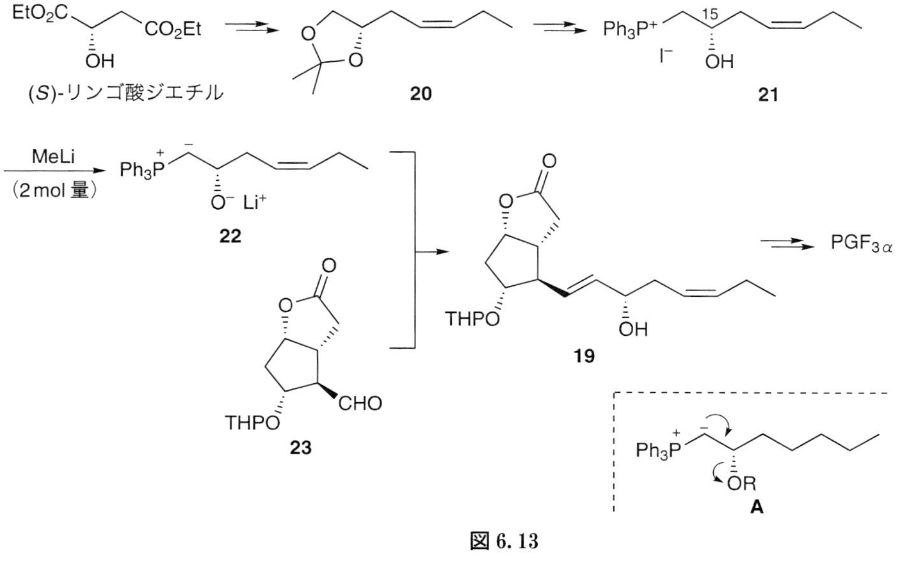

図 6.13

C_{15} 位水酸基を保護して反応させると，A のように β 脱離が起きてしまう．そこで，直接この 21 に 2 mol 量の塩基を作用させると，まずアルコキシドが生成され，続いてイリド 22 となるので，β 脱離を避けることができる．しかも，好都合なことに，この β オキシドイリドは (*E*) 選択性を示すので(第 3 章参照)，目的の骨格 19 が一挙にでき上がる．

実に簡明で，直截的な骨格構築法である．しかし，残念ながら収率がふるわない．なぜかといえば，β-アルコキシアルデヒド 23 はそもそも β 脱離反応を起こし，共役不飽和アルデヒドになりやすいが，反応の強烈な塩基性条件は，それをさらに助長してしまうからである．

ここで全く発想は異なるが，既存の不斉中心を利用した合成という見地から，G. Stork による PGA_2(34) の合成について記すことにしよう(図 6.14)．この**不斉転写アプローチ**(chirality transfer approach)ともよぶべき合成経路の出発点は，4 炭糖エリトロースの誘導体 24 である．この 2 つの不斉炭素原子の情報は，最終生成物のどの不斉中心に反映されていくのかを，注意深く追ってみてほしい．

まず，24 にビニル基を導入し，2 度のオルトエステル Claisen 転位反応を行う．1 度目の転位反応 (25→26) の目的は炭素骨格を伸長することであるが，2 度目の転位反応 (29→30) は**不斉転写**のために用いられている．すなわち，C_{14} 位の不斉情報が C_{12} 位に移されている．このことは 6 員環のいす型遷移状態 A を考えれば理解することができる．また，新たに生成したオレフィン部分が (*E*) 配置となることも同様にこの A からわかるだろう．

こうして C_{15} 位と C_{12} 位との関係が確立された．あとは Claisen 縮合と脱二酸化炭素を行うことで 5 員環を完成させ，最後に ω 鎖を伸張すればよい．α 鎖と ω 鎖との *trans* の関係は塩基性条件で定まり，PGA_2(34) が完成した．

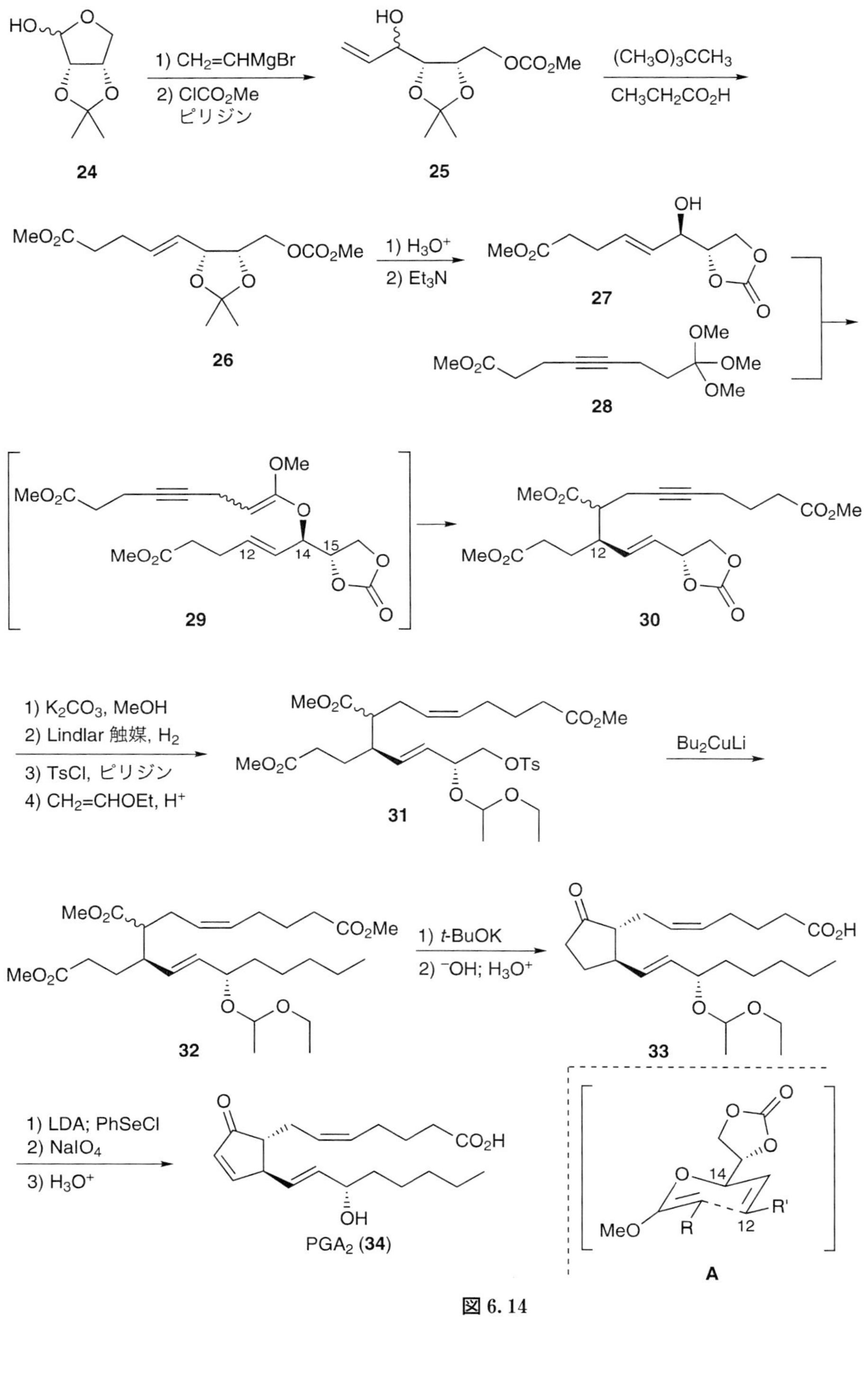

図 6.14

6.4 Coreyラクトンの合成：ビシクロ[2.2.1]経路

さて，Coreyラクトンの合成に話を戻そう．図6.15は，E. J. Corey自身の逆合成解析である．まず，ラクトン部を生成させるためにヨードラクトン化反応を想定すると，不飽和カルボン酸37が前駆体となる．この37のカルボキシル基とC_{11}水酸基を結ぶと，2環式ラクトン38となる．さらに，この38の環内酸素(O)をBaeyer-Villiger反応で挿入することにすれば，架橋型ケトン39が前駆体となる．さらに，この39の中にシクロヘキセンA(Diels-Alderレトロン)を見出すと，シクロペンタジエン誘導体43とケテンとの[4+2]付加環化反応を用いてはどうか，ということが示唆される．

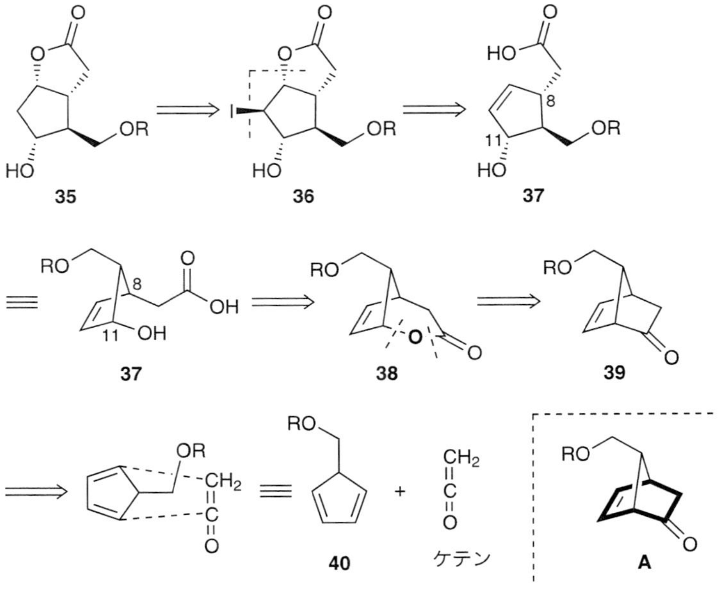

図6.15

流れるような逆合成解析である．しかし，実際の合成がシナリオ通りに行くということは極めて稀である．さまざまな所に落とし穴があるからであり，それを回避するために，反応に用いる基質，反応剤，反応条件にいろいろと注意する必要が出てくることが多い．実際，このCoreyラクト

ンの合成では最初から2つの工夫が必要であった（図6.16）．すなわち，ケテンは特殊なオレフィンであり，ジエンと反応させても[2+2]型の環化付加反応しか起こさないことである．そこで[4+2]型で反応するケテンの**合成等価体**が必要となるが，この目的で1970年頃の最初の合成において用いられたのはクロロアクリロニトリル(43)であった．

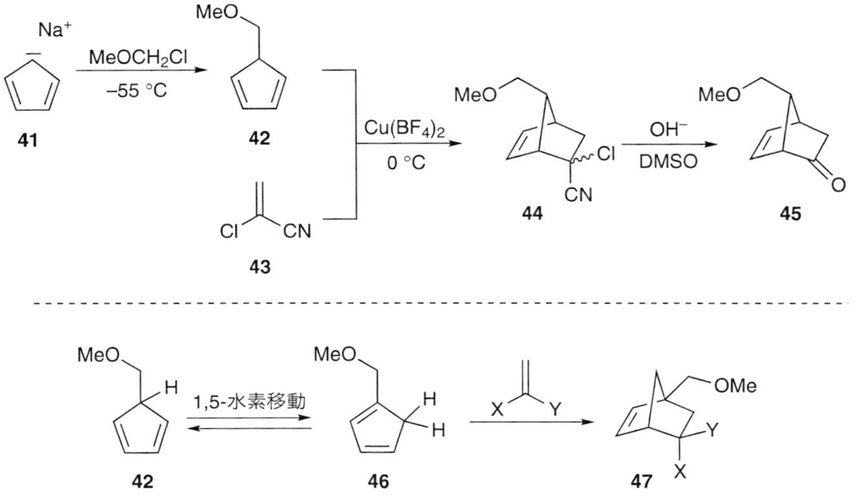

図6.16

一方，ジエンの側にも問題がある．すなわち，用いる1-置換シクロペンタジエン42はシクロペンタジエンのナトリウム塩(41)をメトキシメチル化すれば合成することができる．ところが，このジエンは1,5-水素移動反応により異性化して，2-置換体46との平衡混合物になってしまいやすいという問題があるのである．この異性化を避けるには，まずはジエン42を0℃以下で注意深く取り扱う必要がある．しかも，これを次にケテン等価体43とできるだけ低温で反応させなければならない．なぜなら2-置換体46からの生成物47も副成してしまうので，上の工夫が水の泡となってしまうからである．そのためにCu(II)触媒を用いる．触媒が43に配位するとLUMOが低下するので，反応性が向上し，上記の平衡化が深刻にならない程度の低温で[4+2]付加環化反応が起きるようになる．こうして得られる44のクロロニトリル部分をアルカリ加水分解するとケトン45となる．

6.4 Coreyラクトンの合成

ここからCoreyラクトンの合成に向けた経路は図6.17に示す通りである．すなわち，ケトン45をBaeyer-Villiger酸化すると，位置選択的に反応し，ラクトン48となる．これをアルカリ加水分解し，得られたカルボン酸49をI_2と反応させると，ラクトン50が単一生成物として得られる．I_2のオレフィンへの配位が可逆的であり，2つの5員環の縮環系(ビシクロ[3.3.0]オクタン)が cis となることから，50に至る trans 付加の経路のみ反応すると考えればよい．この50のシクロペンタン環上には5つの不斉中心がぐるりと並んでいるが，これらが，合成経路の流れの中で，いつ，どのように確定したかを考えてみてほしい．最後にC_{11}水酸基をアセチル化し，Bu_3SnHを用いてラジカル的にヨウ素を還元し，保護基のメチル基をはずせば，Coreyラクトン(5)ができあがる．

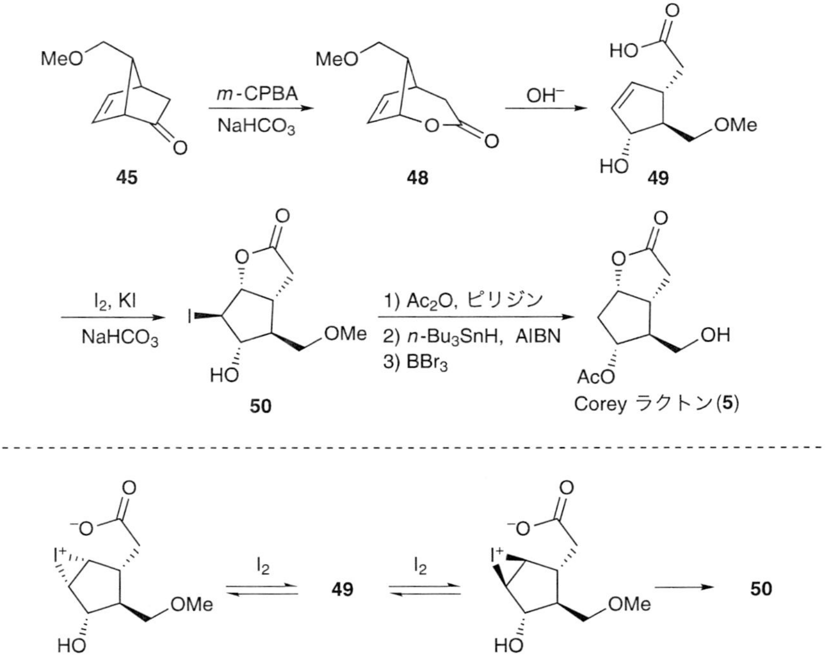

図6.17

6.5 Coreyラクトンのさまざまな合成法

こうして，PG合成中間体としてのCoreyラクトンの有用性が広く認識されることにより，他の研究者によってさまざまな合成法が工夫されるようになった．課題を端的にいえば，4つの置換基を有するシクロペンタンをいかに簡単に作るかである（図6.18）．要するに，Aのように C_9 位と C_{11} 位には α 配置の水酸基が2つ，α 鎖側に2炭素，ω 鎖側に1炭素があればよい．そこで，たとえばシクロペンタジエンとフマル酸エステルとのDiels-Alder付加環化体を経由してはどうか，といったような考えが出てくる．

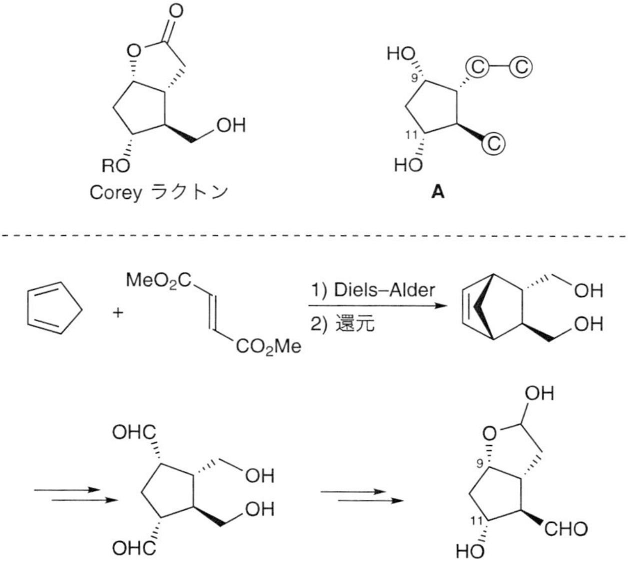

図6.18

また，容易に入手できるシクロペンタジエンの2量体であるジシクロペンタジエンAの中に潜む，上述の構造モチーフAを"発見"し，合成に利用した人もいた（図6.19）．2つのC=C結合を順番にうまく切断することができれば，ラクトールBにたどりつけそうである．このように身近な化合物の中に合成のヒントを探すのもおもしろい．しかし，実際の合成は炭素数を減じたり，立体化学を修正したりで，お世辞にも効率的とはいえ

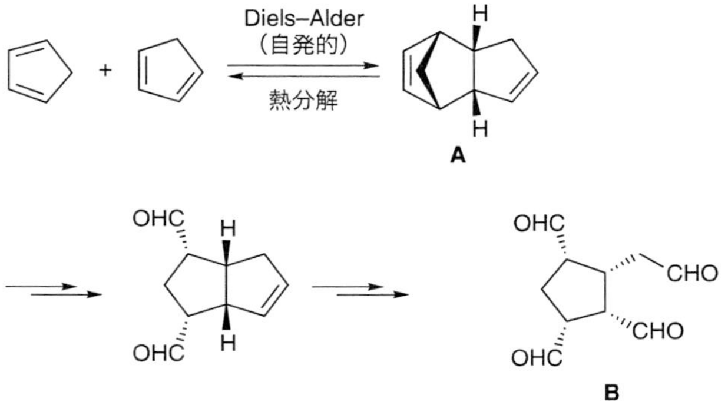

6.5 Coreyラクトンのさまざまな合成法

図6.19

ない仕上がりとなった．

5員環に小員環(3員環や4員環)を"貼り付け"，隣接置換基どうしの cis の関係を確保するという作戦がある．

たとえば，I. Fleming による"お得意の"アリルシランを活かした合成は，その例である（図6.20）．トリメチルシリルシクロペンタジエン 51 をジクロロケテン A (酸クロリド 52 とトリエチルアミンとの反応により系内で発生)と反応させ，ビシクロ[3.2.0]化合物 53 を得る．これにはアリルシラン構造があり，$SnCl_4$ を Lewis 酸として用いたメトキシメチル化反応によって，位置，立体選択的に生成物 54 に導くことができる．これを Baeyer-Villiger 酸化でラクトン 55 とし，2 つの塩素原子を亜鉛還元で除き，化合物 56 を得ている．

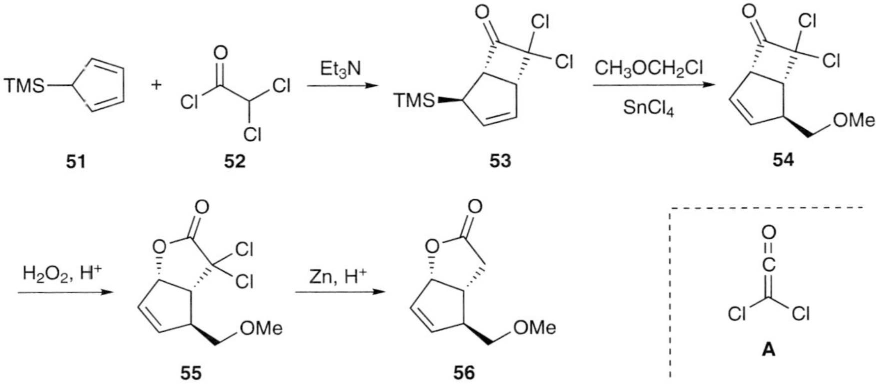

図6.20

先述のように，2つの5員環が縮環したビシクロ［3.3.0］オクタン系は事実上 cis 体に限られる．このこともまた，C_8 位，C_9 位の cis の立体的関係を確保するのに用いられる．また，G. Stork の報告したラジカル経由の合成法は，その典型例である（図 6.21）．アルコール 57 からヨードアセタール 58 を合成する．ここからラジカルを発生させて α 鎖の元を作り，生成したラジカルを t-ブチルイソニトリルで捕捉することにより，ω 鎖の1炭素分を導入している．ニトリル 59 を還元すれば，アルデヒド 60 となる．

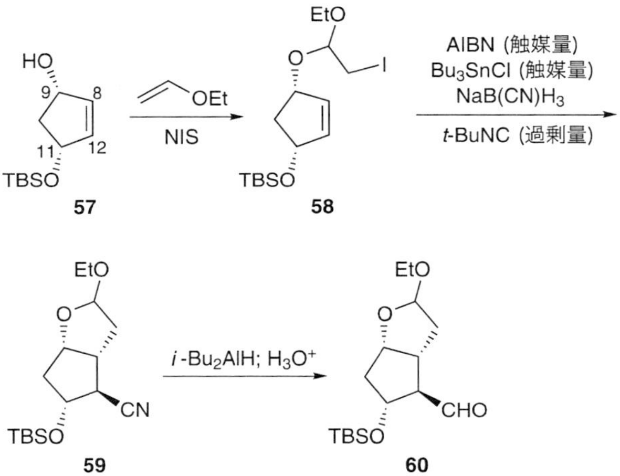

図 6.21

図 6.22 に示す E. J. Corey の合成もまたこの cis 双環系を利用したものである．シクロペンテンジオール誘導体 61 から出発し，これをマロン酸エステル 62 を経由してジアゾ化し，ジアゾ化合物 63 とする．これを銅触媒を用いた分解反応にかけると，分子内でシクロプロパン化反応が起き，C_8 位，C_9 位，C_{12} 位の立体化学の定まった3環式化合物 64 が得られる．これをジビニル銅リチウムで位置選択的に開環し，LiI を用いた脱メトキシカルボニル化反応によって中間体 66 に導いている．

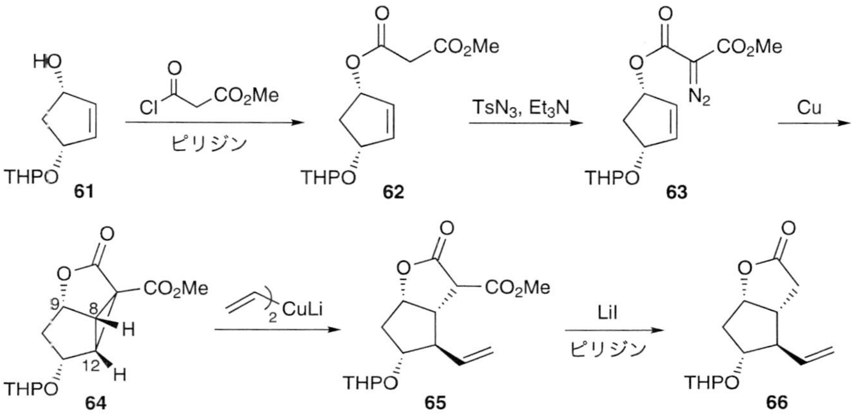

6.5 Coreyラクトンのさまざまな合成法

図 6.22

最後に，R. B. Woodward の斬新な合成法を紹介する（図 6.23）．出発物質はトリオール 67 である．これをグリオキシル酸（68）と反応させ，化合物 69 とする（シクロヘキサン環が反転しているのがおもしろい）．これを還元してジオールとした後，メシラート 70 に導き，塩基による脱離反応により，オレフィン 71 とする．これを水を含んだ 1,2-ジメトキシエタン中で加熱すると，オレフィンの隣接基関与による加溶媒（＝水）分解により，72 となる．アルコール 72 を再びメシル化し，脱離させてオレフィン 73 とする．これにベンゾニトリルの存在下，過酸化水素でエポキシ化すると，立体選択的にエポキシド 74 となる．これを封管中，アンモニア水と加熱すると位置選択的に開環し，アミノアルコール 75 となる．これを酸性メタノールで開環して塩酸基 76 とする．これをジアゾ化すると，77 に示すように脱アミノ型ピナコール転位反応が起き，6員環が5員環へと縮小され，アルデヒド 78 が得られる．

これは極めて限られた合成反応や立体制御法しかなかった時代（1973年）の合成である．すばらしい想像力による合成計画に沿い，次々と分子が姿を変えていく様子を味わってほしい．グリオキシル酸の2炭素がいつの間にかシクロペンタン環上のα鎖に変身していることなど，魔法のようである．それにしても，最終生成物と出発物質の構造とがどうすれば結びつくのか，私たちの想像を越えており，まさに Woodward の面目躍如というべき合成である．

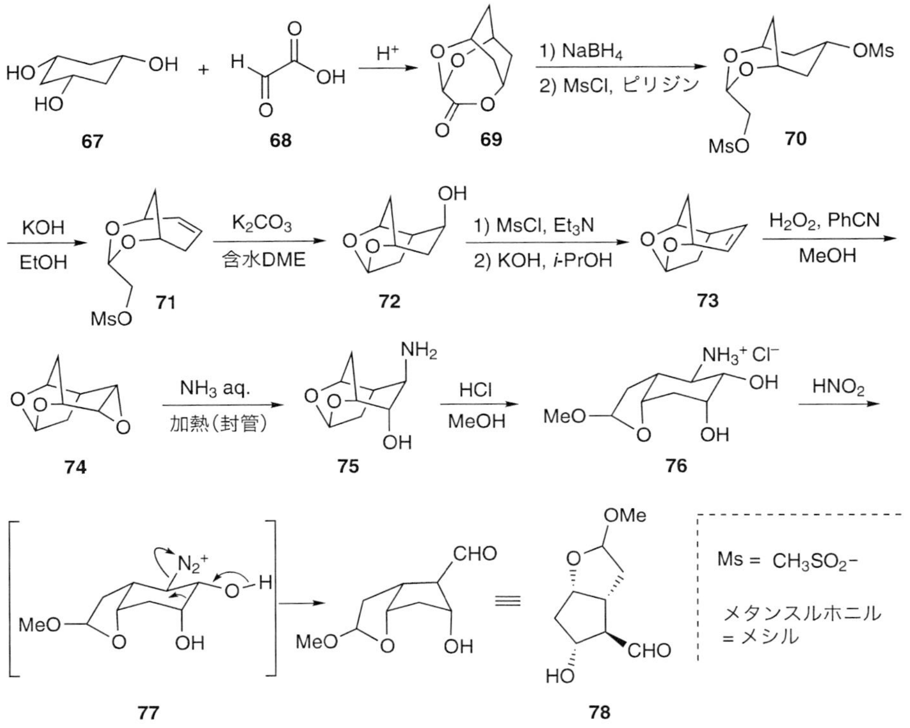

図 6.23

6.6 Corey ラクトンの不斉合成

　以上，Corey ラクトンのさまざまな合成法を述べたが，決定的な問題に触れてこなかった．それは光学活性の問題である．E. J. Corey による最初の合成では，かなり進んだ段階で**光学分割**(optical resolution)を行っている(図 6.24)．すなわち，Corey ラクトン合成の中間体であるカルボン酸 49(図 6.17 を見直してほしい)の段階で(＋)-エフェドリンを作用させ，得られるジアステレオメリックな塩の溶解度の差を利用して光学分割を行ったのである．しかし，この段階に至って，せっかく合成してきた化合物の半分以上を失うのはいかにもつらいものがある．その後，この問題を解決するための不斉合成の研究が種々展開されたが，ここにおいても

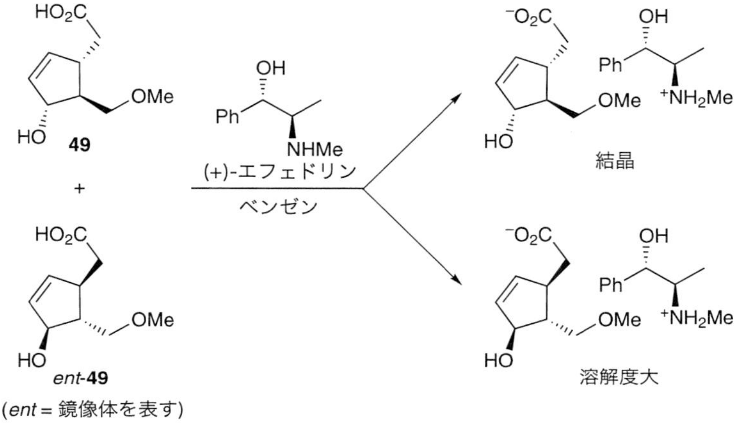

6.6 Corey ラクトンの不斉合成　235

図 6.24

Corey は大きな貢献をしている.

(a) ジアステレオ選択的不斉合成

　ここで不斉合成法の話に入る前に，先述の合成を振り返ってみよう．図 6.16, 6.17 の Corey ラクトンの合成と見比べながら，図 6.25 を見てほしい．生成物である Corey ラクトン(35)がラセミ体であったということは，とりもなおさず最初の中間体 39 もラセミ体だったことを意味する．さらに遡れば，ケテン(実際にはその等価体)とジエン 40 との反応に等価な 2

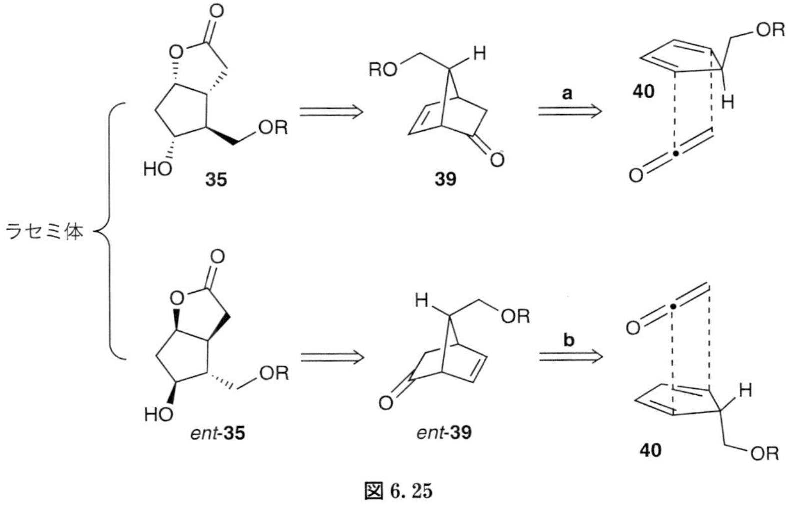

図 6.25

つの経路(aとb)があったことになる．これらの経路は互いに鏡像の関係にあるので，その反応速度は等しい．逆にいえば，どうにか経路aからだけ反応が進むようにできれば，光学活性な目的物が得られることになる．

おもしろいもので，化学研究にも潮時というものがあるらしい．というのは，図6.26は1960年代の報告であるが，不斉合成そのものに対する興味から(PG合成とは全く無関係に！)，シクロペンタジエン誘導体の不斉Diels-Alder反応が研究されていたのである．すなわち，天然由来の光学活性テルペンである(−)-メントールを結合させたアクリル酸エステルAを親ジエン体として，シクロペンタジエンと反応させる．この先駆的な研究からわかったことは，(1)単に熱的な条件で反応させても好結果は得られないが，(2)Lewis酸を用いると反応性が向上し，かなり高い立体選択性が達成される，ということである．図6.25と見比べると，PGの不斉合成のヒントであることがわかるだろう．

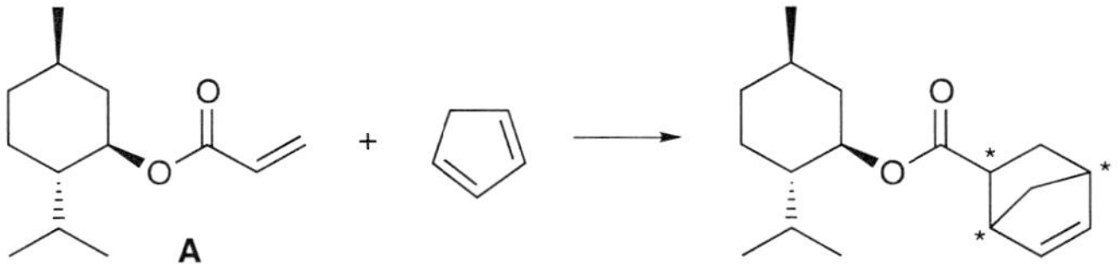

図6.26

それではこのジアステレオ選択的な不斉反応がうまく行くためには，どのような条件が必要であろうか．整理してみると，少なくとも以下の3つの要素がある．

(1) まず，図6.27のようにアクリル酸エステルを平面に固定し，ジエンの接近経路を描く．*endo* 付加と *exo* 付加の2通りの接近方法があるが，先述の通り，一般に前者が有利である．

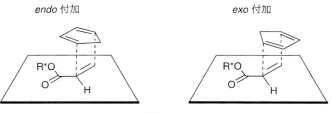

図6.27

(2) 次に，同じ endo 付加でも，今度は不飽和エステルの π 面の上下に目を向けよう（図 6.28）．何も工夫しなければ，当然，面の上下は等価である．しかし，これを区別するためにアルコール部分に不斉要素を導入すると，この面の上下はもはや等価ではなくなる．このような不斉要素を**不斉補助基**（chiral auxiliary）とよぶ．この不斉補助基（この場合は，R*O-基）の性能はさまざまであるが，ごく単純にいえば，下のように面の片方だけをうまく遮蔽してくれるようなものがよい．

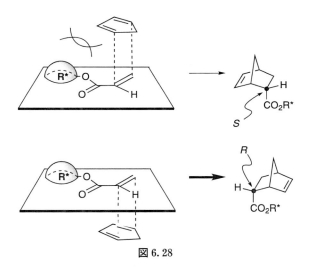

図 6.28

(3) しかし，実はさらにもう 1 つ要素がある（図 6.29）．不飽和エステルの C＝O 結合と C＝C 結合とを結ぶ σ 結合の回転異性体，すなわち s-*cis* 体 A と s-*trans* 体 B である（ここで，"s" とは単結合（single bond）の略で，単結合に関して *cis* あるいは *trans* ということである）．重要なことは，これらの異性体では，互いに反応しやすい π 面が逆であり，結果的に異性体を与えることである．したがって，高選択性を得るためには，この回転異性体の制御も必要となる．

これらの要素を考慮しながら，Corey ラクトンの不斉合成が行われた（図 6.30）．Lewis 酸 $AlCl_3$ の存在下，アクリル酸エステル 79 とジエン 80 との反応は高選択的に進行し，付加環化体 81 を与えた．ここでは 2 つの工夫が加えられている．1 つは Lewis 酸を用いたことである．不飽和エ

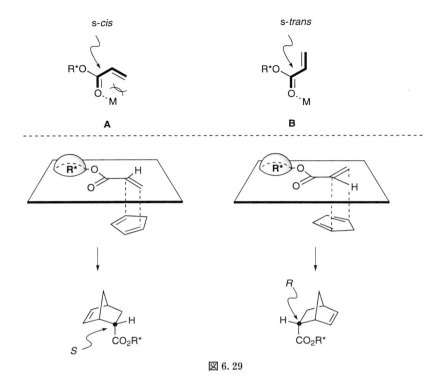

図 6.29

ステルのカルボニル基に Lewis 酸が配位すると，LUMO が低下して親ジエン体としての反応性が向上するとともに，s-*trans* 配座が有利となる．2つめは，不斉補助基としてフェニルメントール（通称）を導入したものを用いていることである．すなわち，この不斉補助基はこの A に示すように，フェニル基が分子の片側の面を有効に遮蔽するのでしばしば好効果を与え

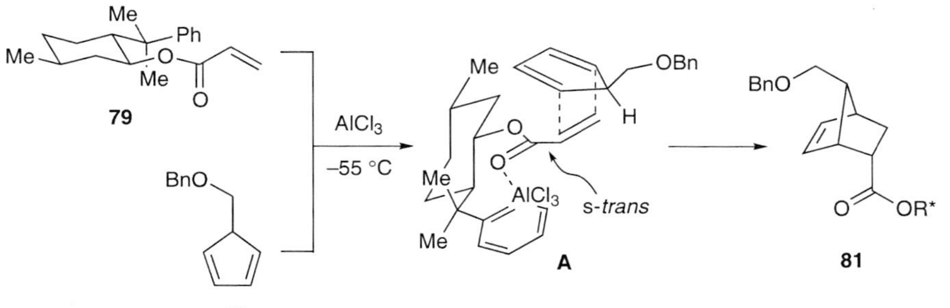

図 6.30

るものである.

　こうしてエステル81が立体選択的に得られたが，その基本骨格はCoreyラクトンと比べて炭素1個分多いこととなる．振り返って考えると，この炭素はケテンの等価体として用いたアクリル酸エステルのカルボキシ炭素であり，反応基質を不斉補助基に結びつけ，不斉な反応場を構築する仲立ちをしてきたものである．ここでその活躍に感謝しつつ，これを除去する（図6.31）．エステル81をエノラートに導き，酸素酸化してヒドロキシエステル82とする．このエステル82を還元し，得られたジオール83をグリコール開裂でケトン84とすることで，光学活性なCoreyラクトンの合成経路が開けた．

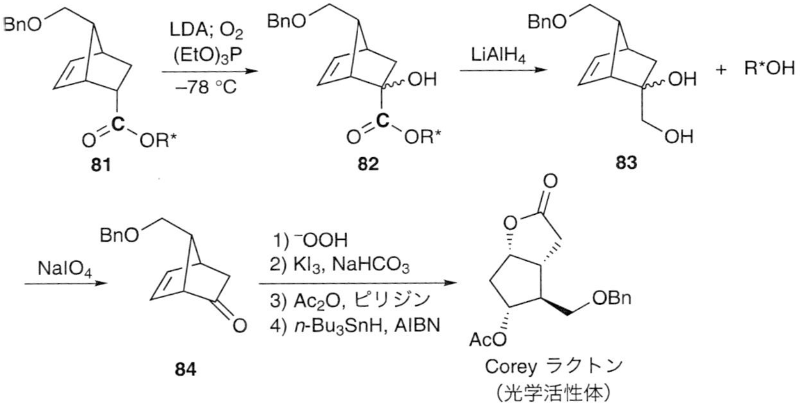

図6.31

　上述の例は，生成可能なジアステレオマーの生成速度の差を利用しているので**ジアステレオ選択的反応**とよばれる．しかし，目的の光学活性体に至るまでに余分な手続きが必要である．すなわち，(1)不斉補助剤を共有結合で反応基質に組み込む，(2)不斉誘起を行う，(3)不斉補助剤を切り離す，という操作である．やや回りくどい．

(b) エナンチオ選択的不斉合成

　上述の方法と比べ，より魅力的なのは**エナンチオ選択的**なアプローチである．言い換えれば**反応剤制御**の考え方であるが，配位結合などの弱い分子間力を利用した立体制御なので，一般に高選択性を得るのは困難であるとされてきた．1979年，古賀憲司，橋本俊一は，図6.32に示すように

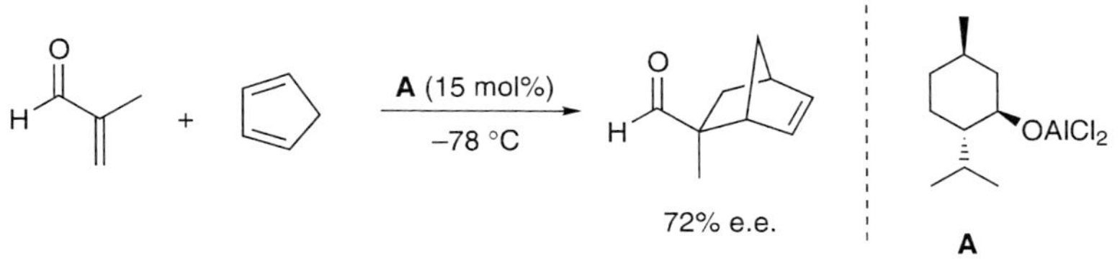

図 6.32

Diels-Alder 反応の Lewis 酸による加速効果に着目し，光学活性なメントールと有機アルミニウム化合物とから調製した光学活性 Lewis 酸 A を用いる不斉反応を報告した．これは，近年急速に進展した光学活性 Lewis 酸触媒を用いる不斉反応のさきがけとなったものであり，またビシクロ [2.2.1] ヘプタン系化合物が得られる点で PG 類のエナンチオ選択的不斉合成にも突破口をもたらした．

実際，この反応系はさまざまに展開されたが，ここでは Corey の PG

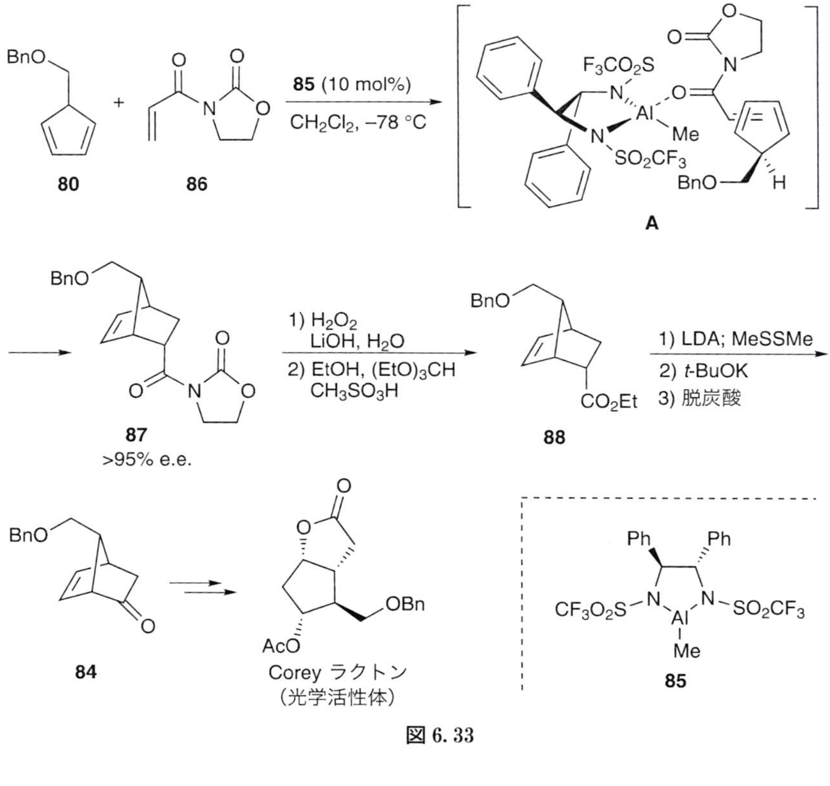

図 6.33

の触媒的不斉合成への展開を紹介する（図 6.33）．不斉触媒として用いる光学活性な Lewis 酸は，C_2 対称なビススルホニルイミドから調製した光学活性アルミニウム反応剤 85 である．この不斉触媒の存在下，アクリル酸誘導体 86 とシクロペンタジエン 80 とを反応させると，高い鏡像体過剰率（>95% e.e.）で付加環化体 87 が生じる．このように単純な基質どうしの反応で光学活性な目的物 87 が直接得られるので，前項で述べたジアステレオ選択的な方法と比べ，効率がはるかによい．触媒的不斉合成法が"ツボにはまった時の威力"といえよう．あとは，やはり余分な 1 炭素を除去し，ビシクロ [2.2.1] ヘプタン 84 を経て光学活性な Corey ラクトンを得ている．

6.7　直登ルート：三成分連結法

　　全合成はよく山登りにたとえられる（1.6 節参照）．以上に述べた，合成中間体として Corey ラクトンを経由する合成法は，さしずめかなり高い所にベースキャンプ（Corey ラクトン）を設け，そこから峰々をアタックするといったものであった．しかし，PG 合成にはこれ以外にもさまざまな経路が考案されており，以下の**三成分連結法**は急な岩登りをいとわずに"直登に挑む"やり方であろうか．

　　その基本的な考え方は，図 6.34 のように要約できる．アルコキシシクロペンテノン A に ω 鎖を共役付加で求核的に導入し，生じたエノラートを求電子的な α 鎖で捕捉する．これは 1960 年代に G. Stork の提案した**隣接二重官能基化**（vicinal bifunctionalization）に基づいたものであるが，うまくいけば炭素骨格の形成を行いつつ，立体化学を確定することができることが魅力的である．なぜなら，ω 鎖，α 鎖が 5 員環上に順次導入されるにあたり，図 6.34 の下方に示すように，5 員環上の既存の C_{11} 位の不斉点の立体障害により ω 鎖が β 面側から導入され，続いて α 鎖がそれに対して逆側，すなわち α 面から導入され，3 つの置換基が**互い違い**の関係になるからである．このように，このアプローチは炭素骨格，官能基，立体化学の 3 要素を完備して，一挙に最終生成物に至る点で**直登ルート**とよぶことができる．

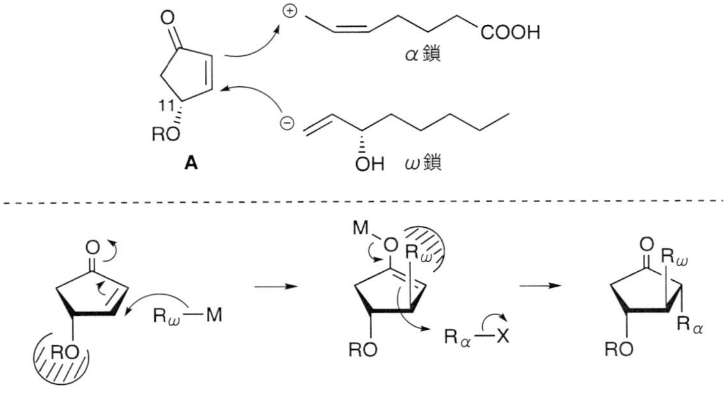

図 6.34

しかし，そのための前提として，個々の反応成分の立体化学を前もって整えておかなければならない．まず，ω鎖の光学活性体の合成について述べよう．ここでも当初は光学分割が主であったが，不斉還元反応を用いるアプローチも登場してきた（図 6.35, 6.36）．すなわち，ヨードアルケノン 89 やアルキノン 92 を反応基質とした不斉還元がさまざまに検討され

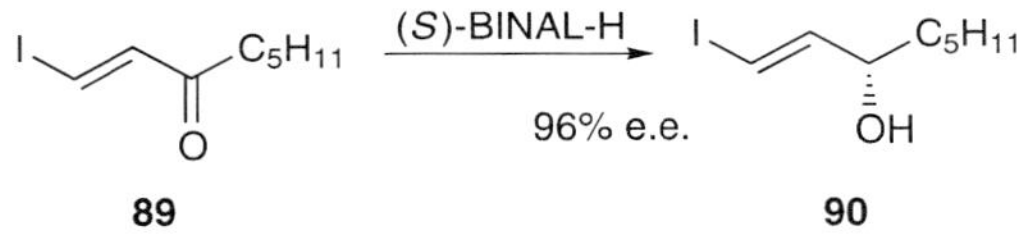

図 6.35

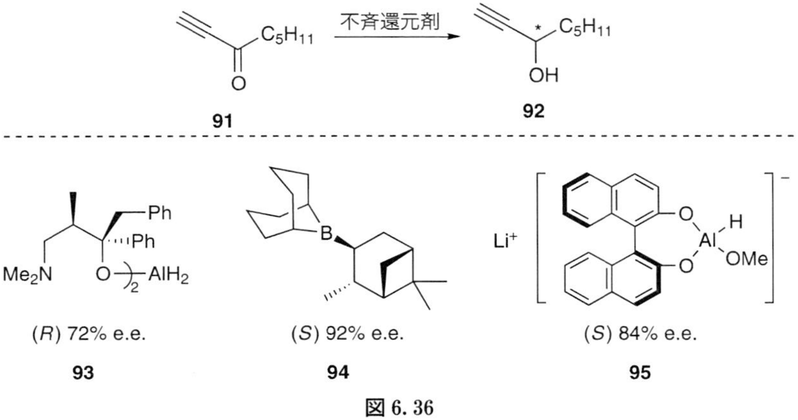

図 6.36

た．C_{15}位のアルコールの立体化学を定めた上で，三成分連続法に供するという考え方である．この不斉還元反応の発展はまさに PG 合成の"C_{15}位問題"（6.3 節）に端を発したものである．

一方，5 員環部分の不斉合成法も種々開発された．また，図 6.37 に示すように，この場面でも BINAL-H による不斉還元が用いられた．おもしろいのは，同じ不飽和ケトンとはいっても，見かけ上，図 6.11 の場合とは逆のカルボニル面が還元されていることである．エンジオンであるために，むしろ求引的な軌道相互作用が支配的となるためと説明されている．

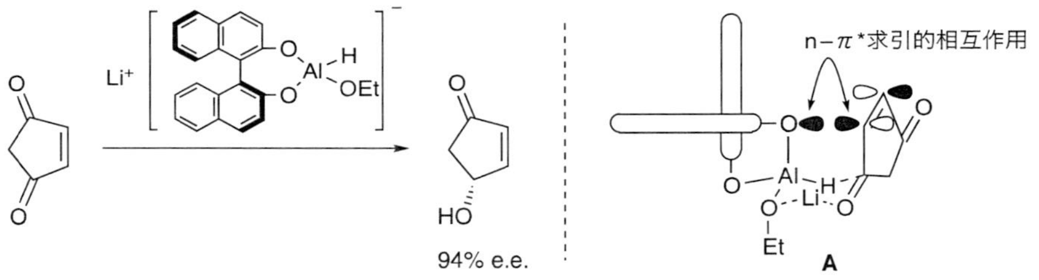

図 6.37

また，図 6.38 に示したのは，FAMSO（2.2 節(b)参照）の二重アルキル化を用いる方法である．すなわち，酒石酸から光学活性なニヨウ化物を合成し，これにアシルアニオン等価体である FAMSO のアニオンを作用させ，［1+4］型の環形成反応を行った．生成物 100 を加水分解するに際しては，C_2 対称性のおかげで，どちら側で反応が起きても等価であることに注意したい．

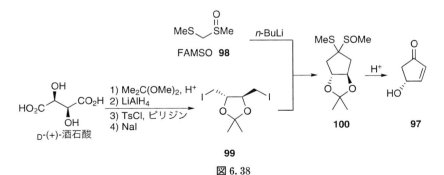

図 6.38

酵素を用いる *meso* 型ジオールの非対称化も有用である(図 6.39)．酵素の種類を変えると，望みの鏡像異性体を得ることもできる．この中間体からは，必要に応じて保護基や酸化度の異なる他の中間体への変換も容易である．

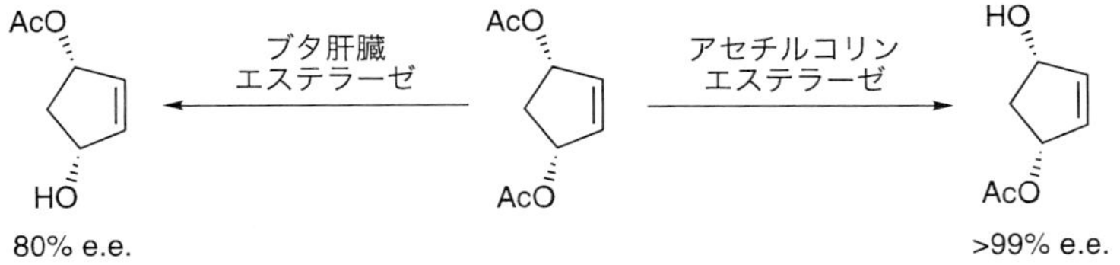

102　**101**　*ent*-**102**

図 6.39

こうして“光学活性な部品”が揃い，三成分連結法を行うための準備が整ったが，実はまだここに大きな難関が待ち受けていた．すなわち，共役付加後のエノラート 104 をアルキル化剤で捕捉することが困難であるということであった(図 6.40)．これがうまく行かずに時間が経つと，エノラートの平衡化が起き，生じた位置異性体 106 から β 脱離反応が起きてしまう．いくら魅力的でも実行できなければ致し方ない．

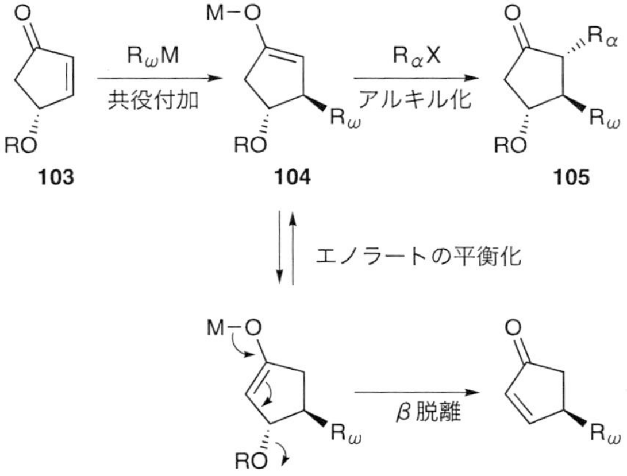

103　**104**　**105**

106　**107**

図 6.40

この問題に対し，次善策として提案されたのは，エノラートを反応性の高い求電子剤で捕捉することであった．すなわち，ハロゲン化アルキルと比べて，ずっと反応性の高いカルボニル化合物などを求電子剤として用いるのである．たとえば，G. Stork，磯部稔は，図6.41に示すように共役付加後のエノラート110をホルムアルデヒドと反応させ，さらに生じたアルドール111を脱水してα-メチレンケトン112とした後，これにあらためてビニル銅反応剤113を共役付加させ，α鎖を完成させている．すなわち，α鎖を1炭素と6炭素とに分けて導入したことになる．

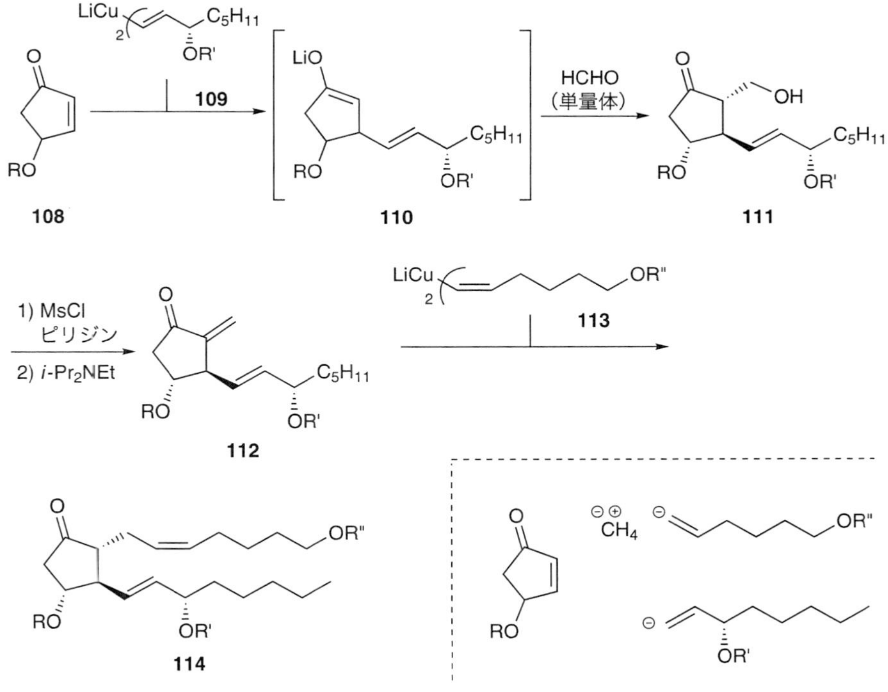

図6.41

一方，炭素数の揃ったα鎖の導入のために，アルデヒドやニトロオレフィンを用いた例もある(図6.42)．一挙に基本骨格を構築できるが，最終目標に至るには官能基変換の手続きが必要となる．

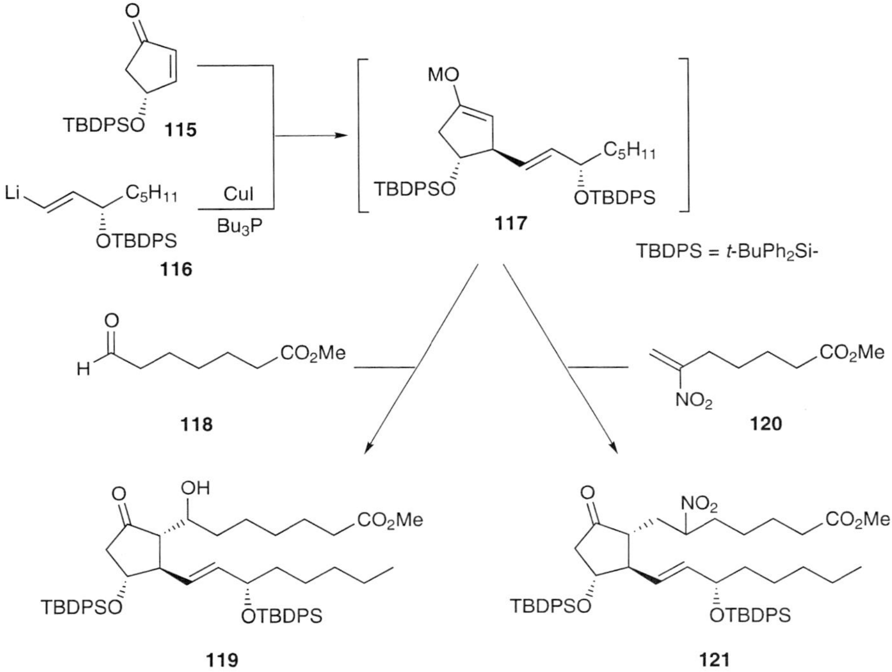

図6.42

こうした困難にもかかわらず，果敢に"完全直登ルート"に挑み，見事に踏破したのは野依良治，鈴木正昭，柳澤章の研究であった．図6.43がその完成形であるが，ポイントは金属交換にあった．すなわち，共役付加で生成したエノラートを塩化トリフェニルスズでいったん捕捉した後，ヨウ化アリルと反応させることで，エノラートの求核性を落とすことなく，塩基性を抑えて先述の平衡化による副反応を抑制し，三成分を一挙に連結することに成功した．

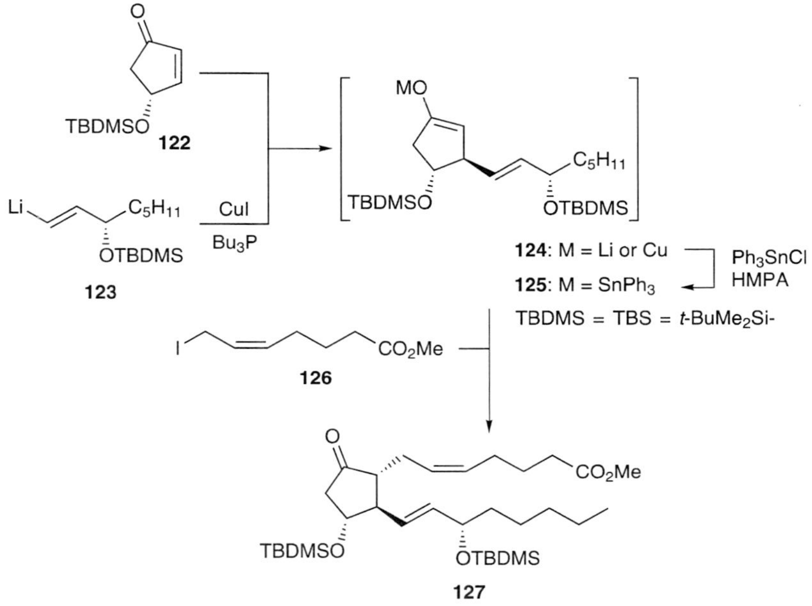

6.7 直登ルート　247

図 6.43

章末問題

6.1 図 6.14 の化合物 33→34 の反応機構を示せ.

6.2 G. Stork による PG 合成の鍵段階(図 6.21, 58→59)の反応機構を示せ.

6.3 下図は G. Saucy によるビタミン E(7.2 節参照)の側鎖部分の合成である.

(1) 二重結合の水素化反応を行うための反応剤 a, b を示せ.

(2) いす型遷移状態を考慮し,それぞれのオルトエステル Claisen 転位反応の生成物 A, B を示せ.

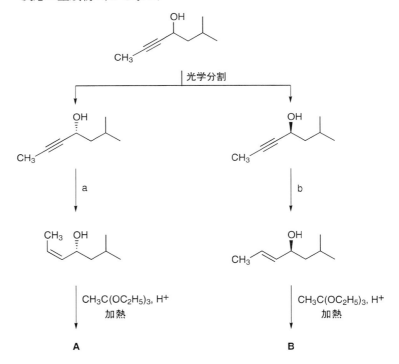

7 総合的な合成戦略

本章では，多段階合成の戦略に関し，さまざまな話題を紹介する．まず，逆合成の一般論にふれた後，保護基について論じる．後半部では，再び多段階合成の一般論について述べる．標的化合物を前にして，合成をどのように見通すか，いくつかのヒントを挙げてみよう．

> この章で学ぶこと

7.1 逆合成のこつ
合成を計画する上で最も大事にしたいのは，なるべく短い合成をめざすことである．これに関連して，直線型合成と収束型合成との比較についてふれる．また，逆合成における結合切断を比較して論じる．

7.2 結合切断のきっかけを探そう
よい逆合成をするために，結合切断の場所を発見するヒントとして，隠された対称性に注意すること，反応にこだわること，出発物質にこだわること，などの注目すべき点を挙げる．

7.3 保護基のはなし
合成の最終段階をイメージし，不安定な構造を保護することが逆合成の第一歩である．これに関連し，保護基の工夫と役割を解説し，保護基を総合的に活用した合成の例としてブレフェルジンAの全合成を概説する．

7.4 エピローグ
マクロライドの合成を例として，合成手法の進歩によって合成戦略が変化する様子をみる．合成戦略の自由度と楽しさを総括する．

7.1 逆合成のこつ

(a) なるべく短い合成をめざす

　目標とする化合物の合成経路を考える上で，まずめざしたいのは，"できるだけ短段階にする"ことである．段階数が増えると，よくある等比級数のマジックにより，合成全体の通算収率は情けなくなるほど低くなってしまう．図7.1のグラフは，各段階の収率がそれぞれ95％，90％，85％，80％，75％であるとした時に，10段階，20段階と進むうちに，どれだけ急速に通算収率が落ち込むかを示してある．この様子をみると，"ともかく短い合成を！"という掛け声がわかってもらえるだろう．

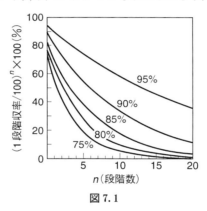

図 7.1

　そうはいっても，すぐに理想的な合成経路を思いつくはずもない．そこで，まずは合成経路の素案を作り，そこから何とか少しずつでも改良することを考えてみるのがよい．たとえば，ある反応を利用すると，合成経路が大幅に短縮できるなら，それを利用してみるのも1つの選択である．極端に言えば，たとえその反応が少し収率の低いものであったとしても（決して好ましくはないが），全体としては有利なこともある．たとえば，図7.2のように，7段階の合成経路があり，各段階の収率がすべて85％であったとする．ここで，都合のよい反応がみつかり，途中の3段階分の変換を一挙に行えるようになったとしよう．計算上は，その収率が62％以上あれば，おつりがくることとなる．

　こうして段階数を減らすことは，収率の問題だけでなく，さまざまな点

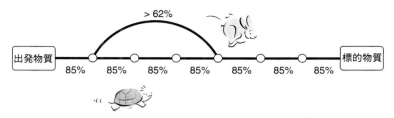

図 7.2

で望ましい．有機反応を行うと，多くの場合，それに伴って無機塩などの副成物が生じる．また，反応溶媒，後処理の操作や抽出の溶媒，さらには精製に用いるシリカゲルや溶媒などを含めると，実は反応を 1 段階行うたびに，反応式に現れない廃棄物の問題やエネルギー消費が付随しているのである．したがって，段階数を減らすことは，こうした各変換の背後にある負担を軽減し，たとえば工業生産における大規模合成のような場面を想像すれば，地球環境への配慮にもつながるからである（いわばグリーンケミストリーとの関係であるが，それについては本講座 18 巻第 10 章を参照）．

環境負荷の話が出たので，ここで B. M. Trost による**原子経済性**（atom economy）の視点にふれておきたい．たとえば，第 3 章で学んだ Wittig 反応は代表的なオレフィンの合成反応であるが，変換の物質収支を眺めると，大変な痛みを伴うことに気づかされる（図 7.3）．すなわち，出発物質のシクロヘキサノン（分子量 98）は酸素原子を失い，メチレン基を受け取っている．しかし，この変換を行うだけのために，分子量の大きなリン反応剤を用いるので，常にトリフェニルホスフィンオキシド（分子量 278）が副成してしまうこととなる．すなわち，この反応は原子経済性に乏しいということになる．

同じことは，たとえば図 7.4 の置換反応にもあてはまり，反応のたびに不要な金属塩が等モル量副成してしまう．一方，図 7.4 の下に示す付加反

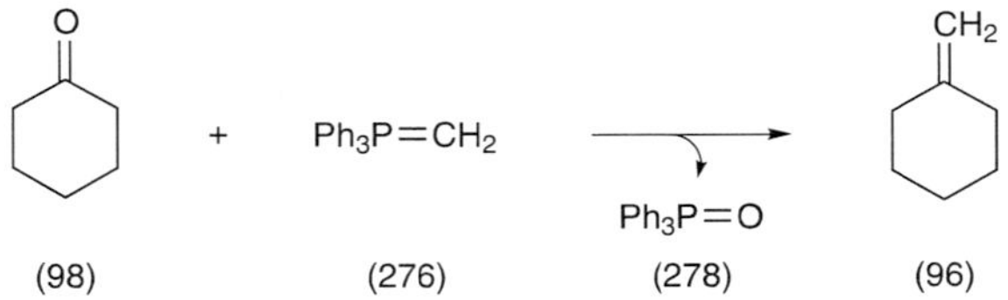

図 7.3

応では触媒量の塩基を用いて，2つの出発物質どうしが"何も副成することなく"合体していることが注目される．そこで，環境負荷の軽減のためにはおおまかに言って，"置換反応よりも付加反応を"，"化学量論的反応よりも触媒反応を"という方針で合成経路を設計するのがよいだろう．もちろん，合成経路を開拓する最初の段階では，なりふり構わず，ともかくゴールまで道をつけることから始めるのであるが！

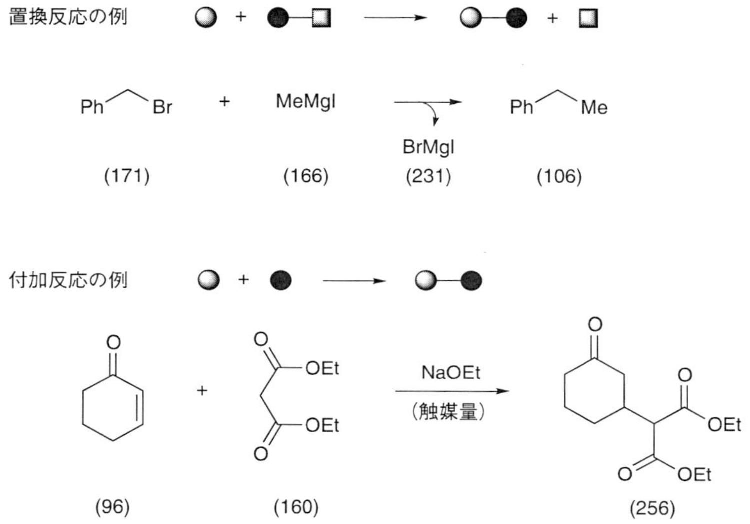

置換反応の例　　　○ ＋ ●─■ ──→ ○─● ＋ ■

Ph─Br ＋ MeMgI ──→ Ph─Me
　　　　　　　　　BrMgI
(171)　　(166)　　(231)　(106)

付加反応の例　　　○ ＋ ● ──→ ○─●

(96) ＋ (160) ──NaOEt(触媒量)──→ (256)

図 7.4

(b) 直線型合成と収束型合成

　次に考慮したいのは，合成経路の**収束性**(convergency)についてである．

　まず，図 7.5 は合成単位 A から出発し，これに順次 B, C, D と結合させていくことにより，目標化合物 ABCDEFGH を完成させる合成経路である．このように小さな合成単位を1つ1つ連結しながら，順次，分子構築を行う方式を**直線型合成経路**(linear synthetic route)という．

　一方，これとは対照的な**収束型合成経路**(convergent synthetic route)というやり方もある(図 7.6)．すなわち，まず合成単位 A と B とを結合させ，一歩進んだ合成中間体 AB を作る．続いて，同様に C と D とから合成中間体 CD を前もって作っておき，これを AB と合体させ進んだ合成中間体 ABCD とする．最後に同様にして合成した EFGH との結合形成を行い，目標化合物 ABCDEFGH を完成させる．すなわち，合成中間体を複数

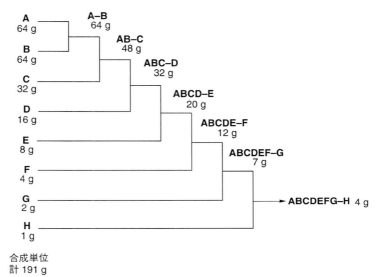

図 7.5 直線型合成経路

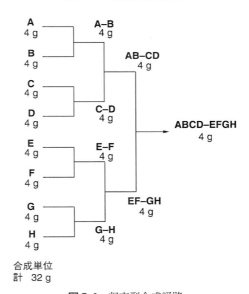

図 7.6 収束型合成経路

の並行した経路で合成し,それらを集約させていく,という方式である.

ここで押さえておきたいことは,一般に"直線型合成経路よりも収束型合成経路の方が望ましい"とされていることである.実は,上述の2つの

合成経路の総段階数は等しい（AからHまでの合成単位をどこかで結合させるのに7段階必要なことに注意せよ）．それでも収束型合成経路の方が有利であるというのは，どういう訳だろうか．

ここで，これらの2つの合成経路を例にとって，ケーススタディーをしてみたい．同じ量の標的化合物 ABCDEFGH を得るために，これらの2つの合成経路を採用したときに，"必要な合成単位の総量"を見積もってみよう．ここでは比較検討のために，極端に簡単な条件の系を設定している．
 (1) 合成単位 A から H は，すべて同じ分子量（たとえば100）である．
 (2) A と B との反応生成物 AB の分子量は，両者の単純な和（200）である．
 (3) 反応の収率は，すべて50％である．

さて，いま仮に標的化合物を4g得たいとして，上の(1)-(3)の条件を勘案し，各段階で必要な合成単位の量を逆算していってみよう．そうすると，直線型合成経路では合成単位AからHが全部で191g必要であるのに対し，後者の収束型合成経路では全部合わせても，わずか32gで済む．

両経路の総段階数は等しいのに，何という違いであろうか．秘密があるにちがいない．図7.7は，そのタネアカシである．太線部は，図7.6の収束型合成経路において合成単位Aが標的化合物に変換される道筋を抜粋したものである．とりもなおさず，これは合成単位Aに対してB, CD, EFGHを次々と反応させる"3段階の直線型合成経路"にほかならない．このことは他の合成単位BからHについても同様である．すなわち，収束型合成経路は，複数の**より短い**直線型合成経路が並列に組み合わさることで成り立っているのである．

ポイントはここにある．先述の通り，合成経路が長くなると通算収率は急速に落ち込む．しかし，収束型合成経路を採用すると，（総段階数は同

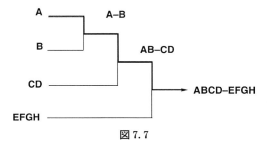

図7.7

じであったとしても）並列に並べたそれぞれの直線型合成経路がより短いため，"等比級数の呪縛"から相対的に離れることとなる．これこそが，収束型合成経路に優位性をもたらす源なのである．

なお，収束型合成経路はリスクを分散させるのにも役立つ．勝ち抜き戦で思わぬ敵に足もとをすくわれるかのように，有機合成でもごく単純な反応がなぜかうまく行かないことがある．あるいは"大事な合成中間体のフラスコを落とした！"といった場面もあるかもしれない．こうした緊急事態に陥ってしまったとしても，収束型合成経路は"大難を小難で済ませる"ことにつながるのである．

フラスコを落とした！

以上，収束型合成経路の優位性を了解してもらえただろうか．その上で，この考え方を合成設計にどのように反映すればよいかを考えよう．先に多段階合成がパズルと似ていると述べたが，加えて逆合成では標的化合物の分解方法にも自由度がある．そこで逆合成の第一歩では，標的化合物をなるべく中央付近で分割するようにしたい．そうすると，分子は大体同じ大きさの2つの前駆体にわかれるが，これを次々と繰り返していけば，結果的に上述のような収束型合成経路を計画したこととなる．

しかし，ここで注意したいことは，本当にその選択が最善か否かは時と場合によることである．なぜなら，標的化合物の中央付近に結合形成を行いやすい場所があるかどうかは場合によるし，また，最終段階で大きなフラグメントどうしを結合させることが可能かどうかは，それを実行できる有力な合成反応があるかどうかにかかっているからである．すなわち，あ

256　7　総合的な合成戦略

肉まんも結合も真ん中で切るとよい

る意味で収束型合成経路は，もっとも大きなリスクを最後に持ち越していることになるかもしれない．要は，最終段階に設定したキーステップを託すに足る"信頼すべき反応"があるか否かに尽きる訳である．エピローグでは，有力な合成反応の出現が合成全体のあり方をいかに変化させるかについてふれる．

　さて，ここまでは収束型経路の利点のみを強調してきたが，場合によっては，あえて直線型経路をとった方がよいこともある．その例として，R. B. Merrifield（1984年，ノーベル化学賞）の始めたペプチドの固相合成法を挙げよう（図 7.8）．すなわち，ポリマー樹脂に結合させたペプチド基質に他のアミノ酸を次々と縮合させ，分子鎖を延ばしていく．このやり方の利点は，操作性のよさである．各反応が終了した後に，樹脂をサッと洗うだけで，余分な反応剤や副成物を除去できるため，ペプチド合成はこれによって著しく迅速化された．

　しかし，ここで忘れてはならないことは，各段階の収率が限りなく100％に近い必要があるということである．各段階で，収率が中途半端だった場合には，多段階を進み，最後に樹脂から切り離した生成物には，途中の反応が一部うまくいかなかったために生じた雑多な"似て非なるもの"がつきまとうこととなり，精製が困難になってしまう（図 7.9）．

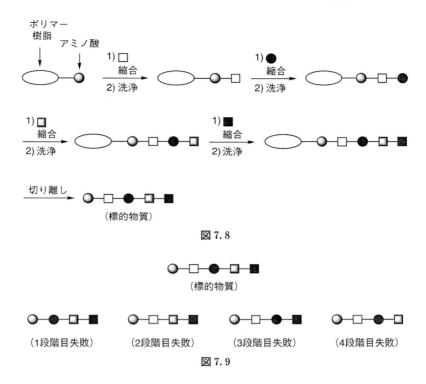

図 7.8

図 7.9

　そこで，収率を100％に近づけるための対策は2つある．1つは優れた反応を使うことである．実際，多大な努力が傾注され，ペプチド結合形成のための優れた縮合剤が登場した．第2の工夫は，反応剤を過剰に用いることである．すなわち，縮合させる反応の相手として，反応性に優れ，かつ，心おきなく過剰に使うため，分子量の小さなものを用いることになる．すなわち，アミノ酸単位を1つずつ反応させるので，必然的に合成経路は直線型になる．こうした考え方をもとに，ペプチド合成，さらには核酸合成の分野では**自動合成装置**が実現されている．

(c) 頼りになる反応

　最後に，合成の実践における反応の信頼性に関し，英国の製薬企業の研究者であった S. Turner が，かつて指摘した重要な観点を紹介したい（図7.10）．世の中には，実にさまざまな有機合成反応があるが，反応条件（温度，時間，圧力など）が少し変化しただけで，たちまち著しく収率が低下するような，"気まぐれな反応"がある．彼はこれを**尖塔型の反応**（point reaction)とよんだ．これでは恐ろしくて，大事な分子の変換を任せるわけにはいかない．一方，少しぐらい条件が変化しても，忠実に働いてくれる反応もある．彼は，これを**平原型の反応**(plateau reaction)とよんだ．もちろん，こうした信頼性の有無は，その反応をくり返して用いてみないとわからないが，ある反応を多段階合成に利用するかどうかを判断する上で必須の側面である．

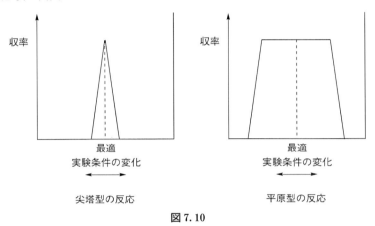

図 7.10

7.2 結合切断のきっかけを探そう

合成が結合形成によって"分子の複雑さを増加させよう"というものであるのに対し，**逆合成**では"分子を簡単化する"ことをめざしている．したがって，**合成の鍵段階**が分子の複雑さを大きく増加させるものであるのとは裏腹に，合成計画に際しては，さまざまな可能性の中から，分子構造が大幅に簡単化されるような結合切断の場所を見出すことが重要である．すなわち，これが**逆合成の鍵段階**ということになる．そうした鍵となる結合を探すには，どうすればよいだろう．

（a）隠された対称性に注意する

標的化合物に一定の**対称性**や**反復構造**がある場合，それに注目しない手はない．図7.11を見てみよう．たとえば，ピレノホリンは明白な2量体構造である．エンテロバクチンの3量体もわかりやすく，各構成単位へと分解する逆合成が妥当だろう．しかし，ノナクチンの4量体構造にはおも

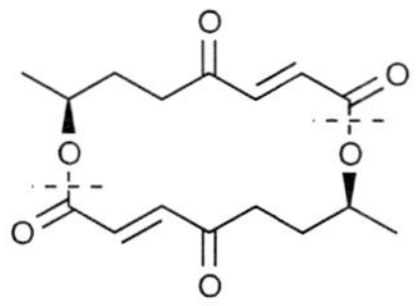

7.2 結合切断のきっかけを探そう　259

ピレノホリン

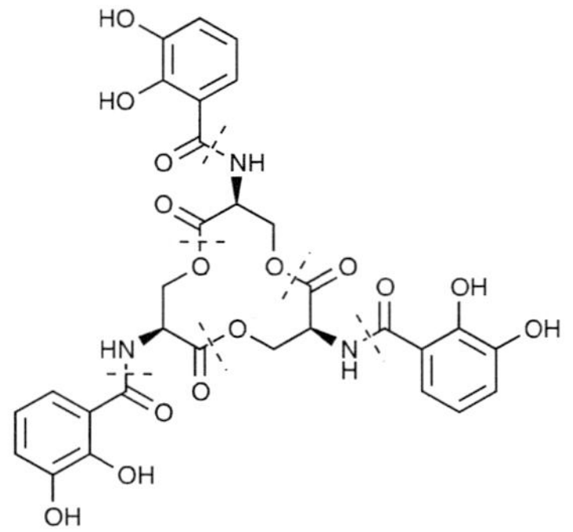

エンテロバクチン

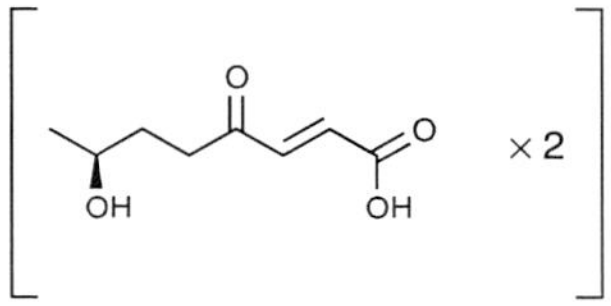

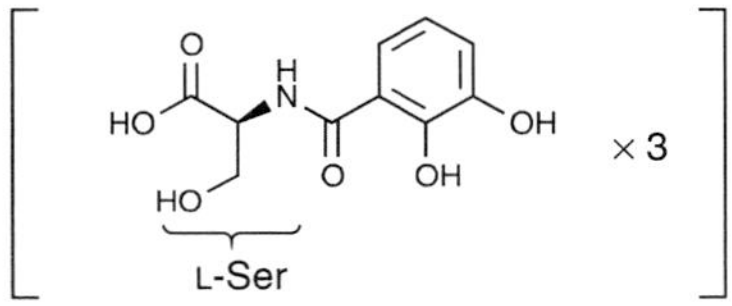

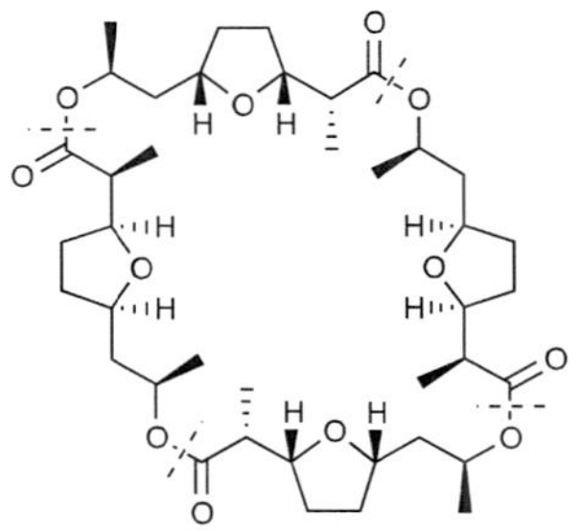

L-Ser

ノナクチン

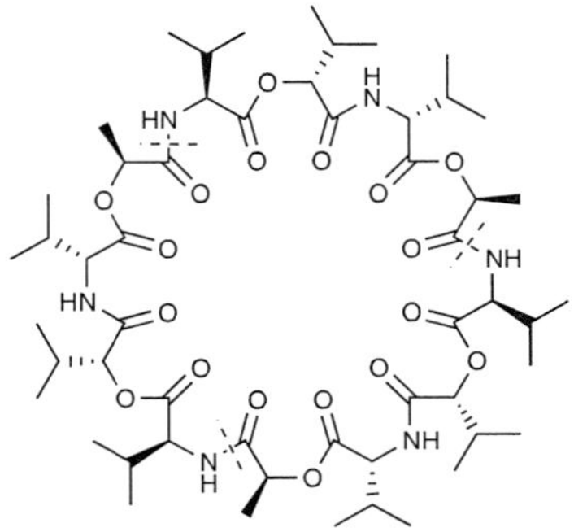

バリノマイシン

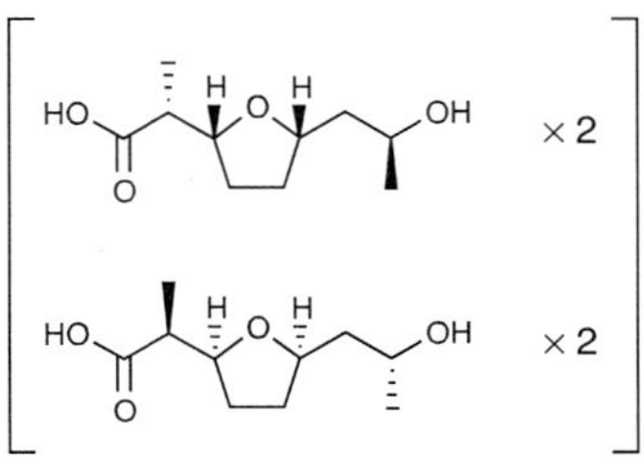

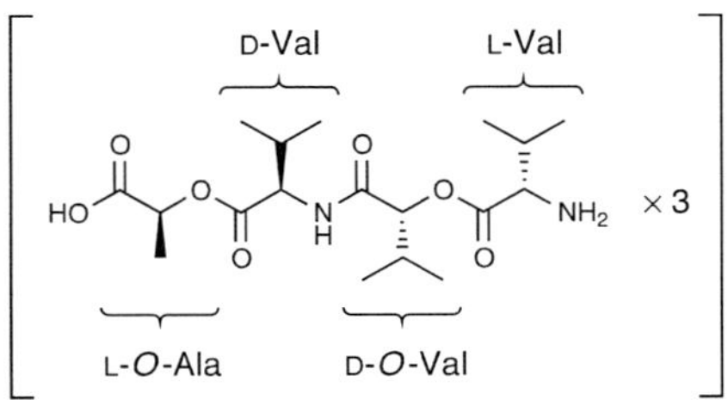

D-Val　L-Val

L-*O*-Ala　D-*O*-Val

図 7.11

しろいワナが仕掛けられている．すなわち，分解すると鏡像異性体どうしが2個ずつ含まれていたことに気づく．

なぜ自然は，このような不思議なことをするのだろうか．また，バリノマイシンは，D-体とL-体のアミノ酸の混在した構造である．"アミノ酸といえばL-体だ"といった軽々な先入観を排し，じっくりと分子を眺めて，うっかりミスのないように合成計画に臨む必要がある．

このように明白な対称性もあるが，時として複雑な構造の中に対称性が潜んでいることもある．D. H. R. Barton によるウスニン酸（地衣類から得られる抗菌性化合物）の酸化的構築はそうした例の1つである．$K_3[Fe(CN)_6]$ を用いた1電子酸化により，生じたラジカルどうしが図の位置でC–C結合を形成した後，フェノールがカルボニルを攻撃し，脱水芳香化することによって一挙に生成物に至っている．

また山村庄亮の電解条件によるイソアサトンの構築は，一層複雑な構造に迫っている点で，その慧眼に感心させられる（図 7.12）．実際の反応機構は明らかにされていないが，形式的には図のように [4+2] 型の付加環化反応でこの複雑な架橋系の生成を理解することができる．

(b) こだわりの逆合成：くずしたいモチーフとくずしたくないモチーフ

絵を描く時に，モチーフが同じであっても，"油絵の具を使いたい"とか，"点描で描きたい"とか，人それぞれで画材や技法に対する好みがある．この事情は有機合成でも同じで，"画材を出発物質"，"技法を合成反応"と読み替えればよい．ある人は，"糖を出発物質として用いたい"と考えるかもしれないし，また，ある人は"絶対にこの反応を使う"と堅く決意して合成に臨むかもしれない．その理由や背景はともかく，このように用いる反応や出発物質にこだわりを持って立てた合成計画は実に多種多彩で，おもしろい．実際には，合成計画においてどんな違いが現れるだろう．

ある構造構築に，とくに有効な反応があるとしよう．たとえば，シクロヘキセン構造とDiels-Alder反応との関係を思いだしてみよう．"反応にこだわりを持った"逆合成とは，ひたすらこの反応を頭に浮かべながら，標的化合物の中にこの部分構造を探し出し，それを逆合成的に"くずす"ことに相当する．これが，先に2.2節(b)で述べた**レトロン**の考え方である．

では，標的構造の中にベンゼン環を見つけた時は，どうだろう．**くずしたいだろうか，くずしたくないだろうか？** これは，通常は後者の方であ

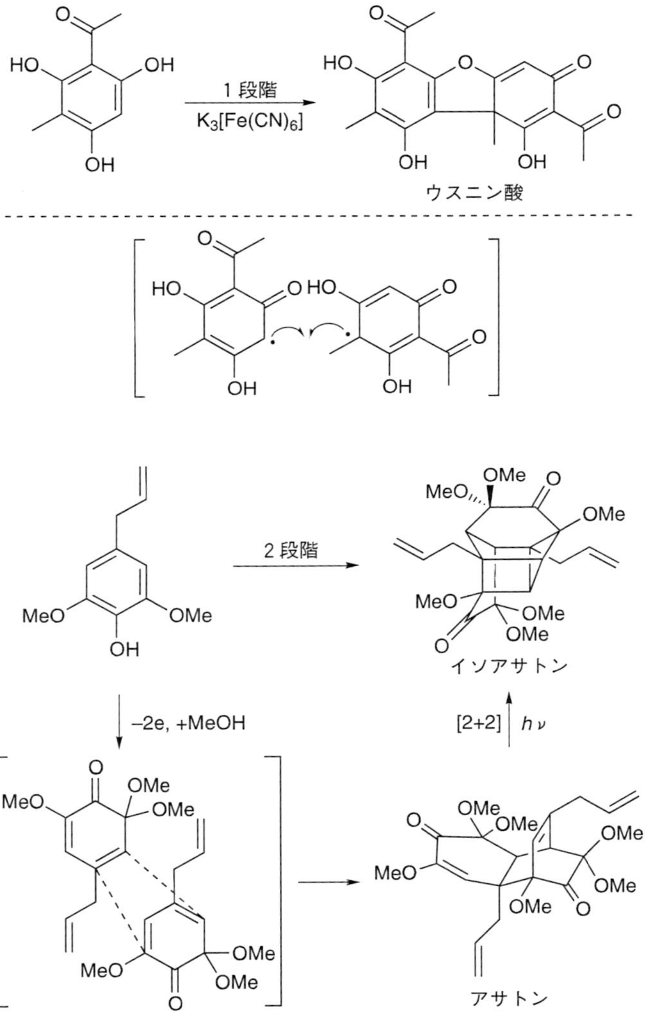

図 7.12

る．この特別な安定性を持つ環は，決定的な構築法もないので，あえてくずさないでおこうというのである．すなわち，図 7.13 のようなテトラリン誘導体の逆合成解析にあたっては，ベンゼン環をひとかたまりと見なし，その反応性を活かして適切にもうひとつの環を形成させるのが，まずは常套手段であろう．

とはいうものの，そうでない選択もある．図 7.14 のように，ピロンと

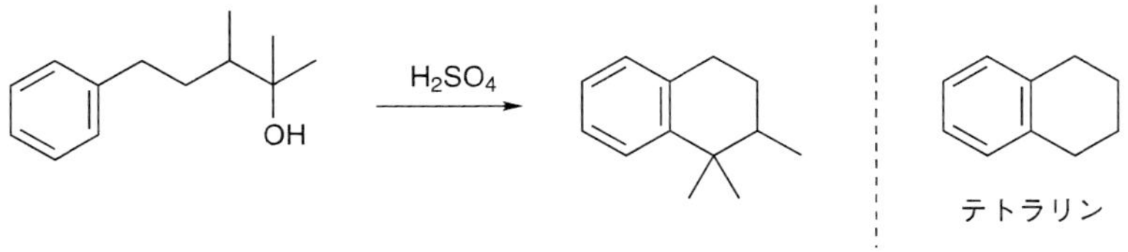

図 7.13

アセチレンと反応させると，付加環化反応に続いて，逆 Diels-Alder 反応によって CO_2 が脱離し，ベンゼン環ができあがる．この知見を応用すれば，図 7.15 のような合成法も視野に入ってくる．また，K. P. C. Vollhardt は，やはり 3 分子のアセチレンからベンゼン環を作る合成戦略に興味を持ち，コバルト錯体触媒を用いてこれを達成したことは，4.9 節(a)に述べたとおりである．要は，ある反応を使うと決意すると，標的化合物がさまざまにちがって見えてくるのである．

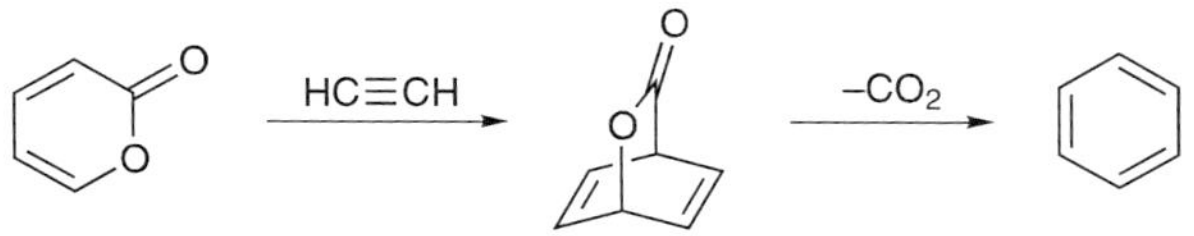

図 7.14

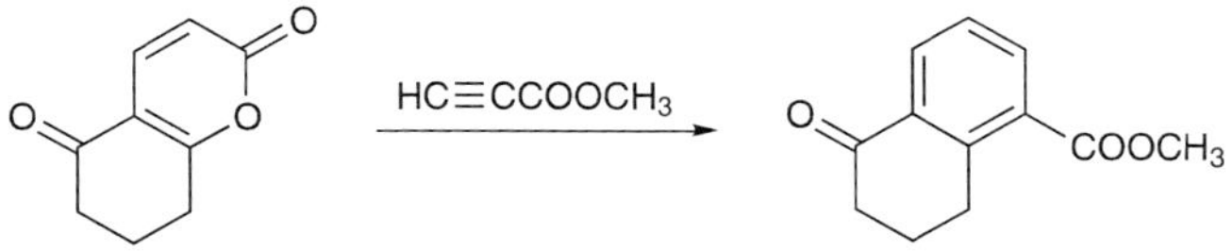

図 7.15

このようにくずすためのヒントもあるが，再び隠された部分構造として，**くずさない部分**を認識する効用を述べよう．たとえば，標的化合物に不斉中心がある場合，それを何とかテルペンなどの天然由来の光学活性化合物と関係づけることを考えてみるとよい．たとえば，図 7.16 に示したのは，ピクロトキシニンの構造の中に隠された(R)-カルボンの構造を示している．こうした関連づけがよいとなれば，これをくずさない部分骨格として設定し，それ以外の部分を逆合成的に分解していくこととなる．実際，この逆合成解析にもとづいた全合成が E. J. Corey によって達成されている．

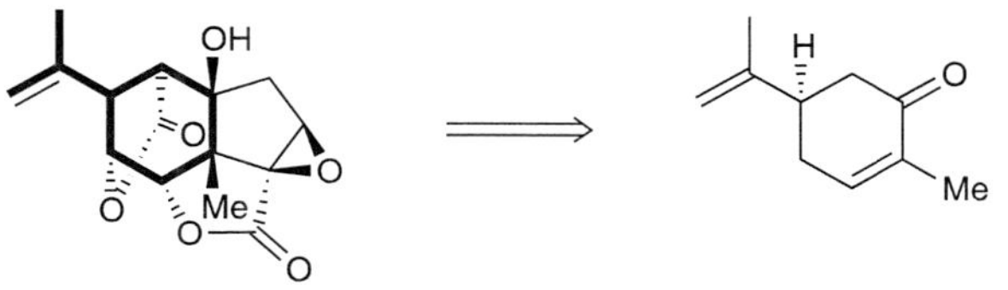

ピクロトキシニン
(植物毒)

(R)-カルボン
(スペアミントの香り)

図 7.16

　また，図 7.17 に示したビタミン E の側鎖に存在する不斉中心に注目してみると，いくつかの出発物質が思い浮かぶかもしれない．代表的なのは，3-ヒドロキシ-2-プロパン酸メチルやシトロネロールなどであろうか．

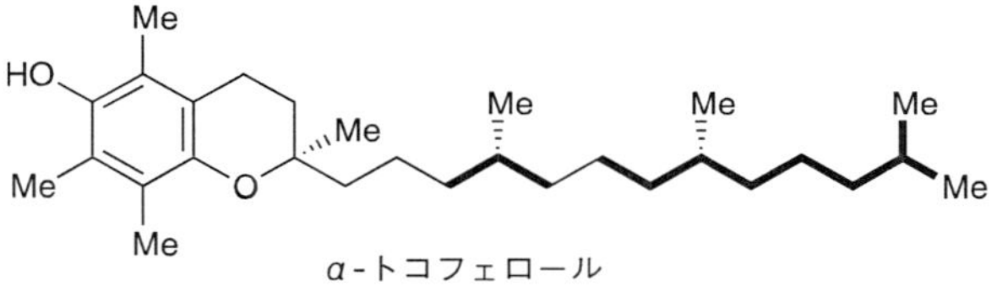

α-トコフェロール
(ビタミン E)

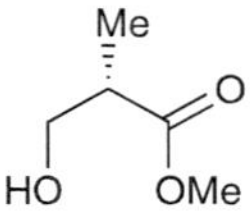

(S)-3-ヒドロキシ-2-プロパン酸メチル
(酵母によるイソ酪酸の不斉酸化で得られる)

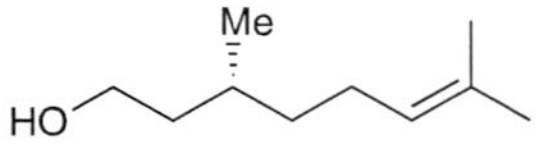

(R)-β-シトロネロール
(植物の精油成分)

図 7.17

　最近では，不斉合成反応が著しい発展を遂げ，しかも化学量論的反応から触媒反応へと移行することによって，人工的な光学活性化合物の中にも，全合成の出発物質として利用できるほどに入手しやすいものが増えてきた．試薬のカタログを眺めてみよう．

7.3　保護基のはなし

　合成において，保護基を使わずにすめばそれに越したことはない．いわば必要悪といったところだろう．しかし，いざ使わなくてはならない場合には，個々の保護基の特性を把握し，その導入や除去の際の反応機構を正

しく理解するとともに，複数の保護基を適材適所で使い分けるための総合戦略が必要となるので，ゲームのようにおもしろい．

(a) 保護基とは

　　合成の最終目標は，正しい立体化学を有し，すべての官能基を備えた標的化合物を構築することである．しかし，標的化合物に不安定な官能基がある場合には，一連の分子変換の間にそれが損なわれてしまう可能性が高く，せっかく合成を進めても，"どこかで苦労が水の泡！"といった事態になりかねない．そこで，そのデリケートな官能基を保護して合成を進める必要がある．合成経路の終盤で，その官能基を再生し，その後，最終生成物に至るまで，できるだけ穏和な変換を用いる．ここで重要なのは**保護基**（protective group；protecting group）を戦略的に利用することである．

　それでは，保護基を必要とする場面とはどのようなときだろうか．たとえば，化合物 A から B を得たいとする（図 7.18）．言うまでもなく，エステルとケトンとを比べると，後者のカルボニル基の方が求電子性が高く，より還元されやすい．したがって，B を得るのは簡単で，穏やかな還元剤（$NaBH_4$）を用いればよく，ケトンのみが還元することができる．

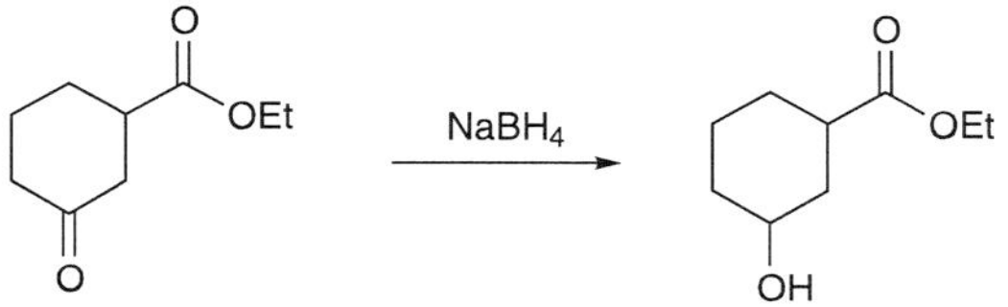

図 7.18

　しかし，A から C を合成したいとしたらどうだろう？　ケトンに優先してエステルを還元できればよいが，通常は無理な相談である．この場面では，ケトン A を酸性でエタノールと反応させ，ケトンをアセタール化し，ここで $LiAlH_4$ と反応させれば，エステルが還元される．あとはアセタールを加水分解すれば，目的の C を得ることができるという訳である（図 7.19）．ここで，より還元されやすいケトンをアセタールに変換することにより，この官能基を保護したことになる．これが保護基の考え方である．

　このように，保護基は，ある分子変換を行いたい時に，そのままでは目

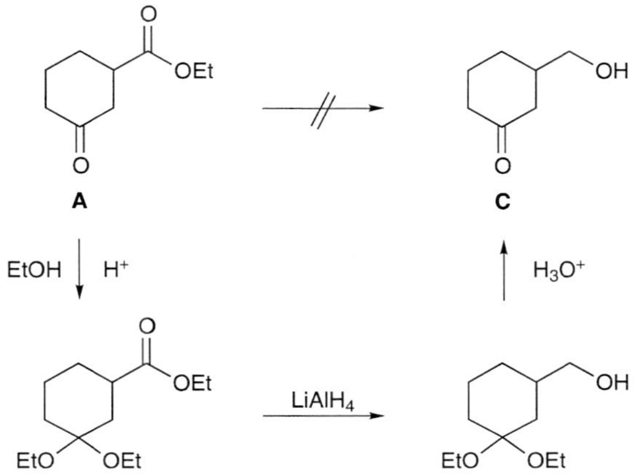

図 7.19

的の官能基以外でも反応が起こってしまうような場合に用いられる．したがって，ある保護基が特定の反応条件において**生き延びる**のか，**除去される**のかをよく知っておかなければならない．一般に，よい保護基とは，以下の条件を満たすものである．

(1) **導入**：保護したい場所に，収率よく選択的に導入できること
(2) **安定性**：各種の分子変換のための反応条件には安定であること
(3) **除去**：必要に応じて，温和な条件下，もとの官能基を再生できること

(b) 合成の最終段階をイメージしよう

逆合成の視点から，保護基について考えてみよう．すなわち，合成の最終段階では保護基が役割を終え，それを除去する段階を迎える．そのときには，標的化合物の安定性を考慮し，保護基を除去する際に，分子の他の部分が損なわれてしまうことのないような条件でうまく除去できる保護基を選定する必要がある．仮に目的物が酸に不安定であるとすれば，塩基ではずれる保護基を用いればよく，逆に塩基に不安定な場合には，酸ではずれる保護基を用いればよい．しかし，PGE_2のように β-ヒドロキシケトン構造を有する場合には，酸にも塩基にも不安定で，脱水反応などの分解反応を起こしやすい．そこで，このメチルエステルを中性条件でそっと加水分解するために，酵素が用いられた例もある(図7.20)．

こうした配慮は合成の最終段階に限らず，途中の各段階においても同様

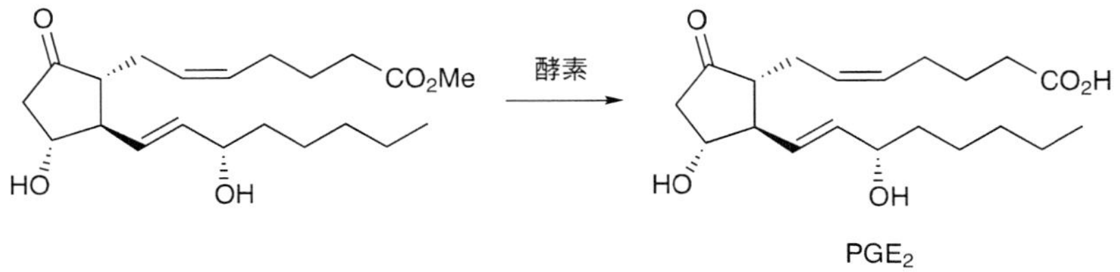

図 7.20

に必要である．すべての合成中間体は合成全体から見ればサブターゲットに過ぎないが，想定した個々の分子変換については目的物そのものだからである．多くの官能基を有する化合物において，ある特定の基だけを変換したい時には，同じく分子内の他の官能基で余計な反応が起きたりしないかどうか，注意する必要がある．

なお合成経路の途中では，ある特定の保護基だけを除去する場面が多いのに対し，合成経路の最終段階ではすべての保護基を一挙に除去できる方が都合がよい．

たとえばオリゴ糖の合成においては，多くの水酸基は多段階の変換の間は何事も起こさないようにしておいて，最終的に遊離の形にしたい．そこで水酸基はすべてまとめてベンジル基で保護し，最終段階において水素化反応で一挙に除去する作戦がとられる（図 7.21）．これは水溶性の生成物を水処理せずに取り出すためにも有効である．

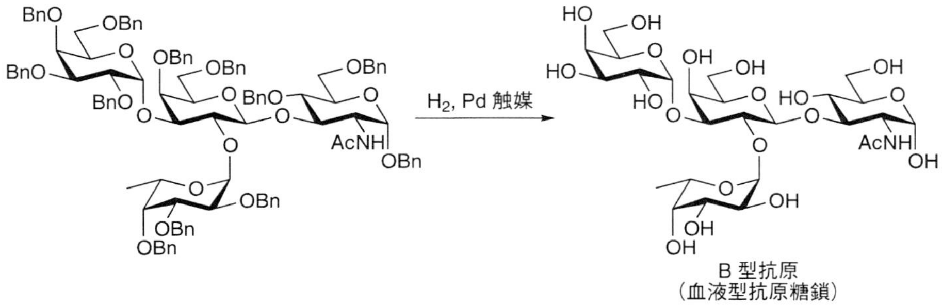

図 7.21

(c) さまざまな保護基と直交性

場面に応じ，さまざまな要件を満たす保護基が必要なことがわかってもらえただろうか．実際，最近ではこうした要請に応え，多種多様な保護基が工夫されている．

多くの官能基をもつ化合物の合成では，複数の保護基が必要となる．重要なことは，それらの保護基の導入や除去を選択的に行うことができるかどうかである．いま2種類の保護基(aとb)があり，aを除去する条件ではbは安定，逆にbを除去する条件にはaは安定であるとしよう．この場合，これらの保護基はたがいに**直交**(orthogonal)であるという．

表7.1

	反応条件						
	酸性 pH 2-4	塩基性 pH 10-12	求核剤 RLi	ヒドリド LiAlH₄	水素化 H₂, Pd	酸化 O₃	酸化 CrO₃, ピリジン
(Ac)	L	H	H	H	L	L	L
(Bz)	L	M	H	H	L	L	L
(En)	L	L	L	L	H	L	L
(MEM)	L	L	L	L	L	R	L
(MTM)	L	L	L	L	R	R	L
(THP)	H	L	L	L	L	H	L
(TBS)	H	L	L	L	L	L	L

H：反応し，もとの水酸基が再生される
L：反応せず，安定である
M：中程度の反応性
R：反応するが，もとの水酸基は回復されない

保護基を専門に扱った本もあり，そこには表7.1のようなものが掲載されている．これは，いくつかの代表的なアルコールの保護基について，各種の反応条件に対する安定性を示したものである．

1番上にあるアセチル基を例にとり，具体的な内容を説明しよう．まず，酸性条件（pH 2-4）や水素化条件（H_2，Pd触媒）のところには，"L"とある．これは，アセチル基がこれらの反応条件に安定であることを示している．一方，塩基性条件（pH 10-12）のところには，"H"とある．これは，この条件でアセチル基が加水分解され，もとのアルコールが再生されることを意味している（図7.22）．なお，求核剤（RLi，アルキルリチウム）やヒドリド（$LiAlH_4$）の項も"H"となっており，これらもアセチル基の除去に利用できることがわかる．

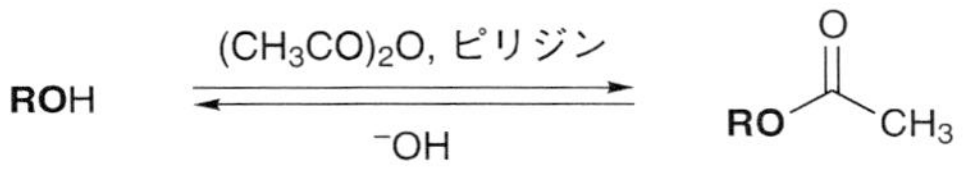

$$ROH \xrightleftharpoons[^-OH]{(CH_3CO)_2O,\ ピリジン} RO-\underset{\overset{\|}{O}}{C}-CH_3$$

図 7.22

なお，よく似た保護基でも，立体的あるいは電子的なちがいにより，かなり広範に安定性が変化する．たとえば，同じアシル型保護基でも，**ベンゾイル基**は，アセチル基に比べて求核剤や塩基に，より安定である．しかし，場合によっては，あまりに丈夫な保護基を選んだために，最後に除去できないといったこともなくはない．注意しよう．

次に，エーテル型の保護基を取り上げる．エーテルと聞くと，すぐにメチルエーテルを思い浮かべるかもしれないが，保護基としては使い勝手が悪く，ほとんど用いられない．安定性に富みすぎて，残念ながらうまく除去できない．ヨウ化水素酸のような強烈な酸でむりやりはずそうとすると，分子が壊れてしまうかもしれない．また，図7.23に示すようにC－O結合の切断位置によっては，もとのアルコールが再生される保証がないからである．

そこで，選択的に切断できるように"ひとひねり"する．たとえば，ベ

$$ROMe \xrightarrow{HI} \begin{cases} ROH\ +\ MeI \\ RI\ +\ MeOH \end{cases}$$

図 7.23

7.3 保護基のはなし　269

ンジルエーテルである．この基はさまざまな反応条件に安定であるが，ベンジル位の特異な反応性を利用して，接触水素化反応や Birch 還元条件（Na，液体アンモニア）で除去することができる（図 7.24）．なお，その導入にあたっては，アルコールを対応するナトリウムアルコキシドに変換し，臭化ベンジルと反応させればよい．

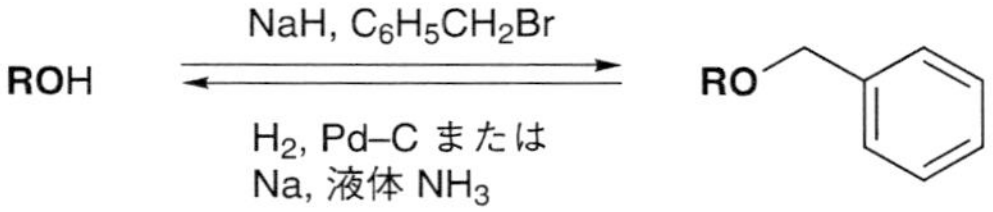

$$\text{ROH} \xrightleftharpoons[\text{H}_2, \text{Pd-C または Na, 液体 NH}_3]{\text{NaH, C}_6\text{H}_5\text{CH}_2\text{Br}} \text{RO-CH}_2\text{C}_6\text{H}_5$$

図 7.24

一方，同じベンジル型の保護基でも，*p*-メトキシフェニルメチル基（*p*-methoxyphenylmethyl，略して MPM 基）は電子豊富であるため，還元されにくく，水素化反応に抵抗する．逆に，図 7.25 のように 2,3-ジクロロ-5,6-ジシアノベンゾキノン（DDQ）を用いた酸化条件で除去することができる．なお，この基は *p*-メトキシベンジル基，PMB 基（*p*-methoxybenzyl）とよばれることもある．

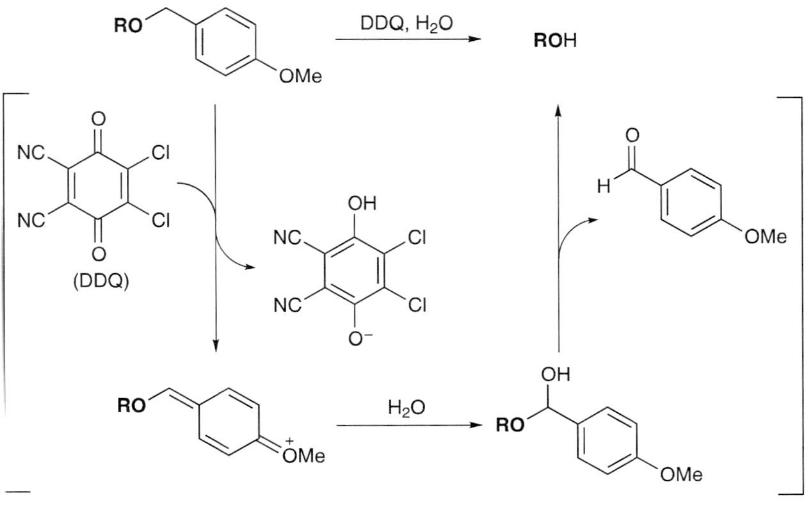

図 7.25

エーテルの仲間でもアセタールとなると，はるかに使いやすい．その代表として，メトキシメチル基（methoxymethyl，略して MOM 基）を取り上げよう．この基はアミン塩基の存在下，アルコールに塩化メトキシメチルを作用させれば，容易に導入することができる．先述のベンジル基の導

入の時のように，アルコールを前もってアルコキシドに変換しなくてもよいのは，塩化メトキシメチルが，その酸素の n 電子対の影響により，極めて S_N2 反応性（S_N1 反応性も）に富んでおり，アルコール自身の求核性により十分反応し得るからである（図 7.26）．

$$ROH \xrightarrow[H_3O^+]{MeO-CH_2-Cl,\ (i\text{-}Pr)_2NEt} RO-CH_2-OMe$$

図 7.26

さらにアセタール型保護基の仲間として，エトキシエチル基（**e**th**o**xy-**e**thyl，略して EE 基），そしてメトキシプロピル基（**m**eth**o**xy**p**ropyl，略して MOP 基）を図 7.27 に示した．これらを導入するには，酸触媒下，アルコールに対応するビニルエーテルを反応させればよい．

$$ROH \xrightarrow{CH_2=CH-OEt,\ H^+} RO-CH(CH_3)-OEt$$

$$ROH \xrightarrow{CH_2=C(CH_3)-OMe,\ H^+} RO-C(CH_3)_2-OMe$$

図 7.27

以上，いくつかのアセタール型の保護基を紹介したが，問題はそれらの相対的な安定性である．他の条件が同じであれば，酸加水分解に対する安定性は以下の順となる．

MOP 基 < EE 基，THP 基 < MOM 基

この傾向は加水分解が起こる際の反応中間体を考えれば理解することができる（図 7.28）．すなわち，中間体のオキソニウムイオンが安定化されるほど，加水分解されやすいと考え，これを目安にすれば，なかでも MOM 基が最もはずれにくく，次いで EE 基や THP 基が続き，一方で MOP 基が最も容易に除去できる，という傾向が把握できる．特に MOP 保護体は大変不安定で，シリカゲルクロマトグラフィーによる精製すらできないことも多い．

なお，**テトラヒドロピラニル基**（**t**etra**h**ydro**p**yranyl，略して THP 基）は，EE 基と同じくらい，中程度の安定性を持っており，導入も除去も容

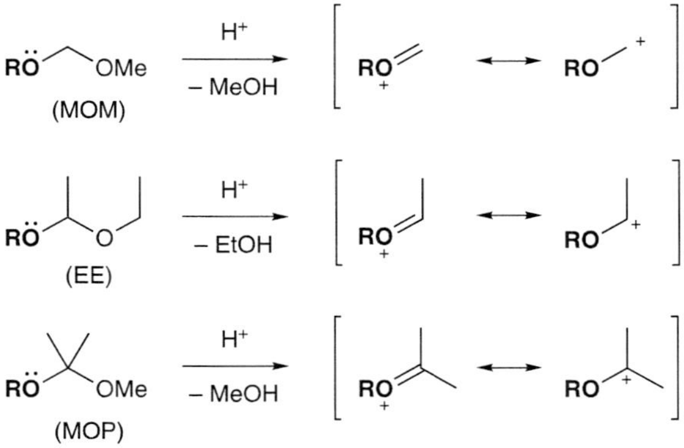

7.3 保護基のはなし

図 7.28

易に行える点で，便利な保護基である．しかし，両者に共通した欠点は，保護基の導入によって不斉中心が1つ増えるため，ジアステレオマーの混合物を生じて，精製や分析がやっかいなことである（図7.29）.

図 7.29

図7.30の酒石酸ジエチルのNMRチャートと，2つの水酸基を両方ともTHP基で保護した場合のそれを見比べてみてほしい．

なお，アセタール型保護基の仲間であるが，片側のヘテロ原子が酸素ではなく硫黄となったメチルチオメチル基（**methylthiomethyl**，略してMTM基）は，はるかに加水分解を受けにくい．表7.1を見ると，ほとんどの場所に"L"と書かれており，さまざまな条件に対して安定であることがわかる．しかし，おもしろいことに，この保護基はHg^{2+}などのソフトなLewis酸を用いると，硫黄原子との特異的な相互作用により選択的に除去することができる（図7.31）．同じく，酸の捕捉剤として2,6-ルチジンの存在下，やはりソフトなLewis酸である**AgNO₃**を用いる加水分解条件もある．いずれにしても，反応の進行にともなって酸が生成してくることに注意してほしい．なお，酸の捕捉剤を入れた条件では，THP基などの通常のアセタール型保護基は，安定である．

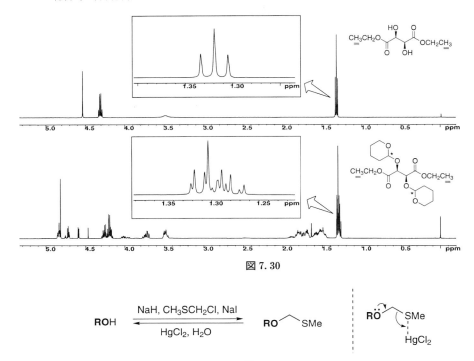

図 7.30

図 7.31

　これとは対照的に，メトキシエトキシメチル基(methoxyethoxymethyl，略して MEM 基)は，図 7.32 のようにハードな Lewis 酸である TiCl₄ を用いて除去することができる．このように酸，塩基におけるソフト，ハードの概念(HSAB 理論)は，保護基の選択性に重要な考え方である(HSAB 理論については本講座 8 巻参照)．なお，MEM 基はプロトン酸による加水分解に対しては頑丈であり，先ほどはずれにくいと述べた MOM エーテル以上に加水分解に対して抵抗する．
　ちなみに，MTM 基の導入法の 1 つとしては，ジメチルスルホキシドと二塩化オキサリルの組み合わせによるものがある．この組み合わせを耳に

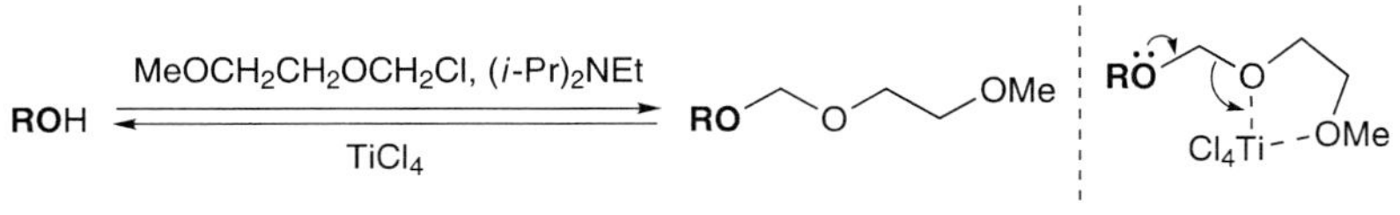

図 7.32

したとき，すぐさま Swern 酸化反応を思い出す人も多いことだろう．実際，図 7.33 に示した D は酸化反応における活性種そのものであり，これにアルコールが付加する形でメチルチオメチル化反応が起こる．この D の反応性が極めて高いので，第 3 級アルコールですら保護できる点が MTM 基の 1 つの特徴となっている．もっとも，このやり方を第 1 級アルコールや第 2 級アルコールに適用すると，酸化反応が競合し，逆に具合がよくないのもまた事実であるが．

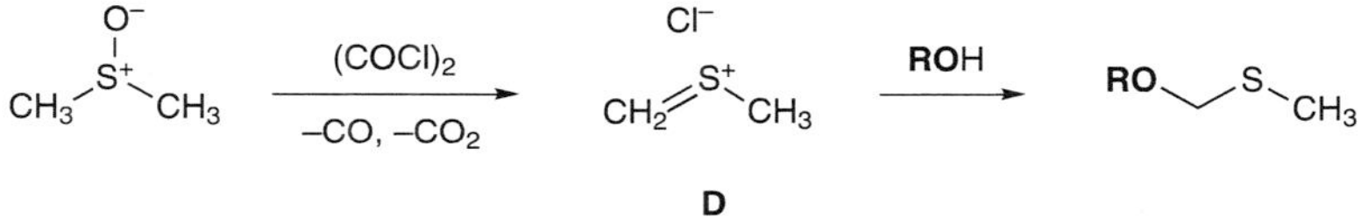

図 7.33

また，シリル基も有用な保護基である．イミダゾールなどの塩基の存在下，アルコールに塩化トリアルキルシリルを作用させれば，容易に導入することができる．最も簡単なものはトリメチルシリル基(trimethylsilyl, 略して TMS 基)であるが，比較的はずれやすいので，置換基を少し嵩高いものにした t-ブチルジメチルシリル基(t-butyldimethylsilyl, 略して TBDMS 基もしくは TBS 基)などがよく用いられる．この保護基は，やや酸に弱い点を除けば，求核剤，還元剤あるいは酸化剤などのさまざまな条件に安定であり，合成に広く活用されている．シリル基の除去には，フッ化物イオンを用いればよい．これはケイ素原子とフッ素原子との親和性($Si-F$ 結合の生成エネルギー $142\,kcal\,mol^{-1}$)が基礎となっている(図 7.34)．

図 7.34

表 7.1 のようなチャートは便利ではあるが，あくまでも目安であると思ってほしい．たとえば，同じアルコールでも，それが第 1 級，第 2 級，第 3 級であるかにより，保護体の安定性は大きく異なってくる．また，同じく水酸基でもフェノールは全く別物と考えなくてはならない．

(d) ブレフェルジン A の合成

　以上，さまざまなアルコールの保護基を紹介したが，それらを駆使した合成の例として，E. J. Corey による抗生物質ブレフェルジン A の合成を取り上げよう．この化合物は，シクロペンタン環に 13 員環のラクトンが縮環した特徴的な構造を有している．また，さまざまな生理活性を示し，さらに核酸やタンパク質の生合成経路の阻害剤として生化学研究においても重要な化合物である．

　図 7.35 の上部には簡単な逆合成を示したが，標的化合物のラクトン環を開き，カルボン酸の酸化度をアルコールまで落とすと，テトラオール前駆体 I が浮上する．実際の合成にあたっては，これらの 4 つの水酸基を区別する必要がある．

　Corey は，それぞれの水酸基が別々の形で保護された合成中間体 1 を設計・合成し，これを利用して選択的な変換を行っている．ここでは，この 1 から最終生成物に至る間に，それぞれの保護基が役割を果たし，いつ，どのように除去されるかを見てみよう．

　まず，1 に Hg^{2+} を作用させて MTM 基を除去し，アリルアルコール 2 を得ている．先述のように，酸の捕捉剤（この場合には炭酸カルシウム）を用いているので，MEM エーテルおよび比較的酸に弱い THP エーテルも加水分解されていないことに注意したい．

　こうして復活させた C_1 位の水酸基を酸化して，カルボン酸 3 へと変換する．ここでは Collins 酸化剤（$CrO_3 \cdot 2py$ 錯体）を用いてアルコールをアルデヒドに，さらに酸化銀（Ag_2O）を用いて対応するカルボン酸へと導いている．こうした酸化条件に対し，他の 3 つの保護基が"安泰である"ことを表 7.1 で確認してほしい．

　次に，C_{15} 位の水酸基のシリル型保護基（TBS 基）をフッ化物イオンを用いて除去した後，得られたヒドロキシカルボン酸 4 をマクロラクトン形成反応により化合物 5 に導く．なお，こうした大環状ラクトンの形成については，エピローグの項において紹介する．

　さらに，残った 2 つのアセタール型保護基のうち，THP 基のみを酢酸を用いて除去し，アルコール 6 を得ている．このように THP 基をはずす条件で MEM 基が"生きのびる"ことについては，アセタールの安定性に関する議論（図 7.28，図 7.32），および表 7.1 を参照してほしい．

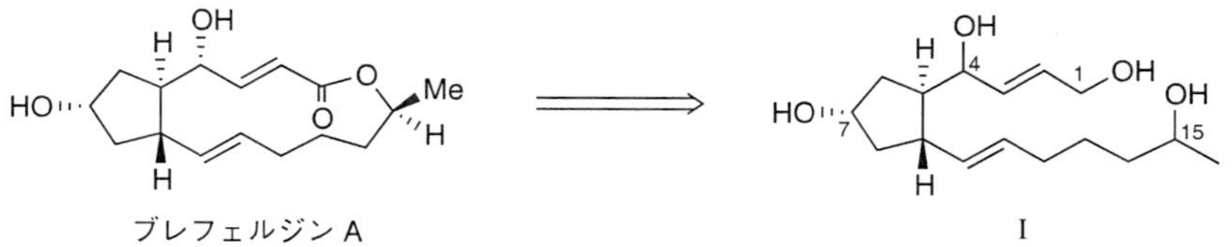

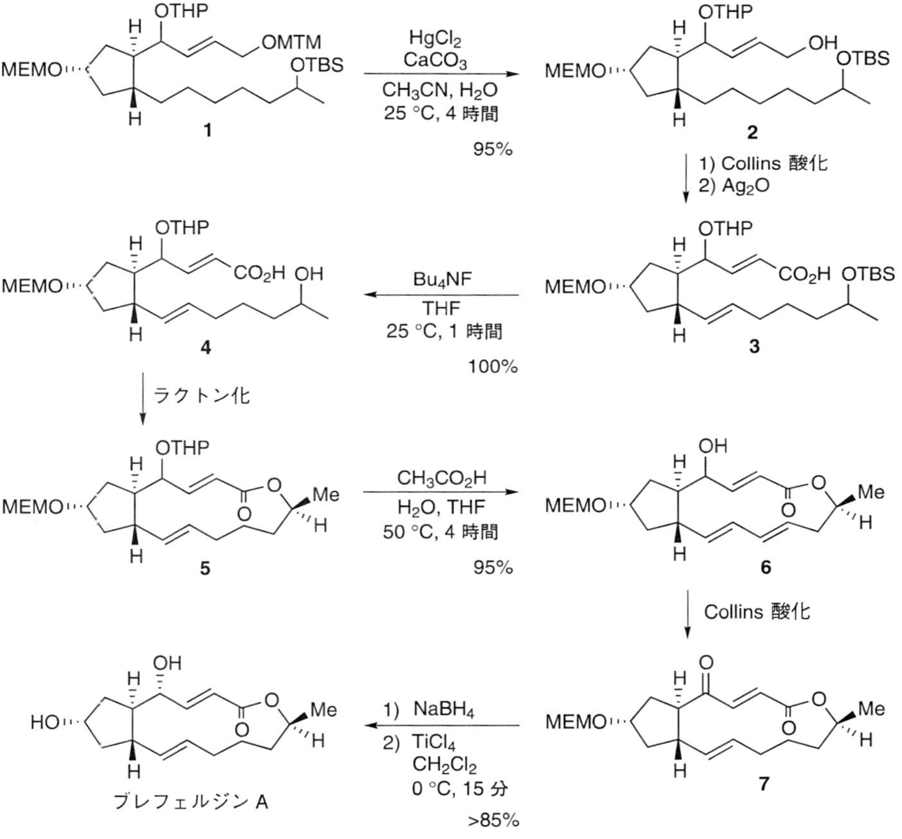

7.3 保護基のはなし 275

ブレフェルジン A ⟹ I

図 7.35

なお，この合成では，C_4 位の不斉中心をととのえるために，アルコールを酸化してケトン 7 とし，これを改めて立体選択的に還元するという計画であった．そのために，この水酸基だけが保護されていない状態が必要であった．最後に，ハードな Lewis 酸である $TiCl_4$ を用いて MEM 基を除去し，標的化合物に到達している．複数の保護基を使い分ける様子を

わかってもらえただろうか．

(e) 保護基の工夫と役割

　　保護基には，まだまださまざまな工夫の余地があり，"アイデア募集中"といってもよいだろう．特に大事なのは除去方法であり，他の部分に対して影響を与えずに行うことができれば貴重である．その工夫をいくつか挙げてみよう．

　　それまで官能基を守っていた保護基が，ある変換を施すとあたかも魔法でもかけたかのように，パッとはずれ落ちるような工夫がある．あまり利用例はないが，以下の保護基は考え方がおもしろいので，紹介したい（図7.36）．すなわち，このエステルはニトロ基を亜鉛で還元すると，アシル基の近傍にアミノ基が存在することになり，γ-ラクタムが生成しながらアルコールが生成する．

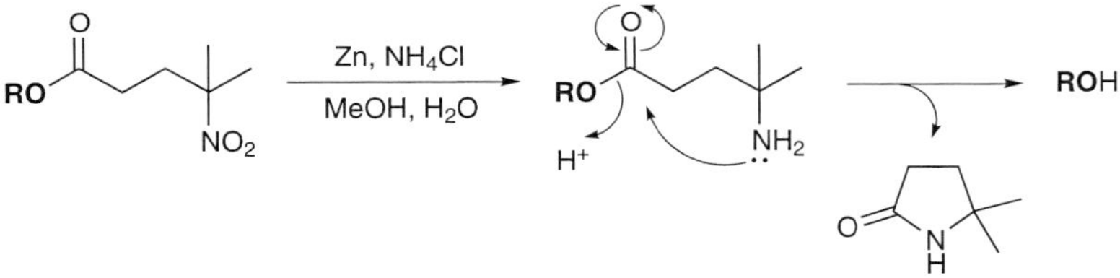

図7.36

　　また，ある保護基に対し，官能基を守るという受動的な役割だけでなく，必要な場面で攻勢に転じ，その官能基の活性化に役立てようという考え方もある．たとえば，エステルの保護基としてのメチルチオメチル基は，酸化してスルホンに変換することにより**活性エステル**へと変身する．この保護基は奈良坂紘一によって提案され，アルカロイドであるインテゲリミン

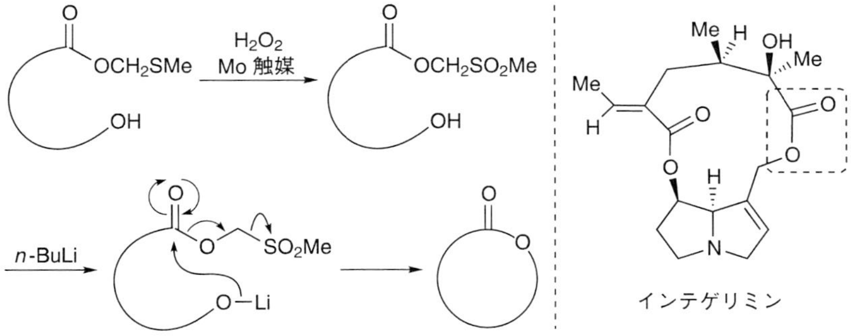

インテゲリミン

図7.37

の全合成において，マクロラクトン環の形成に用いられた（図7.37）．

保護基が，分子の**反応性**や**立体化学**に影響を及ぼすこともある．一例として，糖化学の分野におけるグリコシドの生成に関する話題を取り上げてみよう．ここで，なじみのない人のために，糖の化学を一言で表現するとすれば，"立体制御をともなうアセタールの化学"と言うことになるだろう．

図7.38の上部に，D-グルコースを示した．たくさんの水酸基があるが，1位の水酸基だけはヘミアセタール構造の一部なので，酸性条件で活性化されやすい．同様にして，脱離基（X）を備えた糖AをLewis酸で活性化すると，糖の1位（アノマー位）での反応性を特徴づけるS_N1型の反応が起こる．たとえばアルコールとの反応では，対応するアセタールが得られるが，これが**グリコシド**（glycoside）である．

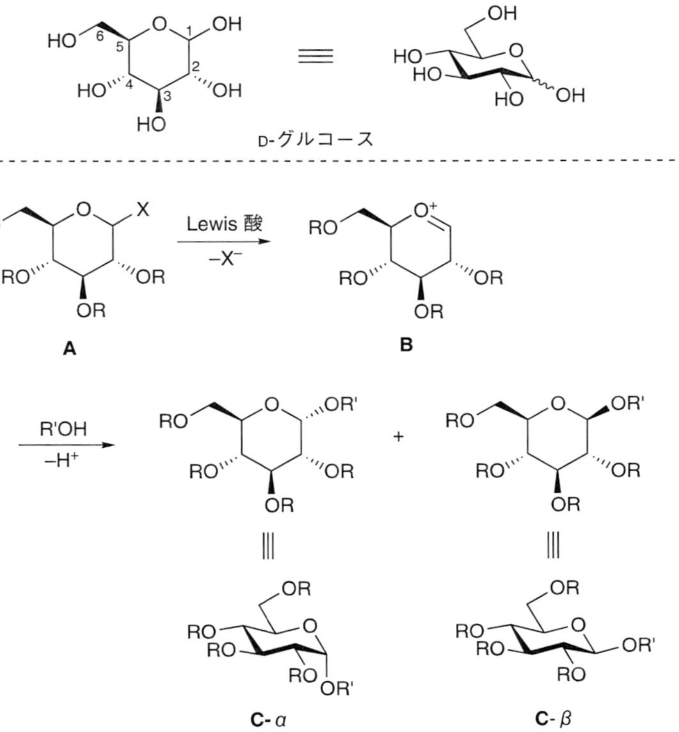

図7.38

グリコシドには，2つの立体異性体（α体とβ体）がある．既に5.2節（図5.33）で述べたように，アノマー効果によってα体の方が熱力学的に有利である．

しかし，β体がほしい時はどうしたらよいだろうか．ここで登場するのが，保護基の効果を利用した，Koenigs-Knorr 反応という古くから知られた方法である．すなわち，糖の2位の水酸基にアシル型保護基をつけて反応させると，図7.39のような**隣接基関与**（neighboring-group participation）により，屋根型のカチオンが生じ，β選択的にグリコシドが生成するのである．

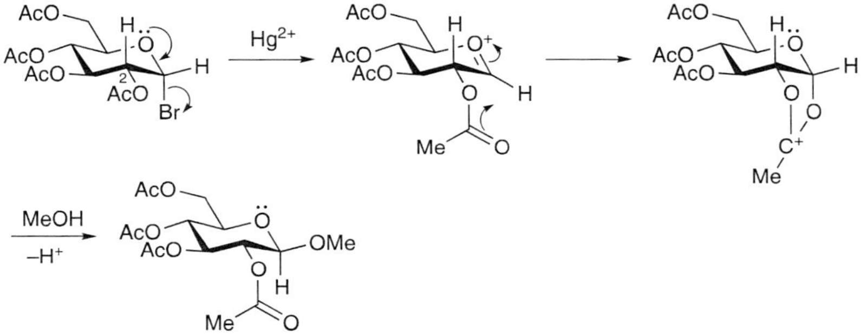

図 7.39

この2位のアシル型保護基は，反応性にも影響を及ぼす．すなわち，2位の水酸基をベンジル基で保護した糖 D よりも，アシル基で保護した糖 F はアノマー位の活性化が起こりにくい（図7.40）．このことは，2-アシル

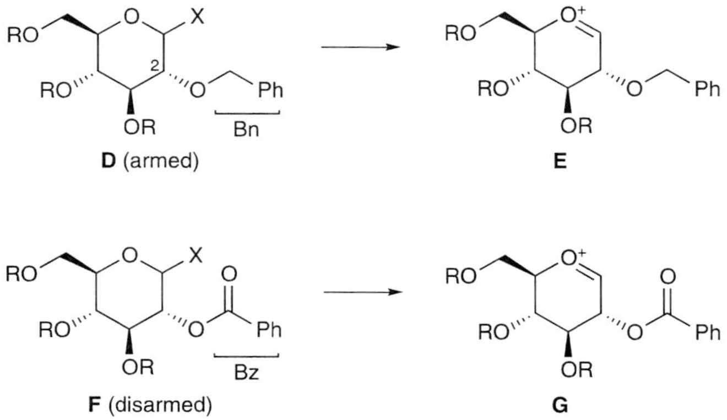

図 7.40

オキシ基の電子求引性の影響で脱離が起こりにくく，また，カチオンの生成が不利となるためである．B. Fraser-Reid は，D を armed 糖，F を disarmed 糖と呼び，オリゴ糖の合成戦略に活用した．グリコシド生成反応という戦いに対して臨戦態勢にある（armed）か，そうでない（disarmed）かというニュアンスだろうか．

以上，糖の化学における例について紹介したが，反応の立体制御に保護基が役割を演じる場面は多い．特に"立体障害"が鍵となっている例はこれまでに登場しており，たとえば図 6.9（6.2 節），および図 6.34（6.7 節）などを参照してほしい．

(f) 保護基の使い方に関する注意点

最後にこの項では，保護基に関するいくつかの注意点にふれておきたい．

よく見かけるように，アセタール型保護基として環状のものを用いると，非環状のものに比べてどんな違いがでてくるだろう．実は，他の条件が同じならば，環状アセタールの方が酸性で加水分解されにくい．反応機構を考えてみるとよい．全ての段階が平衡であるが，環状アセタールの場合は加水分解が起こりかけても，脱離しかけた水酸基が分子内の近傍にあり，確率的に逆反応も起こりやすいので，この方が丈夫なのである（図 7.41）．

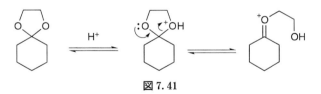

図 7.41

また，保護基の導入や除去の際に，その官能基の周辺が損なわれることがあることには注意したい．たとえば，α, β-不飽和ケトンのアセタール化では，しばしば二重結合が β, γ 位へ移動してしまう．この場面では，Me₃SiOTf を触媒として用い，シリルエーテルを反応させる方法（野依法）が有効である（図 7.42）．

また，カルボニル基の α 位に不斉中心がある場合にも，アセタール化に際して立体化学が損なわれないかどうか，要注意である（図 7.43）．

さらに，多くの官能基を有する化合物では，保護基が別の位置に移動してしまうことがあることにも注意したい．たとえば，図 7.43 のグルコース誘導体において，4 位の水酸基を塩基性条件でメチル化しようとすると，

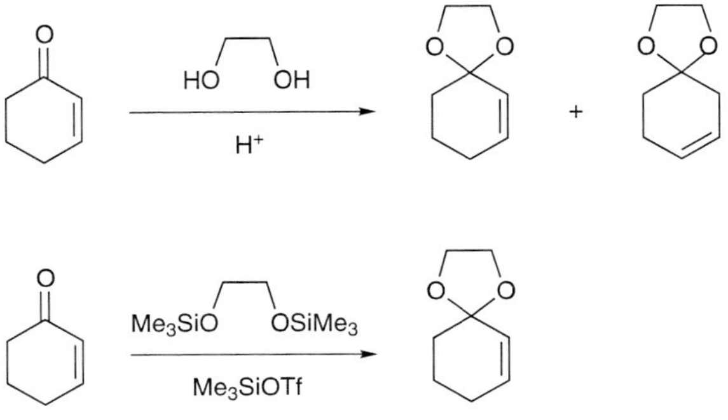

図 7.42

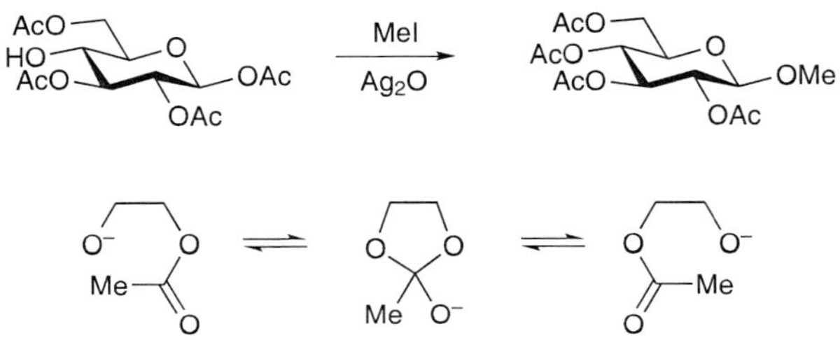

図 7.43

なんと1位がメチル化されてしまう．何が起こったか，一瞬とまどうかもしれないが，このような**アシル転位**の反応機構を考え，アセチル基が隣りへ隣りへと受け渡される様子を想像できれば，納得できるだろう．この例は，いったん，ある場所に保護基を導入した後も，その後100％安泰である保証はないという警鐘である．

7.4 エピローグ

　以上，合成反応の進歩に伴う合成戦略の変化について述べてきた．新たな武器(合成反応)が登場すると，それに触発され，従来にない個性的な作戦(合成戦略)を立案することが可能になるという訳である．また逆に，斬新な合成計画を実現したいという願いが，新反応の開発の契機となることもある．

(a) マクロライド抗生物質

　こうした"反応の進歩による合成戦略の変化"について，マクロライド抗生物質を例として説明したい．図 7.44 に 3 つの代表例を示したが，これらの放線菌の代謝産物は 1950 年頃から次々と発見されはじめ，薬剤として実用されているものも多い．

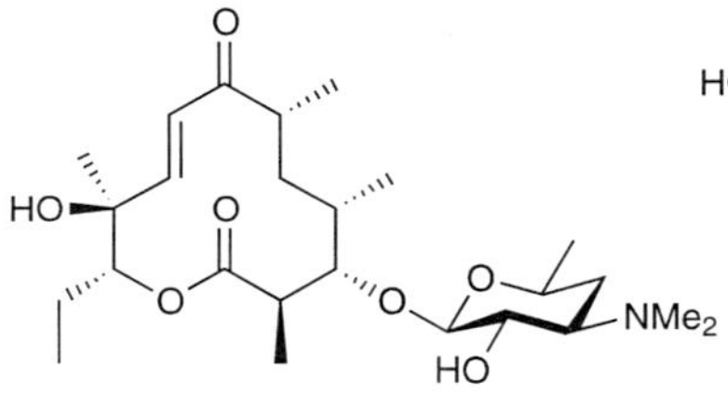

メチマイシン(12員環) 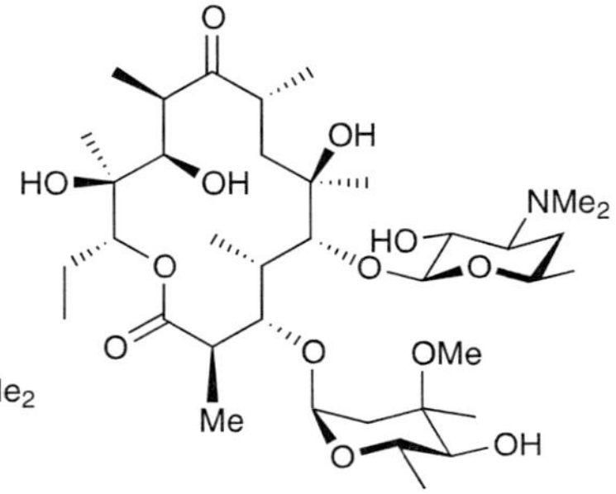　　　エリスロマイシン A (14員環)

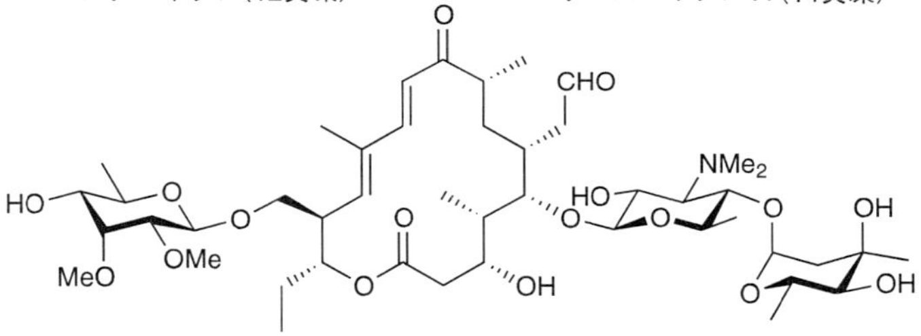

タイロシン(16員環)
図 7.44

　あたかも時代とともにファッションが変化するように，天然物合成の標的にも流行がある．1970 年代から 80 年代のそれはマクロライド抗生物質であった．これらの化合物は，かの R. B. Woodward をして "hopelessly complex" と言わしめたが，以下のような 3 つの構造的特徴がある．
　（1）　大きなラクトン環があること
　（2）　多数の連続不斉中心があること
　（3）　めずらしい構造の糖があること

　ちなみに，Woodward はマクロライド(macrolide，大きなラクトンの意)という用語の名づけ親であり，またエリスロマイシン A の全合成(後述)が彼の遺作となったことからも，この種の化合物にはよほど思い入れがあったのだろう．

さて，合成的課題を把握するために，エリスロマイシンAを逆合成してみよう（図7.45）．まず2つの糖を取り除く．実際の合成操作はこのアグリコン（aglycon，糖のないもの）8に糖を導入することであるが，立体障害が大きなアルコールに糖を導入することは容易ではない（課題1）．

続いて，この14員環ラクトン8をエステル結合で切断すると，鎖状のヒドロキシカルボン酸9となる．合成操作は，大きなラクトン環を形成させること（マクロラクトン形成反応）であるが，こうした大環状構造を構築することの難しさは第4章に述べた（課題2）．

課題3は，多連続不斉中心の制御である．すなわち，この開環体9の炭素鎖上には連続してメチル基と水酸基が存在しており，これらを立体制御して導入することは難問である．以下，課題2と課題3についてその進歩史を概観する．

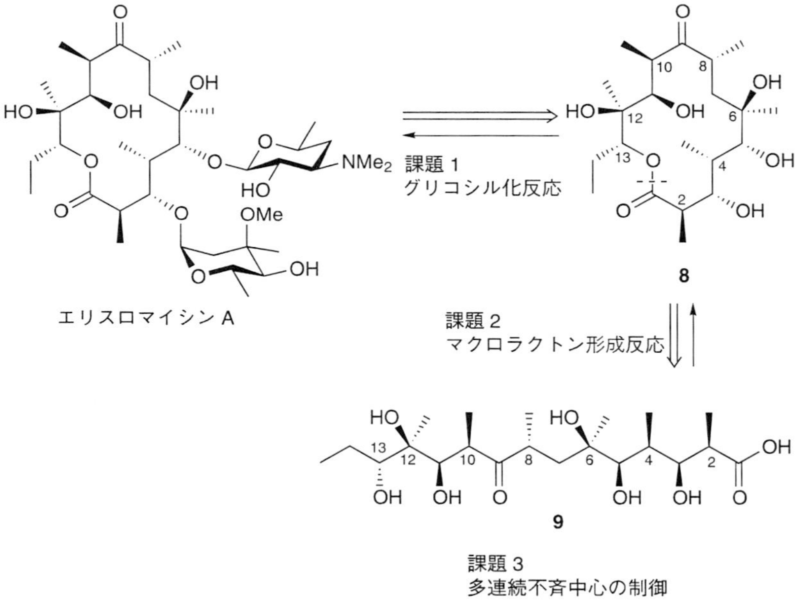

図7.45

（b）大環状ラクトンの構築

1970年代，上述の課題2（マクロラクトン構造の形成）に関連し，迅速なエステル化反応が開発された．図7.46はその代表例であるが，いずれも反応性を高めるための工夫がなされている．すなわち，カルボン酸のチ

オールエステルを用いる Masamune 法，ピリジンチオールエステルを用いる Corey-Mukaiyama 法，さらにピリジニウムエステルを経由する Mukaiyama 法などである．

	Masamune法	Corey–Mukaiyama法	Mukaiyama法
X	-SCMe₃	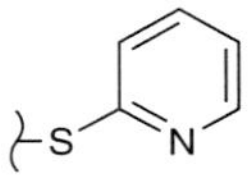 -S-(2-ピリジル)	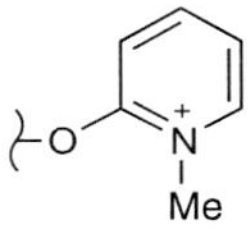 -O-(N-メチルピリジニウム)
活性化剤	Hg^{2+}	Ag^+	

図 7.46

なかでも山口勝による 2,4,6-トリクロロ安息香酸の混合酸無水物に基づく方法（Yamaguchi 法）は反応性に優れ，種々の合成に利用されてきた（図 7.47）．ここでトリクロロベンゾイル基は，立体障害によって自身のカルボニル基が攻撃されるのを避け，かつ，その電子求引性によって基質側のカルボニル基の求電子性を高める．

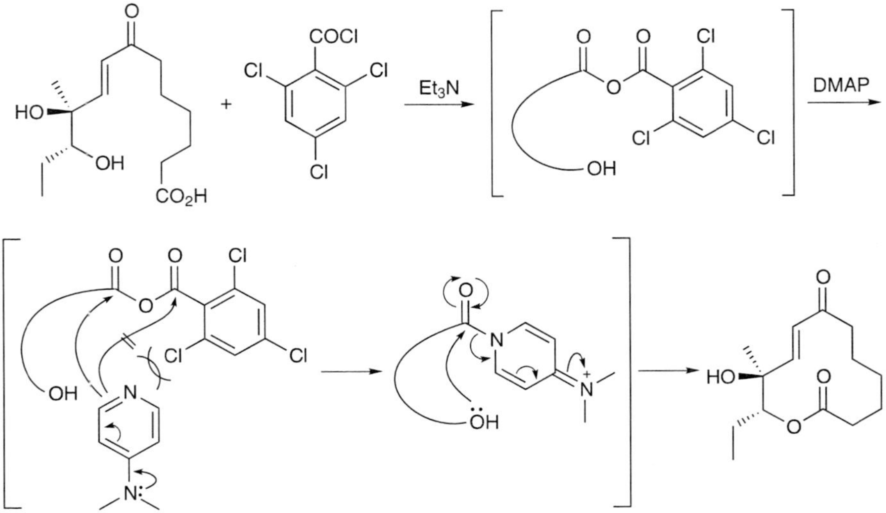

図 7.47

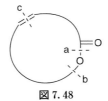

図 7.48

以上の例はいずれも結合切断 a に基づくものであったが，別の位置に結合切断の機会を求めることもできる（図 7.48）．

結合切断 b の例として，光延旺洋による Mitsunobu 反応がある．この反応では水酸基の側が活性化されるので，その位置で立体反転が起きることに注意してほしい（図 7.49）．

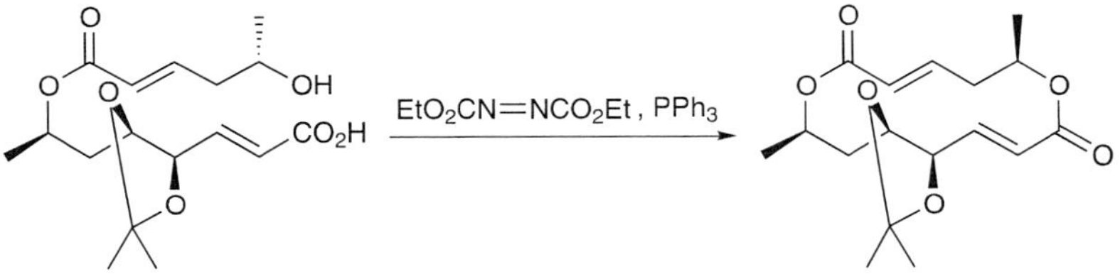

図 7.49

さらに別の位置での結合切断も可能である．たとえば，マクロラクトン環の中に C=C 結合がある場合には，ここでも結合切断のチャンスがある（図 7.48，結合切断 c）．そうした例として G. Stork による分子内 Horner-Wittig 反応を用いるマクロラクトン形成法がある（図 7.50）．

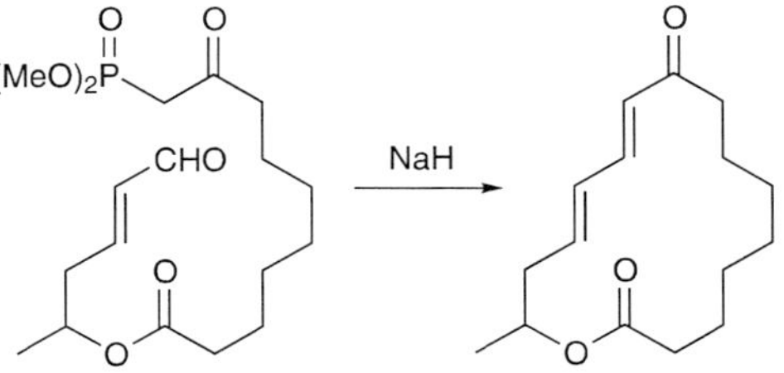

図 7.50

また，最近ではオレフィンメタセシス反応が急速に発展し(4.9 節参照)，同じ結合切断 c に基づく合成計画でも，ビスオレフィン前駆体が想定されるようになった．図 7.51 はその一例である．

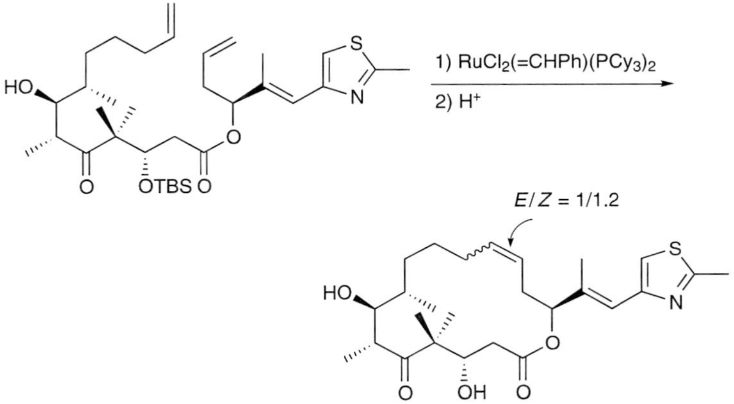

図 7.51

このようにさまざまな方法でマクロラクトン構造が構築可能となると，興味の焦点は多数の不斉中心の立体制御へと移ってくる．

(c) **多数の連続不斉中心の制御**

問題把握のため，再びエリスロマイシン A の開環体 9 に注目しよう(図 7.52)．すぐわかるように，この鎖状骨格を構成する 15 個の炭素原子のうち，実に 10 個までが不斉炭素である．

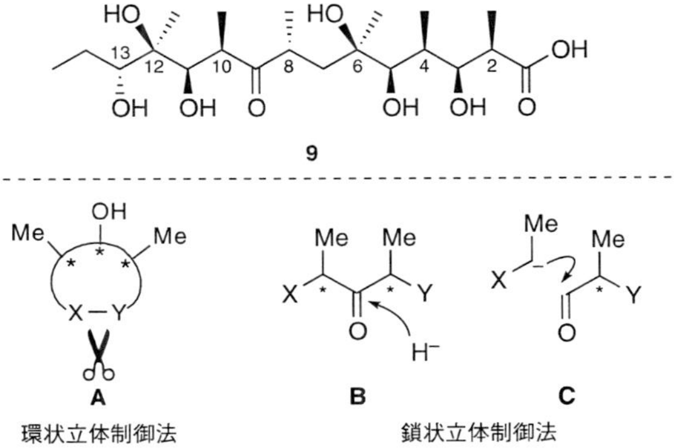

A 環状立体制御法　　B，C 鎖状立体制御法

図 7.52

マクロライドの登場した1950年代，こうした複雑精緻な構造に魅了され，合成を試みたいと思った人は多かったろうが，当時は"手も足も出ない"状況であった．要は，このような構造に取り組めるほど，合成化学が成熟していなかったからである．実際，有効なアプローチが登場するのは，時代が下り1980年代を待たなければならなかったのだ．

以下，簡単に紹介するが，主として2つの方法がある．

まず発展したのが，Aに示すように環状構造で立体化学を整えておき，これを開環して目的の鎖状構造に至る**環状立体制御法**（cyclic stereoselection）である．一方，BやCに示すように，鎖状構造で直接的に立体化学を整える**鎖状立体制御法**（acyclic stereoselection）がある．後者のアプローチはより直接的であるが，自由度の高い鎖状構造において立体制御することは困難だと思われていたため，より遅れて発展したのであった．

環状立体制御法

環状化合物の反応の立体化学は早くに確立されていたため，かつては合成目標が鎖状化合物であっても，わざわざ環状合成中間体を設定し，それを頼りに立体制御することが多かった．

ここで，環状立体制御の1つの指針である**convex-concave**の概念を紹介しておきたい．耳慣れない言葉だが，考え方自体はさして難しくない．図7.53のように屋根形の分子があるとしよう．これと何かが反応する際には，必ず"屋根の外側[convex（凸）面]から"という原則である．この考え方は，1958年のレセルピン（1.2節（c））の全合成の中でWoodwardが提案したものであるが，マクロライドの合成ではどのように活用されたのだろうか．

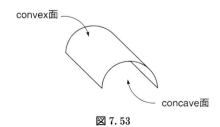

図7.53

7.4 エピローグ

達人 Woodward によるエリスロマイシン A の全合成の一場面を見てみよう．図 7.54 は，その合成計画である．そのポイントは，開環体 9 の C_3-C_8 部分と C_9-C_{15} 部分の相似性に着目し，これらの部分 10 および 11 を共通の合成中間体から構築しようということである．しかし，これらの鎖状構造で立体化学を整えるのは困難なので，3 炭素離れた位置関係にあるメチル基どうしを硫黄原子で結び，2 環式合成中間体 12 および 13 を設定する，というのが彼のアイデアであった．

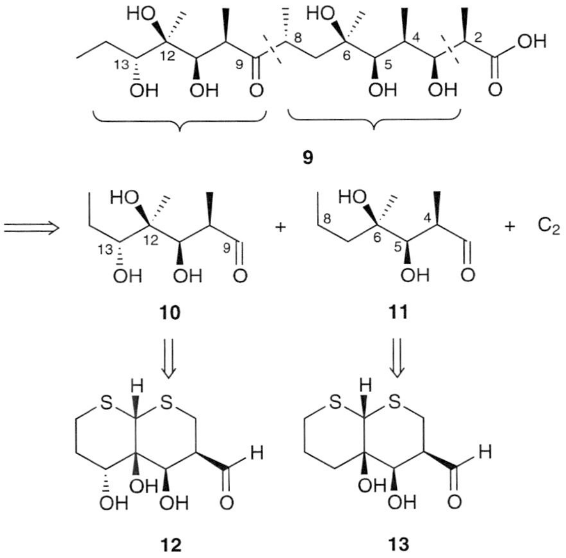

図 7.54

どのような考え方だろうか．中間体 10 に含まれる連続不斉中心（$C_{10}-C_{13}$）の構築を例に説明しよう（図 7.55）．すなわち，2 つの硫黄を含む 2 環式化合物 14 から出発し，立体化学を整える．不斉誘起が起こるのは還元（$NaBH_4$）および酸化（OsO_4）の段階であるが，いずれの反応剤もその分子面の上側から攻撃している．こうして得られた化合物 16 を Raney ニッケルにより脱硫（2.2 節参照）すると鎖状化合物 17 となる．すなわち，この時点で環状構造に隠されていた C_{10} 位から C_{13} 位にかけての 4 連続不斉中心を持つ鎖状構造が"出現"する．まさに"Woodward マジック"である．

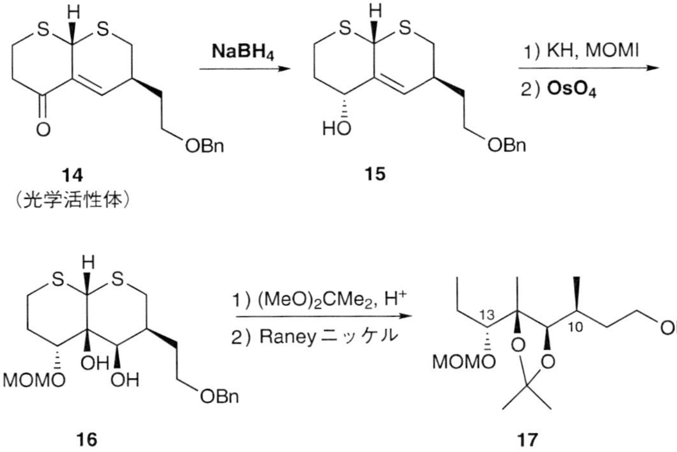

図 7.55

一方，この合成の苦しいところは段階数が極めて多いことである．実は2環式化合物 14 の入手にも 10 段階以上かかっており，また，環外の不斉中心の制御にもかなり手数を要している．しかし忘れてならないのは，鎖状立体制御法が確立される以前に，この合成が行われたことである．卓抜な設計で道なき道を切り開き，しかも糖の導入まで含めた初の全合成を達成した偉業にはただ敬服するしかない．

鎖状立体制御法

一方，1970 年頃から鎖状立体制御法に挑戦する気運が高まった．これはマクロライド類の生合成経路に触発されたものである．図 7.56 は，その概念図である．すなわち，あたかもベルトコンベアー上で流れ作業が進むように，酵素上でプロピオン酸に相当する 3 炭素が次々と伸張されていくことにより，この種の化合物に特徴的なメチル基と水酸基とが交互に張り出した炭素鎖が形成されるのである．

もう少し踏み込んで 3 炭素の伸張機構を描くと，図 7.57 となる．すなわち，メチルマロン酸誘導体 19 の脱炭酸を伴う Claisen 縮合（段階 1），および生成したケトエステル 20 の還元（段階 2）によりアルドール構造 21 が生成する．これが何度も繰り返され，上述の構造が形成されるというわけである．

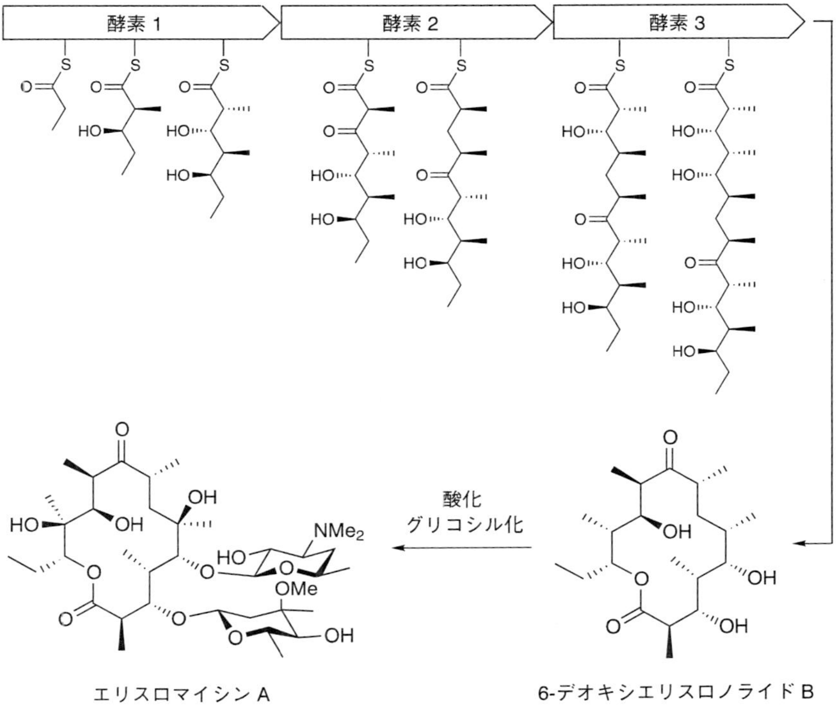

7.4 エピローグ

図 7.56

これをヒントにすると，有機合成的には図 7.57 の下に示したアプローチが浮上する．すなわち，プロピオン酸誘導体 23 をエノラートに変換し，アルデヒド 22 とのアルドール反応により β-ヒドロキシカルボン酸誘導体 24 を得る（段階 1）．水酸基を保護した後に，アルデヒドへの還元（段階 2）を行えば，再び同じことを繰り返すことができる．理想的にことが進めば，かなり速やかに必要な構造に到達できそうである．

しかし，それにはアルドール反応の"実力向上"の必要があった．なぜなら，1970 年頃のアルドール反応といえば，まさに古典的な，塩基性または酸性における平衡条件下で行うものだったからである．したがって，どうしても逆反応や脱水共役化が避けられなかったので，異なるカルボニル化合物どうしの反応（交差アルドール反応）を行うことはできなかった．ましてや，それを立体選択的に行うことなど望むべくもなかったのである．

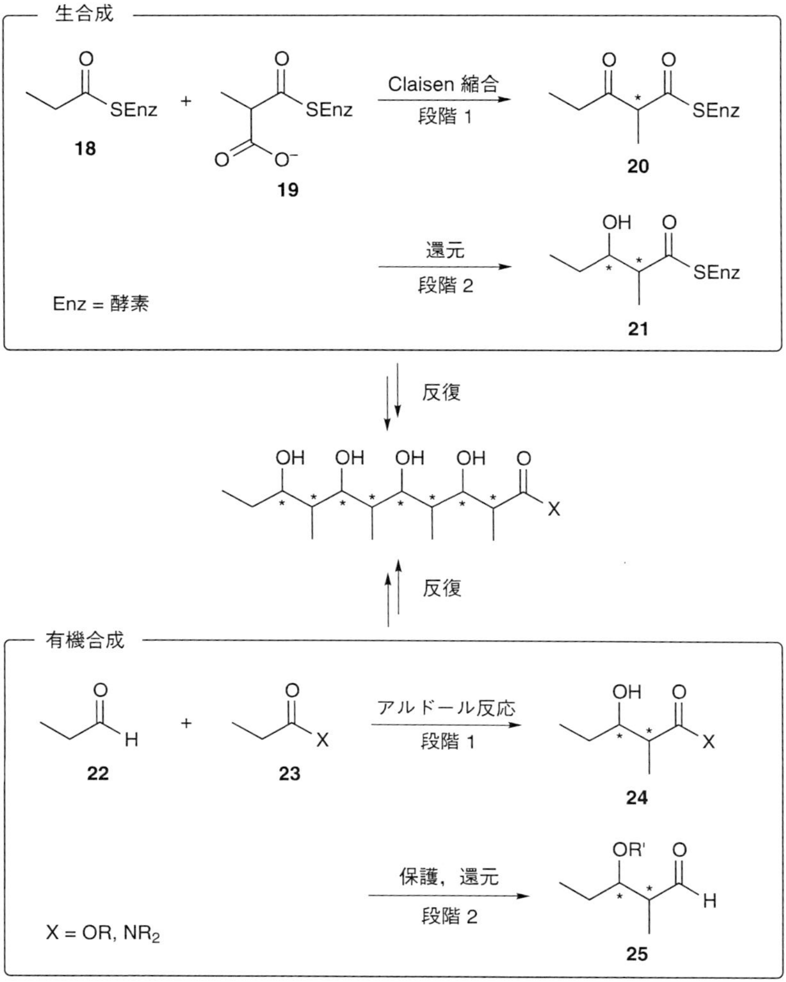

図 7.57

しかし，この反応はその後飛躍的に発展し，近代的合成反応へと脱皮した．その立役者の一人である向山光昭は，この反応に Lewis 酸性条件を導入した．いわゆる**向山アルドール反応**（Mukaiyama aldol reaction）であるが，それについては以下を参照してほしい（本講座 8 巻 5.2 節，9 巻 4.9 節(d)参照）．さらに，向山は図 7.58 に示すように Lewis 酸と弱塩基との組み合わせによるエノラートの新しい発生法を開発している．

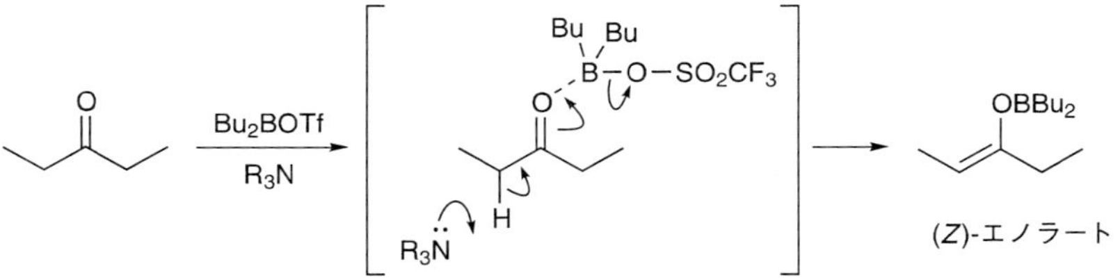

図 7.58

こうして発生するホウ素エノラートは，その後，鎖状立体制御に重要な役割を果たすこととなる．ホウ素のエノラートが登場する以前，リチウムエノラートを用いた C. H. Heathcock の徹底した研究により，(E)-エノラートからは *anti* 体，(Z)-エノラートからは *syn* 体が生成する傾向が示されていた（図 7.59）．遷移状態(T_1-T_4)を比較し，理由を考えてみてほしい．

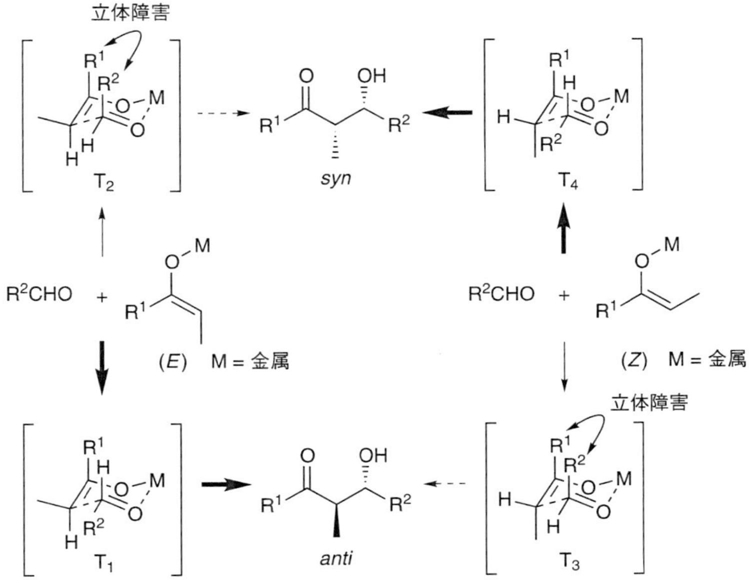

向山光昭
(1927-)

図 7.59

基本的な線はこれでよいが，実際にはリチウムエノラートを用いている限り，一般的な立体制御までは至らない．立体選択性が高いのはエノラート側の置換基 R^1 が嵩高い場合に限られるという限界があったのである．たとえば図 7.60 の上図のように，そもそもエノラートの (E/Z) 比が芳しくなく，しかもそれが生成物の立体化学に反映されていない．これはリチウムのキレート効果が十分でなく，低温でも平衡反応となってしまうためである．

一方，ホウ素エノラートは立体特異的に生成物を与えてくれる．図 7.60 下図に示した条件では，(Z)-エノラートが生成し，これがアルデヒドと反応して，syn 体のアルドール生成物のみを与えている．こうしてマクロライド類に特有のメチル基と水酸基の相対立体化学を直接制御することができるようになってきた．

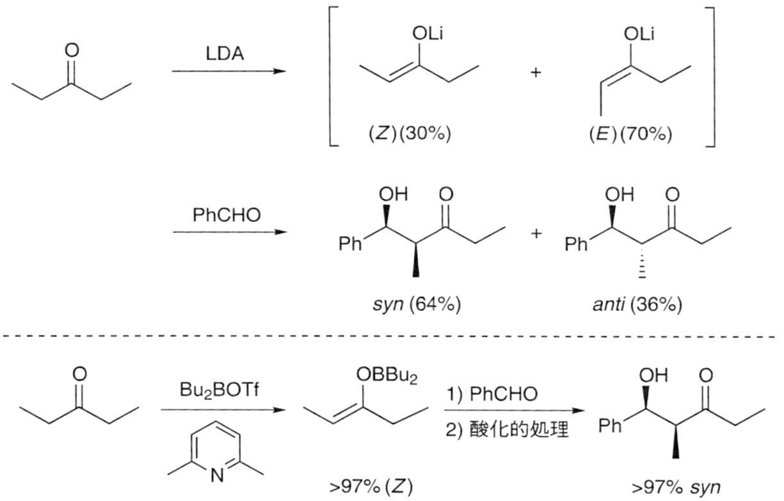

図 7.60

次は絶対立体配置の制御である．ここで活躍したのは光学活性エノラートを用いる道を示した D. A. Evans や正宗悟である（図 7.61）．光学活性アルデヒド 26 に対し，(1) のようにアキラルなエノラートを作用させる．ホウ素エノラートを用いているので C_2-C_3 の syn の関係は確保できるが，C_3-C_4 の関係については選択性が低い．すなわち，アルデヒド 26 に固有の Cram 選択性（第 5 章参照）は高くないのである．一方，(2) のように不

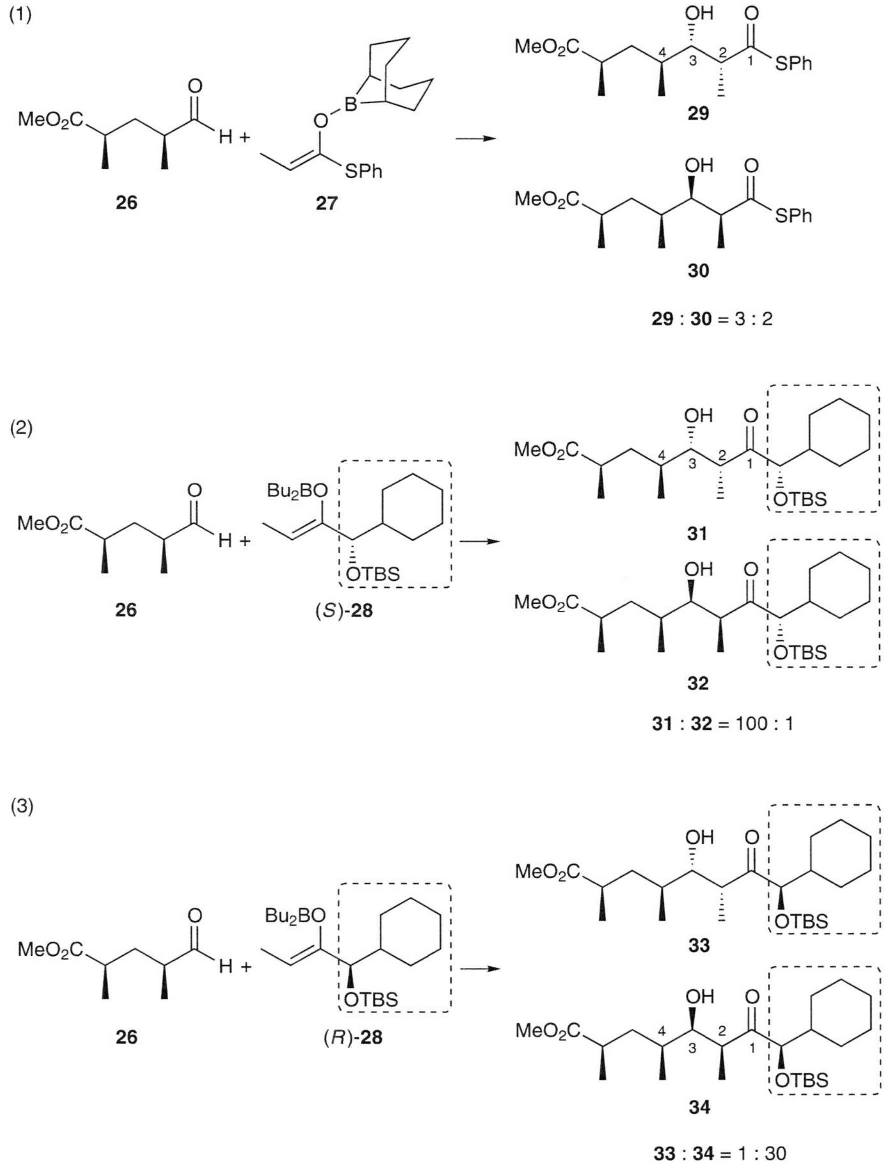

7.4 エピローグ 293

(1)

26 + **27** → **29** + **30**

29 : **30** = 3 : 2

(2)

26 + (S)-**28** → **31** + **32**

31 : **32** = 100 : 1

(3)

26 + (R)-**28** → **33** + **34**

33 : **34** = 1 : 30

図 7.61

斉補助基(点線で囲んだ部分)を有するホウ素エノラート(S)-28を用いると，必要な立体化学を持つ異性体31を選択的に得ることができる．

　ここで重要なのは，光学活性なエノラートの立体制御効果がアルデヒドに固有のCram選択性を凌駕していることである．実際，鏡像体のエノラート(R)-28を用いると，他の異性体34が高い選択性で生成する)．ここで，アルデヒド26のCram選択性と(S)-28のエノラートの指示するカルボニル面が一致する(2)では選択性が極めて高い(100:0)のに対し，これが相反する(R)-28のエノラートとの反応(3)では選択性がやや低い(1:30)(図7.61)．

　こうして得られる31から不斉補助基を酸化的に除去して，カルボン酸35とすれば，マクロライド合成における重要中間体であるPrelog-Djerassiラクトン(36)を得ることができる(図7.62)．

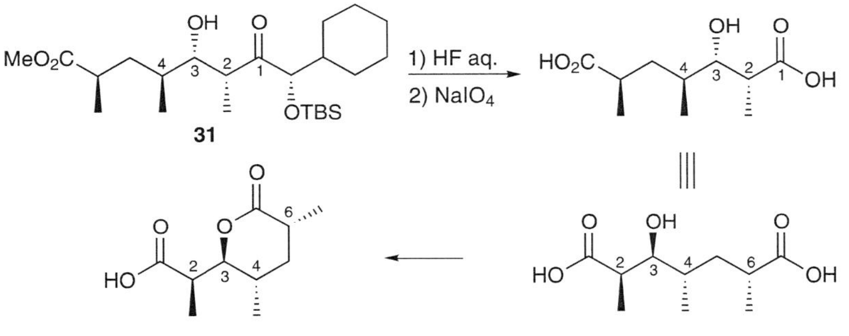

図7.62

　こうして，"環状立体制御から鎖状立体制御へ"という流れが形成された．鎖状構造上で立体制御を行う方法が大きく進展し，利用できるようになってきたのである．

(d) コロンブスの卵

　しかし，最後におもしろい逆転の発想を紹介したい．"大環状ラクトンが形成できるようになったので，マクロライド合成の焦点は鎖状立体制御の問題に移った"と述べた．しかし，よく考えればマクロライドは，大きさはさておき，環状化合物ではないか！　では，なぜ環状立体制御ではいけないのだろうか？

この“コロンブスの卵”を立ててみせたのは W. C. Still である(図 7.63). すなわち，彼は化合物 37 から出発し，その大環状構造にある，たった 2 つの不斉中心をもとに，他の 6 つの不斉中心を次々と確定し，3-デオキシロザラノライド(38)を合成している.

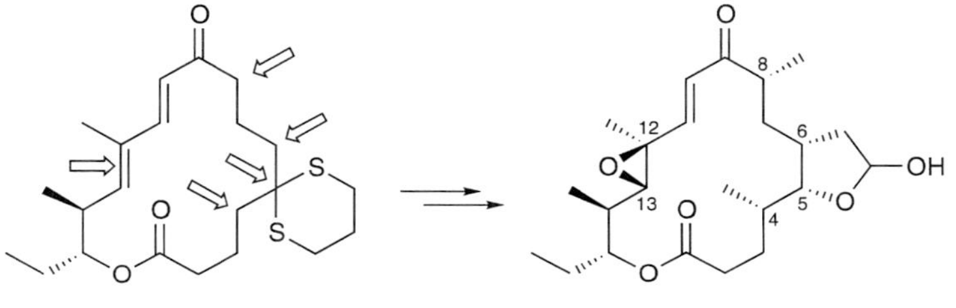

37　　3-デオキシロザラノライド(**38**)

図 7.63

図 7.64 にその一コマを示した. すなわち，化合物 39 を *m*-CPBA と反応させると，立体選択的に反応が進行してエポキシド 40 だけが得られる. なぜこんなにうまくいくのだろう？

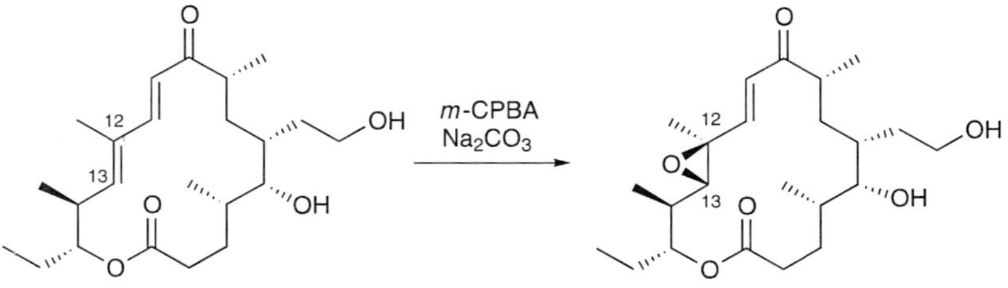

39　**40**

図 7.64

タネアカシをすると，中大員環構造をもつ分子は，全体としてリボンがひと巻きしたような形をしており，“外側と内側”があることがポイントである(図 7.65). 鎖状分子の分子面が“うらおもてが事実上等価”であるのとは対照的である. おもしろいことに，こうした大きな環のどこかに不斉中心があると，こうしたリボンの巻き方が決まってくる. 反応剤(図 7.64 の例では酸化剤)の攻撃はもっぱらリボンの外側の面から起こる(これをペリフェラル(peripheral＝周辺)攻撃とよぶ). その結果，たったこれだけのことで，反応が劇的に選択的になるというわけである.

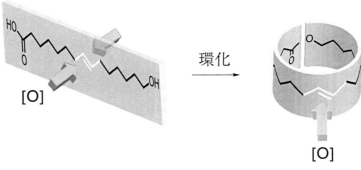

図 7.65

ちなみに、こうした作戦は中大員環に特有なものである。通常の5員環や6員環化合物は分子面が"上下"にあるので、こういった作戦をとることはできない。

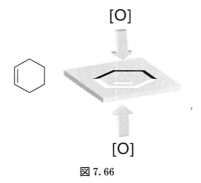

図 7.66

章末問題

7.1 MPM 基は，酸化条件で除去することができる（図 7.25 参照）．1,2-ジオール誘導体のモノ MPM 保護体を酸化条件に付すと，1,2-ジオールではなくアセタールが得られる．その理由を述べよ．

7.2 図 7.49 で述べた Mitsunobu 反応の機構を示せ．

7.3 図 7.62 で紹介した 31→35 では，TBS 基を除去した後，$NaIO_4$ を作用させ，酸化的に不斉補助基を除去している．この 2 段階目の反応機構を示せ．

さらに学習するために

　本書では，天然有機化合物を題材として，標的化合物の合成法について学んだ．まえがきにも述べたように，有機化合物の多段階合成はパズルのようにおもしろいが，それを楽しむには相応の背景が必要である．個々の化合物のもつ構造や性質を正確に把握するとともに，その変換に用いるさまざまな反応に対する豊かな知識をもっていると取り組むおもしろさが倍加する．それらの学習には，本講座第7巻の村田一郎著『有機化合物の構造』，第8巻の櫻井英樹著『有機化合物の反応』，第9巻の岡崎廉治著『有機化合物の性質と分子変換』を参照してほしい．また，生理活性物質の科学については，第15巻の上村大輔・袖岡幹子著『生命科学の展開』を見てほしい．

　有機化学の標準的教科書としては，次の4冊がある．

- K. P. C. Vollhardt and N. E. Schore, *Organic Chemistry : Structure and Function*, 4th Ed., W. H. Freeman and Company, New York, 2002.（邦訳）ボルハルト・ショアー，現代有機化学(上・下)，第4版，古賀憲司・村橋俊一・野依良治 監訳，大蔦幸一郎他 訳，化学同人，2004.

- J. McMurry, *Organic Chemistry*, 6th Ed., Brooks/Cole, California, 2004.（邦訳）マクマリー，有機化学(上・中・下)，第6版，伊東椒・児玉三明・荻野敏夫・深澤義正・通 元夫 訳，東京化学同人，2005.

- A. Streitwieser, C. H. Heathcock, and E. M. Kosower, *Introduction to Organic Chemistry*, 4th Ed., Prentice Hall, Massachusetts, 1998.（邦訳）ストライトウィーザー，有機化学解説(1・2)，第4版，湯川泰秀 監訳，花房昭静他 編，廣川書店，1995.

- R. T. Morrison and R. N. Boyd, *Organic Chemistry*, 7th Ed., Prentice Hall, Massachusetts, 1993.（邦訳）モリソン・ボイド，有機化学(上・中・下)，第6版，中西香爾・黒野昌庸・中平靖弘 訳，東京化学同人，

1994.

有機合成化学のおもしろさと勘所を伝えた古典的な名著として，次のものがある．

- R. E. Ireland, 有機合成法——その計画と実施，野村祐次郎 訳，東京化学同人，1971.
- I. Fleming, *Selected Organic Syntheses: A Guidebook for Organic Chemists*, John Wiley & Sons, 1973.
- S. Turner, *The Design of Organic Syntheses*, Elsevier Scientific Pub. Co., 1976. (邦訳) S. ターナー，有機合成デザイン，湊 宏 訳，講談社，1977.
- 野崎 一 編著，ほしいものだけ作る化学——有機合成化学，化学選書，裳華房，1982.

有機化合物の多段階合成に関し，さらに踏み込んだ学習や最近の進歩を把握するには，次の著書を勧めたい．

- C. L. Willis and M. Wills, *Organic Synthesis*, Oxford University Press, 1995. (邦訳)ウィリス・ウィルス，有機合成の戦略 逆合成のノウハウ，富岡清 訳，化学同人，1998.
- E. J. Corey and Xue-Min Cheng, *The Logic of Chemical Synthesis*, John Wiley & Sons, 1989. (邦訳)コーリー，有機合成のコンセプト，丸岡啓二 訳，丸善，1997.
- Karl J. Hale Ed., *The Chemical Synthesis of Natural Products*, CRC Press, 2000.
- Tse-Lok Ho, *Tactics of Organic Synthesis*, John Wiley & Sons, 1994.
- 野依良治・柴崎正勝・鈴木啓介・玉尾皓平・中筋一弘・奈良坂紘一 編，大学院講義 有機化学 II．有機合成化学・生物有機化学，東京化学同人，1998.
- 森 謙治，生物活性天然物の化学合成 生体機能分子をどうつくるか，裳華房，1995.
- 森 謙治，生物活性物質の化学 有機合成の考え方を学ぶ，化学同人，2002.
- 森 謙治，農芸化学全書 有機化学 I・II・III，養賢堂，1988 (I・

Ⅱ），2006（Ⅲ）．
- K. C. Nicolaou and E. J. Sorensen, *Classics in Total Synthesis: Targets, Strategies, Methods*, VCH, Weinheim, 1996.
- K. C. Nicolaou and S. A. Snyder, *Classics in Total Synthesis II: More Targets, Strategies, Methods*, WILEY-VCH, Weinheim, 2003.
- 竜田邦明，天然物の全合成 華麗な戦略と方法，朝倉書店，2006．

有機立体化学については，以下の文献を参照されたい．
- H. B. カガン，有機立体化学，小田順一 訳，化学同人，1981．
- E. L. Eliel and S. H. Wilen, *Stereochemistry of Organic Compounds*, John Wiley & Sons, 1994.
- A. J. カービー，立体電子効果――三次元の有機電子論，鈴木啓介 訳，化学同人，1999．
- S. R. Buxton, S. M. Roberts，基礎 有機立体化学，小倉克之，川井正雄 訳，化学同人，2000．
- 豊田真司，有機立体化学（シリーズ有機化学の探険），丸善，2002．
- M. J. T. ロビンソン，立体化学入門――三次元の有機化学，豊田真司 訳，化学同人，2002．

有機金属化学の基礎と，それを用いた有機合成については，以下の著書がある．
- 山本明夫，有機金属化学――基礎と応用，化学選書，裳華房，1982．
- 山本明夫 監修，有機金属化合物――合成法および利用法，東京化学同人，1991．
- L. S. ヘゲダス，遷移金属による有機合成（原書第 2 版），村井真二 訳，東京化学同人，2001．

ペリ環状反応や有機軌道論については，以下の書物を参照されたい．
- I. フレミング，フロンティア軌道法入門――有機化学への応用，福井謙一 監修，竹内敬人・友田修司 訳，講談社，1978．
- 稲垣都士，石田勝，和佐田裕昭，有機軌道論のすすめ（シリーズ有機化学の探険），丸善，1998．
- I. フレミング，ペリ環状反応――第三の有機反応機構，鈴木啓介・千田憲孝 訳，化学同人，2002．

章末問題の解答

［第 2 章］

2.1　(a)

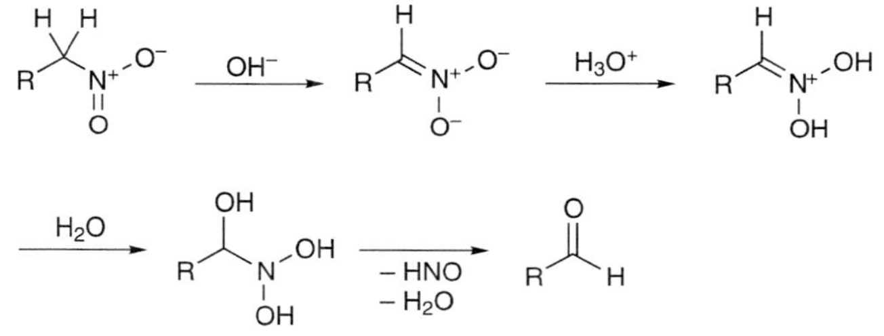

(b) 省略

(c)

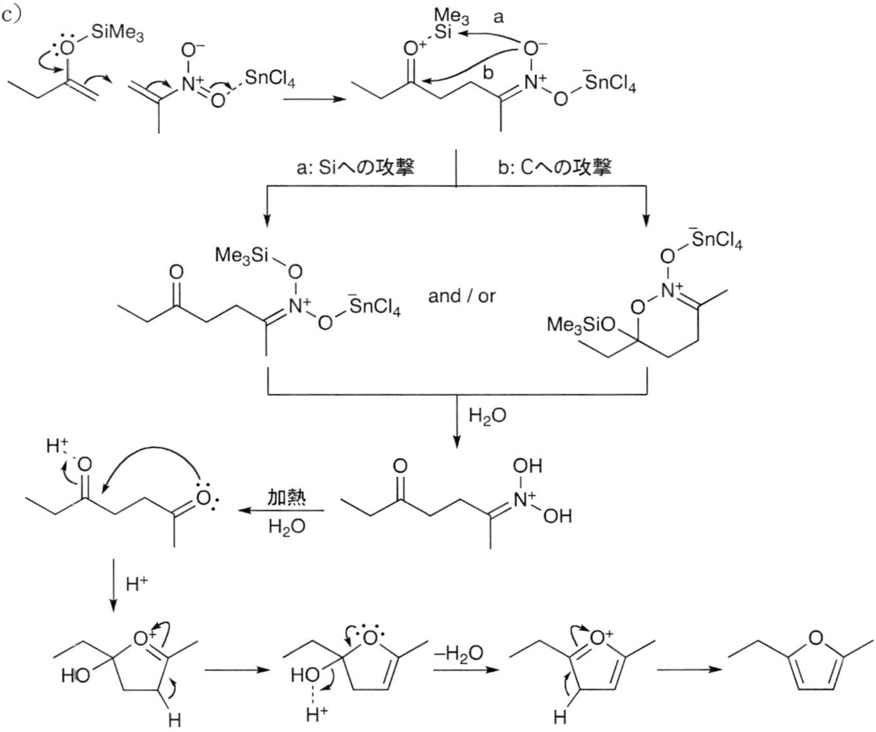

2.2 5員環キレート中間体 A が形成されるため，ケトンへの分解が抑制され，Grignard 反応剤の2度目の付加は起こらない．

2.3 たとえば，次のような経路があり得る．

2.4 N−O 結合の光開裂で，高反応性のオキシラジカルおよび NO・が生じる．このオキシラジカルが空間的に適切な位置にあるメチル水素を引き抜き(6員環遷移構造に注意)，生じた炭素ラジカルが NO・と再結合し，ニトロソ体を与える．

　一般に，脂肪族ニトロソ化合物は容易に互変異性によりオキシムとなる．このステロイドの反応例では，初期的にニトロソ体の2量体が生じるが，加熱により容易にオキシム生成物となる．

[第3章]

3.1

HC≡CH 1) n-C$_4$H$_9$Li 2) Br(CH$_2$)$_6$OTHP → HC≡C−(CH$_2$)$_6$−OTHP 1) n-C$_4$H$_9$Li 2) n-C$_4$H$_9$Br →

n-C$_4$H$_9$−C≡C−(CH$_2$)$_6$−OTHP Na/液体NH$_3$ → (E)-アルケン−OTHP

1) H$^+$, MeOH 2) Ac$_2$O, ピリジン → (E)-アルケン−OAc

3.2 1電子還元により生じるアニオンラジカルについて，最も寄与の大きいものを考えてみるとよい．アニソールの場合にはラジカルアニオン a，安息香酸の場合にはラジカルアニオン b の寄与が大きいため，それぞれ対応する生成物を与える．

詳細な機構については，「ウォーレン 有機化学（上）」（東京化学同人）p.628 の 24・6 項を参照．

PhOMe + e$^-$ → [ラジカルアニオン a] 2 H$^+$, +e$^-$ → 2,5-ジヒドロアニソール

PhCO$_2$H + e$^-$ → [ラジカルアニオン b] 2 H$^+$, +e$^-$ → シクロヘキサジエンカルボン酸ナトリウム → H$_3$O$^+$ → カルボン酸

3.3 アリル転位（S$_E$2′反応）に由来する位置選択性に注意すること．

3.4 σ 供与性の高い σ(C−Si)軌道に対し，反対側（黒色）の電子密度が高くなるため，求電子種（E$^+$）は次の図のように上側から接近する．この問題の場合には，この E$^+$ がプロトンあるいは過酸の求電子的な酸素であると考えればよい．

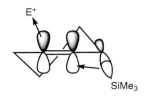

3.5 生成物を立体的に描いてみて，この転位反応の6員環遷移状態における電子の流れを逆にたどってみよう．

3.6 セレノキシドと *syn* の関係にある水素が脱離反応に関与する．上段の反応では，これに相当する水素はメチル基上にしかなく，生成物 A のみが生成する．一方，下段の反応では，核間位の水素もこの関係にあり，位置異性体 B も生成する．

[第4章]

4.1 (1)

(2) 生成物は活性メチレン化合物であり，エノール型と平衡となることに注意．

(3)

(4)

4.2 こうしたエノラートのアルキル化反応では，2 つの立体的要素が関与する（下図）．第 1 は置換基 R と接近する求電子剤（E^+）との立体反発であり，これは下面側からの反応を有利にする．しかし，反応が進み，反応点の混成状態が sp^2 から sp^3 になりかかる頃には，置換基 A と R との立体反発（第 2 の要素）が問題となる．後者は置換基 A が水素の時（A＝H）にはさして問題とならないが，図 4.81 の場合には置換基 A はビニル基なので，これらの両要素が競合し，全体として選択性が低くなる．

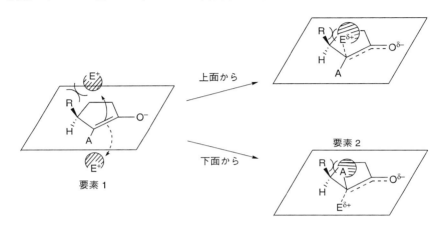

こうした場面では，エノラートの対イオンや求電子剤によって遷移状態の位置が変化するので，どちらの要素が支配的かは一概には言えないが，単に反応の原系の立体障害だけで即断しないように注意したい．下の例は，後者が支配的になった例である．

[第5章]
5.1 (1) 省略
(2) 強塩基である n-BuLi を 1 mol 量用いると，ジオールの片側だけが求核性の高いアルコキシドに変換され，それが速やかに TsCl と反応し，モノトシル体を生成する．一方，弱塩基であるピリジンは，アルコキシドへの変換は起こさず，専ら生成する酸を捕捉する役割を果たす．そのため，反応の進行に伴い，目的生成物もまた系内でもう一度トシル化を受ける副反応が起きてしまう．
(3) 脱離能の差によるものである．トリフラート（$CF_3SO_3^-$）は 3 個のフッ素原子の強い $-I$ 効果により強力な脱離基であり，対応するトシラートに優先して反応する．

5.2 (1)

(2)

(3) α-アミノ酸の α-ヒドロキシ酸への変換反応である（van Slyke 法）．ジアゾ化からカルボキシル基の隣接基関与により生じる α-ラクトンを経由する二重反転により，立体保持で生成物が得られる．e.e. が基本的に保たれるのは，3 員環の生成速度が 5 員環のそれよりも圧倒的に勝っていることを意味する．さもなくば，ラセミ化につながるからである．

5.3 カルボニルのα位にある不斉中心は，図のようにエノールを経由するラセミ化が起こるので，生体内でも(S)体が生じ得るからである．

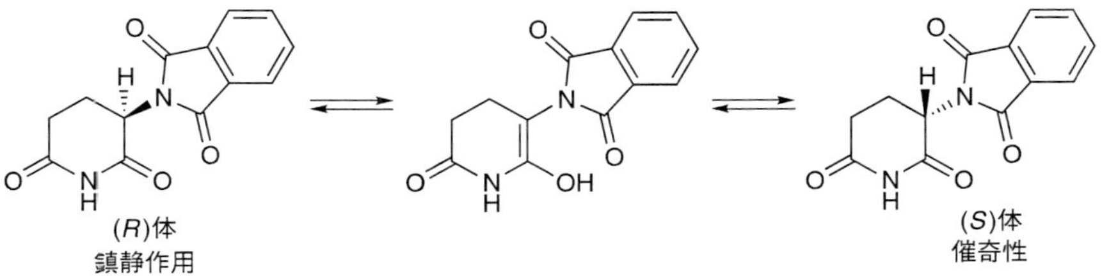

(R)体
鎮静作用

(S)体
催奇性

[第6章]

6.1 1 mol 量の LDA はカルボン酸の中和に使われていることに注意．

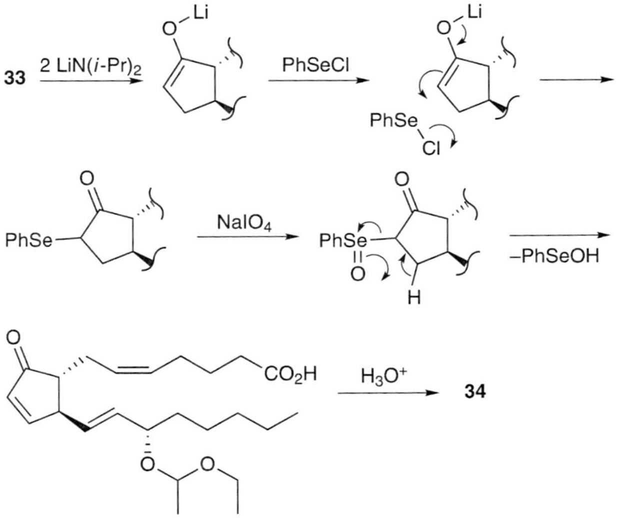

6.2 Bu$_3$SnCl と NaB(CN)H$_3$ とから系内で発生する Bu$_3$SnH を，開始剤 AIBN と加熱することで，Bu$_3$Sn• が生じる．これが出発原料 A からヨウ素を引き抜き，自身は Bu$_3$SnI となるとともに，アルキルラジカル B を発生させる．これが閉環して二次的なラジカル C が生成し，D のように t-BuNC を捕捉して生成物 E となる．最終段階で発生した t-Bu• は Bu$_3$SnH［Bu$_3$SnI と NaB(CN)H$_3$ とから再生］と反応し，Bu$_3$Sn• が再び生じ，触媒サイクルが回る．

6.3 (1) a. Lindlar 触媒, H_2
　　　b. Birch 還元（Na, 液体 NH_3）

(2) これは未だアルコールの不斉合成法がなかった頃の反応例である．光学分割で得た絶対立体配置の異なるアルコールを，それぞれオレフィンの幾何配置を適宜選ぶことにより，同じ生成物へ収束させるアイデアに注目してほしい．

[第7章]

7.1 カチオン中間体が発生した際に，水ではなく隣接する水酸基による求核攻撃を受け，生成する．

7.2

7.3 NaIO$_4$ は二水和物として反応する．

和文索引

記号・数字

π 軌道　151
π* 軌道　114, 151
σ* 軌道　198

アルファベット

AD-mix-α　192
AD-mix-β　192
AIBN　148
Baeyer–Villiger（酸化）反応　49, 227, 229, 231
Baldwin 則　112, 151, 183
Barton 反応　53, 183
BINAL-H　223, 243
BINAP　25
Birch 還元　64, 269
Bürgi–Dunitz 軌跡　184
C_2 軸　201
C_2 対称性　176, 199, 201, 243
C_s 対称性（鏡面対称性）　205
　　潜在――　207
cis 付加　115, 133
Claisen 転位　45, 83, 85, 95
　　オルトエステル――　86, 225
Clemmensen 還元　53
Collins 酸化剤　274
convex–concave の概念　286
Cope 転位　87
　　オキシ――　86, 154
Corey–Mukaiyama 法　283
Corey–Winter 反応　90
Corey ラクトン　218
Cornforth 則　91
Cram 選択性　292
Cram 則　183
Cram の環状モデル　184
Dess–Martin 酸化　52
DIBAL　52, 65
Diels–Alder 反応　24, 43, 111, 115, 126, 133, 240
　　不斉――　236
　　分子内――　141, 162
Diels–Alder 付加環化体　230

E/Z　60
E2 反応　88
endo 則　116
endo 付加　116, 236
exo 付加　116, 236
FAMSO　37, 243
Felkin–Anh モデル　184
FGI　45
FK-506　17
Friedel–Crafts 反応　35
Grignard 反応剤　9, 33, 46, 97, 183
　　エチル――　188
　　3-ブテニル――　177
　　プレニル――　71
Grob フラグメント化　89
Horner–Wadsworth–Emmons 反応　80
Horner–Wittig 反応　80, 204, 220
　　分子内――　284
HOMO　115
HSAB 理論　272
Johnson 転位　95
Julia 反応　81
Katsuki–Sharpless 反応　50
　　――エポキシ化　209
　　――不斉酸化　190
Kitahara–Danishefsky ジエン　136
Koenigs–Knorr 反応　278
Lewis 酸　72
　　光学活性――　240
　　ソフトな――　271
　　ハードな――　272
Lindlar 触媒　64
LUMO　115, 228, 238
Mannich 塩基　133
Masamune 法　283
Masamune–Bergman 反応　16
meso-化合物　206
meso 型ジオール　244
meso-トリオール　207
Michael 反応　44
　　分子内――　158
Mitsunobu 反応　284

Mizorogi–Heck 反応　163
Mukaiyama 法　283
Negishi 反応　103
Newman 投影図　123, 183
OMCOS（有機合成指向有機金属化学）　97
Payne 転位　191
Peterson 反応　81
PGE_2　215, 265
$PGF_{2\alpha}$　215, 218
PHB ポリマー　201
Prelog–Djerassi ラクトン　294
Raney ニッケル　48, 95, 287
Robinson 環形成反応　44, 93, 111, 129, 133
S_N2 反応　69
S_N2' 反応　69
Sonogashira 反応　103
Stille 反応　98, 101
Stork–Eschenmoser 仮説　144
Suzuki–Miyaura 反応　99
Swern 酸化　52, 273
Tebbe 反応剤　83
Tiffeneau–Demjanov 転位反応　153
Umpolung　36
van Slyke 法　185
Weinreb アミド　36
Wieland–Miescher ケトン　133, 157
Wittig 反応　75, 183, 219
Wolff–Kishner 還元　53
Woodward–Hoffmann 則　137
Yamaguchi 法　283

あ行

アート錯体　64
アキシアル　197
アグリコン　282
アシルアニオン等価体　37
アシル転位　280
アセチル基　268
アセチルサリチル酸（アスピリン）　8, 30
アセチレン　63
　──の環状 3 量化反応　161
アニオン　113
アノマー位　197, 277
アノマー効果　196, 278
アミノアシラーゼ　206
β-アミリン　147
アラキドン酸　70
　──カスケード　15, 215

アリル型求核種　71
アリル型求電子種　68
π-アリル構造　71
アリルシラン　72
アルコキシラジカル　5.1
アルドール反応　42, 129, 289
　交差──　289
　分子内──　44, 135
アンチ形　124
アンチプリペラナー　88
安定イリド　78
アンテホリシン B　61
いす形配座　124
イソアサトン　260
イソメントン　83
一重項酸素酸化反応　50
インジゴ　7
インダノマイシン　101, 142
インテゲリミン　276
ウスニン酸　260
エクアトリアル　196
エストロン　161
エチレン　115
エトキシエチル（EE）基　270
エナミン　131
エナンチオ選択的　187, 239
　──ジヒドロキシ化反応　193
　──不斉合成　191
エナンチオマー（鏡像異性体）　187
エノラート　33, 130
(＋)-エフェドリン　234
エリスロマイシン A　282
エレマン型化合物　87
エン反応　126
遠隔官能基導入反応　51
エンテロバクチン　258
エンドペルオキシド中間体　215
オキシ Cope 転移　87
オキシドイリド法　95
オリゴ糖　266
オルトリチオ化反応　49
オレフィンメタセシス反応　167, 285

か行

解析　4
回転異性体　237
架橋化合物　109, 157
拡散律速　150

和文索引　317

カチオン　113, 146, 160
カチオン環化反応　151
活性エステル　276
カノサミン　203
カリオフィレン　108
カルボアニオン　33
カルボニル化合物　75
カルボニル基　33
カルボメタル化反応　102
（R）-カルボン　262
β-カロテン　60, 84
環形成反応　111
還元的カップリング　83
環状構造　108
環状立体制御法　286
カンタリジン　23
官能基　264
（＋）-カンファースルホン酸　208
菊酸　108
基質制御　222
キニジン　192
キニン（キニーネ）　6, 192
キノジメタン　140
ギムノミトロール　139
逆合成　31, 85, 125, 203, 218, 258, 274, 282
逆合成解析　12, 31, 173, 199, 227, 261
逆変換　31
求電子性　33, 283
キュバン　15
鏡像異性体　187
鏡面対称性　205
共役付加　40, 129
極性転換　12, 36
許容　137
キラル合成素子　180
キラルテンプレート　175
キラルプール　173
キレートモデル　184
ギンコリド　20
クラウンエーテル　15, 81
グラヤノトキシン　167
グランジソール　108
グリーンケミストリー　143, 251
グリオキサール　188
グリコシド　277
グリセロール　205
クリプタンド　15
D-グルコース　181, 277

D-グルタミン酸　185
クロスカップリング反応　97
クロロフィル　11
ケイ素のβ効果　72
結合切断　32
ゲルマクレン型化合物　87
原子経済性　251
光学分割　234
高希釈法　117
交互極性の法則　42
合成　4
合成と解析　4
合成等価体　12, 34, 228
酵素　206, 244, 265
ゴーシュ形　124
固相合成法　256
コバルト錯体　161
コリオリン　110
コルチゾン　133
昆虫幼若ホルモン（JH）　61, 91
コンフェルチン　108

さ行

酢酸　6
鎖状立体制御法　286
サリチル酸　30
三成分連結法　241
三置換オレフィン　61, 91
ジアステレオ選択的　187, 239
ジアステレオマー　239
シアンヒドリン反応　9
シガトキシン　19, 168
シクロスポリンA　17
シクロプロパントリック　40, 153
2, 3-ジクロロ-5, 6-ジシアノベンゾキノン（DDQ）　269
シトシン　203
シトロネラール　25
シトロネロール　263
シベトン　118
ジベレリン　110
収束型合成経路　252
収束性　252
縮環化合物　109
縮環系　229
酒石酸　176
　──エステル　190
D-酒石酸　173, 202

meso-酒石酸　206
ショウノウ　109
触媒的不斉酸化反応　192
触媒的不斉水素化反応　201
触媒的不斉合成法　241
シリル基　273
シロキシジエン　136
親硫黄剤　90
親エン体　126
シントン　33
スクアレン　61, 92
　――オキシド　144
スコパスルシク酸　164
ステロイド　128
ストリキニーネ　11
スピロアセタール　194
スピロ化合物　109
生合成　23
　――類似型　144
接触水素化反応　269
L-セレクトリド©　185
遷移金属触媒　98
全合成　11
　インテゲリミンの――　276
　エリスロマイシン A の――　287
　酢酸の――　21
　パリトキシンの――　99
　ヒルステンの――　148
潜在極性　42
尖塔型の反応　257
戦略結合　156
双方向合成　204
速度論的光学分割　207

た行

対称化/非対称化の概念　208
対称性　258
ダイネミシン　61
タキソール　30, 110
多段階合成　6
脱アミノ型ピナコール転位反応　233
脱離反応　88
　syn――　89
脱硫　48, 287
ダフニフィリン　20
ダマラジエノール　144
チエナマイシン　208
チタン酸エステル　190

張力ひずみ　123
調和　42
直線型合成経路　252
直交　267
低原子価クロム　66
低原子価チタン　83
デオキシ化　181
3-デオキシロザラノライド　295
テトラヒドロピラニル(THP)基　199, 221, 270
テトラリン　262
テトロドトキシン　20
電子的要請　115
糖　181, 197, 277
　armed――　279
　disarmed――　279
渡環ひずみ　124
ドデカヘドラン　15
ドミノ反応(カスケード反応)　143
トリメチルシリル(TMS)基　273
トロピノン　23
トロンボキサン　15

な行

ナノメートル　3
2 環系　108
二クロム酸ピリジニウム(PDC)　52
L-乳酸　180
ニヨウ化サマリウム　165
尿素　5
ネオカルチノスタチン(NCS)クロモフォア　16, 61
ネガマイシン　208
ねじれひずみ　123
ネットワーク解析　155
ノナクチン　258
野依法　279

は行

配向性　49
ハチのフェロモン　194
バナナ結合　40
パラジウム触媒　98, 163
パリトキシン　12, 67
バリノマイシン　260
バレラン　109
ハロゲン-リチウム交換反応　65
反応活性種　113
反応剤制御　223

反復構造　258
ヒキジマイシン　203
ピクロトキシニン　262
ビシクロ　110
微生物による変換反応　180
ひずみエネルギー　121
非対称化　208
ビタミンA　60
ビタミンB_{12}　11
ビタミンE　263
ヒドロアルミニウム化反応　64, 102
3-ヒドロキシ-2-プロパン酸メチル　263
ヒドロペルオキシド酸化反応　50
ヒドロメタル化反応　64
ピナコール　164
ピナコールカップリング　84
ビニローグ　40
ヒルステン　154
ピレノホリン　258
不安定イリド　78
封筒形配座　124
フェロモン　58
付加環化反応　138, 262
　[2+2]——　76, 137, 142
　[4+2]——　137, 228, 260
　分子内——　139
不斉　8
　——エポキシ化反応　190
　——還元剤　221
不斉合成　174, 187
不斉転写アプローチ　225
不斉補助基　187, 237
不斉誘起　174, 183, 185
ブタジエン　115
フタラジン　192
不調和　43
t-ブチルジメチルシリル(TBDMS, TBS)基　273
t-ブチルヒドロペルオキシド　190
t-ブチルリチウム　66
フッ素原子　147, 273
フムレン　108
プリズマン　15
フレキシビレン　85
exo-ブレビコミン　172
プロスタグランジン(PG)　12, 108, 215
プロスタン酸　216
ω-ブロモカルボン酸　119

L-プロリン　133, 188
フロンティア軌道論　115
閉環反応　111, 116
　$endo$ 型——　113
　exo 型——　113
　5-exo 型——　148
　6-$endo$ 型——　151
平原型の反応　258
β効果(ケイ素)　72
β-ベチボン　109
ペリフェラル攻撃　295
β-ベルガモテン　142
ヘレナリン　153
ブレフェルジンA　274
ベンジル基　266
ベンゾイル基　268
ホウ素エノラート　291
保護基　41, 264
　アシル型——　268, 278
　アセタール型——　270, 279
　エーテル型——　268
　シリル型——　274
ホパン　20
ポリエン環化反応　160
ボンビコール　58, 99

ま行

マクロライド　281
マクロライド抗生物質　281
マクロラクトン環　277
マクロラクトン形成反応　274, 282
向山アルドール反応　290
ムスコン　118, 154
メシル　233
メタラサイクル　168
メチルチオメチル(MTM)基　271
メトキシエトキシメチル(MEM)基　272
p-メトキシフェニルメチル(MPM)基　269
メトキシプロピル(MOP)基　270
p-メトキシベンジル(PMB)基　269
メトキシメチル(MOM)基　269
(−)-メントール　25, 108
モーブ染料　7
モルヒネ　4

や・ら・わ行

有機金属化学　97
ラジカル　113, 148, 178, 232

ラジカル環化反応　151
ラジカル時計法　150
ラパマイシン　101
リチウムイソプロピルアミド（LDA）　33, 79
リチウムエノラート　162, 291
立体電子効果　198
立体配座解析　128
立体保持　185
リナロール　31
L-リンゴ酸　174, 180
隣接基関与　278

隣接二重官能基化　241
ルテニウム触媒（TPAP）　52
レセルピン　11
レチナール　61, 84
レトロン　43, 260
ロイトコリエン　61, 104
ロジウム錯体　54
ロドプシン　60
ロンギホレン　110, 155
ワールブルガナール　108

欧文索引

acyl anion equivalent 37
acyclic stereoselection 286
aglycon 282
analysis 4
angle strain 123
annulation; annelation 111
anomeric effect 196
asymmetric induction 174
asymmetric synthesis 174, 187
asymmetrization 208
asymmetry 8
atom economy 251
Barton, D. H. R. 128
bicyclic system 108
bicyclo 110
biogenetic-type 144
biotransformation 180
bridged compound 109
t-butyldimethylsilyl 273
C_2 symmetry 201
chiral auxiliary 187, 237
chiral pool 173
chiral template 175
chirality transfer approach 225
conformational analysis 128
conjugate addition 40
consonant 42
convergency 252
convergent synthetic route 252
Corey, E. J. 12, 234, 262, 274
cyclic stereoselection 286
cyclic structures 108
cyclization 111
diastereo-selective 187
disconnection 32
dissonant 43
electronic demand 115
enamine 131
enantio-selective 187
endo rule 116
enzyme 206
ethoxyethyl 270

Fischer, E. 9
Fleming, I. 21
formaldehydedimethylthioacetal S-oxide 37
functional group interconversion 45
fused compound 109
glycoside 277
high-dilution technique 117
hydrometallation 64
juvenile hormone 91
kinetic optical resolution 207
Kolbe, H. 5
latent polarity 42
linear synthetic route 252
macrolide 281
meso-compound 206
meso-trick 207
p-methoxybenzyl 269
methoxyethoxymethyl 272
methoxymethyl 269
p-methoxyphenylmethyl 269
methoxypropyl 270
methythiomethyl 271
Mukaiyama aldol reaction 290
multistep synthesis 6
neighboring-group participation 278
olefin metathesis reaction 167
optical resolution 234
organometallic chemistry
  directed toward organic synthesis 97
orthogonal 267
Pasteur, L. 8
peripheral 295
Perkin, W. H. 6
plateau reaction 258
point reaction 257
protective group; protecting group 264
quinodimethane 140
reagent control 223
remote functionalization 51
retron 43
retrosynthesis 31

retrosynthetic analysis 12, 31
Robinson, R. 23, 133
single bond 237
spiro acetal 194
spiro compound 109
stereoelectronic effect 198
Stork, G. 24
Stork–Eschenmoser hypothesis 144
strain energy 121
strategic bond 156
strategy 217
substrate control 222
symmetrization–asymmetrization concept 208
synthesis 4
synthetic equivalent 12

synthon 33
tactics 217
tetrahydropyranyl 270
thiophile 90
torsional strain 123
transannular strain 124
transform 31
trimethylsilyl 273
two-directional synthesis 204
Umpolung 12
van't Hoff, J. 5
vicinal bifunctionalization 241
vinylogue 40
vital theory 5
Wöhler, F. 5
Woodward, R. B. 7, 10, 133, 286

■岩波オンデマンドブックス■

岩波講座 現代化学への入門 10
天然有機化合物の合成戦略

2007年11月29日	第 1 刷発行
2009年10月26日	第 2 刷発行
2017年 1 月13日	オンデマンド版発行

著 者　鈴木啓介
　　　　すずき　けいすけ

発行者　岡本　厚

発行所　株式会社 岩波書店
　　　　〒101-8002　東京都千代田区一ツ橋2-5-5
　　　　電話案内　03-5210-4000
　　　　http://www.iwanami.co.jp/

印刷／製本・法令印刷

© Keisuke Suzuki 2017
ISBN 978-4-00-730566-5　Printed in Japan